高等学校信息技术
人才能力培养系列教材

微课版

Access 2016
数据库应用基础 第2版

罗铁清 韦昌法 ◉ 主编
李小智 任学刚 徐宏宁 ◉ 副主编

Access 2016
Database Application Foundation

人民邮电出版社
北京

图书在版编目（CIP）数据

Access 2016数据库应用基础 : 微课版 / 罗铁清, 韦昌法主编. -- 2版. -- 北京 : 人民邮电出版社, 2023.1
高等学校信息技术人才能力培养系列教材
ISBN 978-7-115-60201-5

Ⅰ. ①A… Ⅱ. ①罗… ②韦… Ⅲ. ①关系数据库系统－高等学校－教材 Ⅳ. ①TP311.138

中国版本图书馆CIP数据核字(2022)第183973号

内 容 提 要

本书共 8 章，主要内容包括数据库概述、数据库和表、查询、窗体、报表、宏、VBA 程序设计基础及 VBA 数据库编程。本书采用理实一体化的编写形式，以简化版的教务管理系统为例，将 Access 2016 数据库理论知识整合到具体案例中进行讲解。通过对案例进行分析、设计及实现，读者能够理解并掌握 Access 2016 在数据管理与分析中的应用方法和操作技巧，达到边学边用的效果。

本书内容全面、阐述精简、深入浅出、文字流畅、通俗易懂、难易有度，可作为高等学校相关专业的数据库基础课程的教材，也可供数据库（Access）爱好者自学参考，还可作为全国计算机等级考试或其他认证课程的培训教材。

◆ 主　　编　罗铁清　韦昌法
副 主 编　李小智　任学刚　徐宏宁
责任编辑　王　宣
责任印制　王　郁　陈　犇
◆ 人民邮电出版社出版发行　　北京市丰台区成寿寺路 11 号
邮编　100164　　电子邮件　315@ptpress.com.cn
网址　https://www.ptpress.com.cn
三河市兴达印务有限公司印刷
◆ 开本：787×1092　1/16
印张：16.75　　2023 年 1 月第 2 版
字数：448 千字　　2023 年 1 月河北第 1 次印刷

定价：59.80 元

读者服务热线：(010)81055256　印装质量热线：(010)81055316
反盗版热线：(010)81055315
广告经营许可证：京东市监广登字 20170147 号

本书编委会

主　编：罗铁清　韦昌法

副主编：李小智　任学刚　徐宏宁

编　委：（按姓氏拼音排列）

黄辛迪　涂　珊　吴世雯　周　知

前言

信息技术的迅猛发展，使信息资源的重要性日益突出，任何有信息需求的组织机构或个人都会涉及信息化的问题。数据库技术可以帮助人们高效地对大量数据进行收集、存储、加工、处理、分析和利用，从而充分发挥数据的价值。数据库知识、能力和素质已经成为当今大学生信息素养的重要组成部分。

数据库技术是信息系统的重要基石，利用计算机系统进行数据管理是其核心内容，也是信息系统能够迅速而又广泛地应用于社会各行业的基础保障。“数据库应用基础”课程是大学计算机基础教学的核心课程，其教学目标是培养学生利用数据库技术对数据进行管理和加工的能力，对数据进行表达、分析和利用的能力，使用数据库管理系统产品和数据库应用开发工具的能力，对事物进行数据化的能力，以及对数据的交叉复用价值进行理解的能力。

“数据库应用基础”是一门应用性很强的课程。开展与数据库相关的教学可以使学生掌握数据库基础知识，提升学生建设和利用数据库的能力，培养学生的数据思维和解决实际问题的能力，为学生学习专业知识、开展自主学习和研究性学习奠定基础。

本书在教学模式与教学质量评价上进行了较大改革，体现出了课程的创新性；适当增加了课程难度，体现出了课程的挑战性；在教学过程中将知识传授、能力培养和素质提升有机融合，重点培养学生解决复杂问题的综合能力。

本书的主要特点如下。

（1）将教务管理系统（真实案例）的实现贯穿全书，使学生更易理解数据库基础知识，掌握数据库基本操作。此外，本书还安排了大量的实践内容，由浅入深、一步一步地引导学生进行数据库的设计、创建、使用和管理，以提升学生建设和利用数据库的能力。

（2）配备丰富的教学例题。本书中的例题是为帮助学生理解、掌握教学内容而设计的数据库操作范例。学生通过学习这些例题，可以举一反三，加深自己对所学内容的理解和掌握，逐步培养数据思维和数据库操作能力。

（3）采用“纸质教材+数字资源”的形式服务教学。纸质教材的内容精练适当，并且通过标注标明了知识点与数字化资源的关联关系；数字资源包括教学PPT、教学大纲、微课视频和配套数据库素材文件等。

（4）本书在每章最后都附有多种类型的习题，以帮助学生复习、巩固所学知识。此外，编者还为本书编写了配套的实践教程，其中包含详细的实验指导与习题参考答案。

本书共8章，由罗铁清、韦昌法担任主编并组织编写，由李小智、任学刚、徐宏宁担任副主编。第1章由罗铁清编写，第2章由韦昌法编写，第3章由徐宏宁编写，第4章由黄辛迪编写，第5章由李小智编写，第6章由任学刚编写，第7章由周知编写，第8章由吴世雯编写；罗铁清负责本书教务管理系统中的数据库框架和数据表中所有数据的整理，涂珊参与了本书相关知识点的审核。

本书是湖南省普通高等学校教学改革研究项目（项目名称：基于中医药案例的“数据库应用基础”线上线下混合式“金课”建设研究与实践。立项年度：2019年。项目序号：396）的研究成果之一。

在编写本书的过程中，尽管所有组织者和编者精心策划、认真编写、仔细校对，但因水平与能力有限，书中难免存在不妥之处，敬请读者批评指正。

本书的数据库文件及其他相关配套资源可以从人邮教育社区（www.ryjiaoyu.com）下载，也可以直接联系本书编者获取，联系邮箱：myteacherwei@qq.com。

编　者

2022年9月于长沙

目 录

第 1 章 数据库概述

第 2 章 数据库和表

第 3 章 查询

第 4 章 窗体

第 5 章 报表

第 6 章 宏

第 7 章 VBA程序设计基础

第 8 章 VBA数据库编程

第1章 数据库概述

数据库技术诞生于20世纪60年代末，其主要目的是有效地管理和存取大量的数据资源。随着信息技术的发展，数据库技术逐渐成熟，并应用于社会各行各业。目前，运用数据库技术管理数据资源已成为人们的共识，网上购物平台、12306铁路购票平台、医院信息系统、学校教务系统、网上银行等均运用了数据库技术。本章主要介绍数据库基础知识、数据管理技术的发展历程、数据模型，以及数据库设计基础，并对Access进行简单的介绍。

本章的学习目标如下。

① 熟悉目前主流的关系数据库技术。

② 掌握设计数据库的流程。

③ 熟悉Access 2016的功能。

1.1 数据库基础知识

数据库技术有一套完整的理论与知识体系，下面对数据与数据处理、数据库、数据库管理系统、数据库系统等基础知识进行介绍。

1．数据与数据处理

数据是指保存在存储介质上、能够被识别的物理符号。在人们的感性认识中，数据往往就是数字，如90、100.5等，其中90既可以表示一门课程的成绩，也可以表示一个人的体重。对数据的解释被称为语义，数据对事物的描述与语义密不可分。在计算机系统中，数据的存储介质有多种，例如硬盘、U盘、软盘等。不同类型的数据，其存储形式可以不同。例如，文本和数值型数据可以存储在TXT、DOC、XLSX等格式的文档中，也可以存储在数据库中；音频、视频、图像等数据可以以文件形式存储，也可以以二进制流形式存储在数据库中。不同存储形式的数据的管理方式也不同。所以，这里的数据概念应包括两个方面：一方面是描述事物特性的数据内容；另一方面是保存在存储介质上的数据形式。

数据处理是指将数据转换成信息的过程。广义上的数据处理包括对各种形式的数据进行收集、存储、检索、加工、变换、传播等一系列活动。从计算机数据处理的角度来说，信息是一种被加工成特定形式的数据，这种数据形式对数据使用者来说是有意义的。

其实，数字只是数据的一种。广义上的数据有很多种，除数字外，还包括文本、图像、图形、音频、视频等。早期的计算机系统主要用于数值计算，它只能够处理数值型数据，而现代的计算机系统能够存储和处理多种数据。

目前的计算机系统使用计算机的存储器（内存储器与外存储器）来存储数据，使用数据库管理系统来管理数据，使用应用系统对数据进行加工处理。

2．数据库

数据库即存放数据的仓库。在数据库中，可以将数据按一定的格式进行存储，以便对其进行有效管理。数据库的标准定义为：长期存储在计算机内的、有组织的、可共享的数据集合。数据库中的数据按一定的数据模型进行组织、描述和存储，具有低冗余度、高独立性、易拓展性，并且可被多个用户共享。

在现实生活中，很多数据需要被收集起来并长期保存，例如每个学生的学籍和成绩等信息。在信息技术快速发展的今天，互联网与各行业、各领域的深度融合使数据库的应用需求不断增多。随着时间的推移，数据量急剧增加，如果还像过去那样将数据手动记录在文件档案中，则数据的管理会变得非常困难。现在，借助数据库技术，人们可以科学、有效地保存并管理大量复杂的数据，还可以随时快速检索需要的数据。

3．数据库管理系统

数据库管理系统（Database Management System，DBMS）是为建立、使用和维护数据库而开发的管理软件。它是一种系统软件，负责对数据库进行统一管理和控制。数据库管理系统有以下几个功能。

① 数据定义。数据库管理系统提供数据定义语言（Data Definition Language，DDL），用户通过该语言可以对数据库中数据的组成和结构进行定义。

② 数据存取。使用数据库管理系统可以分类组织、存储和管理各种数据，还可以确定数据的组织结构和存储方式及数据之间的联系。数据库管理系统提供了多种数据的存取方法（如顺序查找、哈希查找、索引查找等）来提高数据的存取效率。

③ 数据操纵。数据库管理系统提供数据操纵语言（Data Manipulation Language，DML），用户可以使用它对数据进行基本操作，如数据的添加、修改、删除、查询等。

④ 数据保护。为了保证数据库中数据的安全可靠和正确有效，数据库管理系统提供统一的数据保护功能。数据保护也称为数据控制，主要包括维护数据库的安全性和完整性、多用户对数据的并发使用控制和故障恢复。

⑤ 数据库维护。数据库维护包括数据载入、转换、转储，数据库的重组织及性能监控等。

⑥ 其他功能。其他功能包括数据库管理系统与其他软件系统的通信功能、数据库管理系统之间的数据转换功能、异构数据库之间的互访和互操作功能等。

4．数据库系统

1968年，IBM公司成功研制出了信息管理系统（Information Management System，IMS），这标志着数据处理技术进入数据库系统阶段。

数据库系统（Database System，DBS）是由数据库、数据库管理系统、应用程序、数据库管理员和普通用户组成的系统，用于实现有组织地、动态地存储大量相关数据，处理数据和共享信息资源。其中，数据库提供数据的存储功能，数据库管理系统提供数据的组织、存取、管理和维护等功能，应用程序根据需求使用数据库，数据库管理员负责管理整个数据库系统，普通用户是数据库系统的使用者。数据库系统的层次结构如图1-1所示。

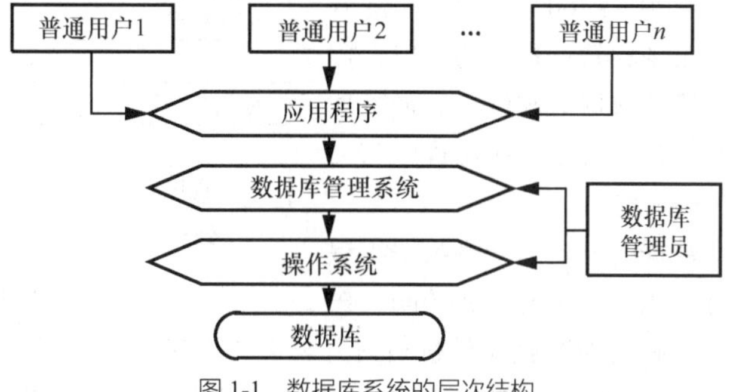

图 1-1 数据库系统的层次结构

应用程序（也叫作数据库应用系统）是指开发人员利用数据库系统资源开发的、面向某一类实际应用的软件系统。例如，学校的学生管理系统、教务管理系统、财务管理系统等都是以数据库为基础和核心的计算机应用系统。

数据库管理员是负责监督和管理数据库系统的专门技术人员或管理机构，主要负责设计数据库的数据和结构，决定数据库的存储结构和策略，保证数据库的完整性和安全性，监控数据库的运行和使用，进行数据库的改造、升级和重建等。

在数据库系统中，数据是由多个用户或应用程序共享的资源，已从应用程序中独立出来，由数据库管理系统统一管理。

事实上，数据库系统即引入数据库技术的计算机系统，其中数据库管理系统是数据库系统的核心。在有些情况下，人们把数据库系统简称为数据库。

1.2 数据管理技术的发展历程

在计算机软件和硬件系统不断发展的基础上，随着应用需求的不断变化，数据管理技术的发展经历了人工管理、文件系统、数据库系统3个阶段。

1.2.1 人工管理阶段

在20世纪50年代之前，计算机硬件设备与技术相对落后，只有卡片、磁带，没有磁盘等可直接存取数据的外存设备。当时没有操作系统，也没有专门管理数据的软件系统。在该阶段，应用程序和数据集之间的关系如图1-2所示，可以看出它们是一一对应的，数据由应用程序计算和处理。应用程序不仅用来对数据的逻辑结构进行定义，还用来设计数据的物理结构，包括存储结构、存取方法、输入方式等。由于应用程序依赖于数据的物理组织，因此数据的独立性差，不能被长期保存，且冗余度高。

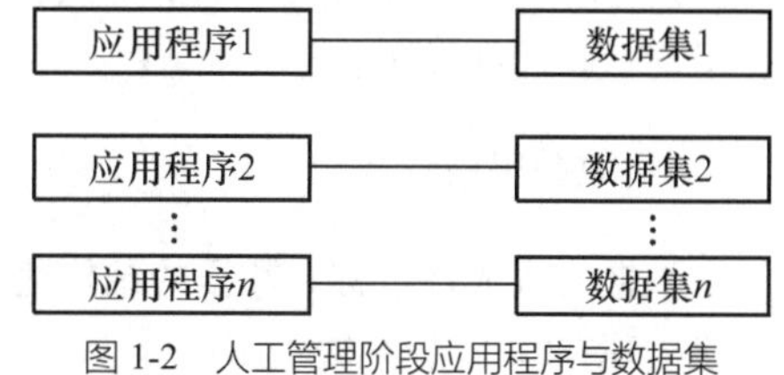

图 1-2 人工管理阶段应用程序与数据集之间的关系

1.2.2 文件系统阶段

20世纪50年代后期至20世纪60年代中期，随着硬盘等直接存储设备的出现和软件系统的发展，操作系统中开始配备专门管理数据的软件，数据管理技术进入文件系统阶段。在该阶段，应用程序与文件组之间的关系如图1-3所示。

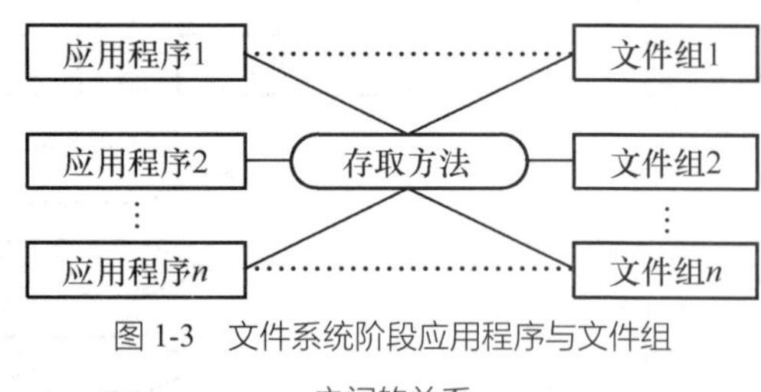

图 1-3 文件系统阶段应用程序与文件组之间的关系

使用文件系统管理数据的方式为：将数据组织成相互独立的数据文件，利用“按文件名访问，按记录存取”的管理技术，提供对数据文件进行打开与关闭、对记录进行读/写等的功能。在文件系统阶段，数据虽然能够长期保存，但由于一个数据文件仍对应一个应用程序，当不同的应用程序具有相同的数据时，它们必须各自建立数据文件，而不能共享相同的数据。因此，使用文件系统管理数据仍存在数据共享性差、冗余度高、独立性差等缺点。

1.2.3 数据库系统阶段

20世纪60年代后期以来，软件和硬件技术快速发展，相关的应用需求越来越复杂，使计算机管理的对象的规模越来越大，数据量急剧增加。在此背景下，使用文件系统管理数据的手段已不能满足应用需求。为了克服文件系统的弊端，实现对数据的集中统一管理、应用程序与数据的相互分离、多用户数据共享等，数据库技术应运而生，数据管理进入数据库系统阶段。此时已有专门的数据管理软件，即数据库管理系统。在该阶段，应用程序与数据库之间的关系如图1-4所示。

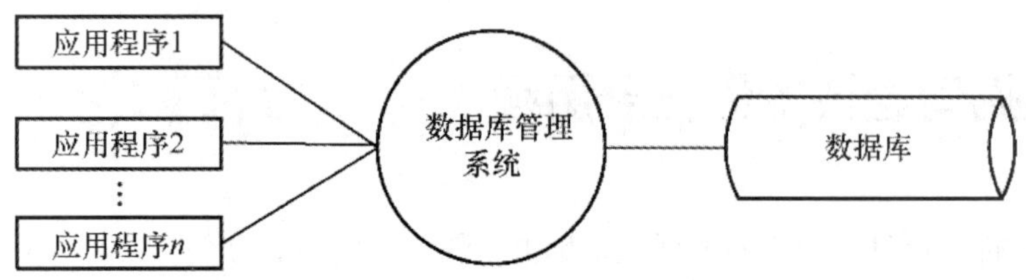

图 1-4 数据库系统阶段应用程序与数据库之间的关系

数据库系统阶段采用数据模型表示复杂的数据结构，用全局的观点集成多种应用的数据，构成全局数据结构文件，由数据库管理系统统一管理。因此，数据不再面向单独的应用程序，而面向整个系统，这是数据库系统阶段与文件系统阶段的根本区别。

数据库系统由早期的层次数据库、网状数据库发展到现今的关系数据库，与文件系统阶段相比，其管理数据的方式具有如下特点和优势：数据的集成性和共享性高，冗余度低，独立性高，易于统一管理和控制。

1．数据集成性高

数据的集成性也称为数据的结构化，是数据库的主要特征之一。数据库系统的数据集成性高主要表现在以下几个方面。

① 数据库系统采用统一的数据结构方式。

② 数据库系统按照多个应用程序的需要组织全局的、统一的数据结构，既创建全局的数据

结构，又建立数据间的语义联系，从而构成一个内在联系紧密的数据整体。

③ 数据库系统中的数据模式是多个应用程序共同的、全局的数据结构，而每个应用程序的数据是全局数据结构中的一部分，这种全局与局部结合的结构模式体现了数据库数据集成性高的主要特征。

2．数据共享性高，冗余度低

数据的高集成性使数据可被多个应用程序共享，而数据共享可以极大降低数据的冗余度。这样不仅能节省存储空间，还能避免数据的不一致。

3．数据独立性高

数据独立性是指数据库中的数据独立于应用程序且不依赖于应用程序，即数据的逻辑结构、存储结构与存取方式的改变不会对应用程序造成影响。数据独立性高是使用数据库管理数据的一个显著优点。数据独立性包括数据的物理独立性与逻辑独立性两个方面。

数据的物理独立性是指数据的物理存储与应用程序是相互独立的。数据的物理存储结构、存取方式的改变不会影响数据库的逻辑结构，也不会影响应用程序。也就是说，数据在数据库中怎样存储由数据库管理系统决定，而非由应用程序决定。

数据的逻辑独立性是指数据的逻辑结构与应用程序是相互独立的。数据的逻辑结构改变，不会对应用程序造成影响。

4．数据易于统一管理和控制

为了保证数据的准确性，数据库系统提供了数据统一管理和控制功能。该功能主要用于以下4个方面。

① 数据的安全性保护。数据库管理系统会检查数据库的访问用户，以防止出现非法访问，并且每个用户只能按规定对某些数据以某些方式进行使用和处理。

② 数据的完整性检查。数据的完整性包括数据的正确性、有效性和相容性。完整性检查用于将数据控制在正确、有效的范围内。

③ 并发控制。为了避免多个用户同时对同一数据进行存取和修改产生的干扰，必须对多用户的并发操作进行控制和协调。

④ 数据恢复。计算机软硬件故障和数据库管理员无意或者恶意的破坏均会影响数据的安全性和正确性，因此数据库管理系统提供了数据恢复功能，能够将数据库从错误状态恢复到某一时间点的正确状态。

1.3 数据模型

数据模型

现有的数据库系统都是基于数据模型开发的，需要根据应用程序中数据的性质、内在联系，按照管理的要求设计和组织数据。和飞机模型、汽车模型一样，数据模型是对现实世界中事物的模拟、描述和表示，使现实世界中事物的客观特性能够以数据的形式在数据库系统中进行存储和操作。

事物的客观特性在计算机中的具体表现体现在现实世界、信息世界和计算机世界3个层面。

① 事物的客观特性在现实世界层面的体现是指客观存在的事物及其相互之间的联系。现实世界中的事物有很多特征，事物间有着千丝万缕的联系，但人们只选择感兴趣或需要的部分来描述。如人们通常用学号、姓名、班级、成绩等特征来描述和区分学生，而对其身高、体重、长相不太关心。事物可以是具体的、可见的，也可以是抽象的。

② 事物的客观特性在信息世界层面的体现是指人们把现实世界的事物及事物间联系的客观特性用符号记录下来，然后用规范的方式来定义描述一个抽象世界，该抽象世界是对现实世界的一种抽象描述。在信息世界中，不是简单地对现实世界进行符号化，而是通过筛选、归纳、总结、命名等抽象过程产生概念模型。

③ 事物的客观特性在计算机世界层面的体现是指将信息世界的内容进行数据化，将信息世界中的概念模型转换成数据模型，形成便于计算机处理的数据表现形式。

为了把现实世界中的具体事物抽象描述为计算机可存储和加工的数据，首先需要将现实世界抽象为信息世界，然后将信息世界转换为计算机世界。也就是说，首先把现实世界中的客观事物抽象为信息世界中的一种信息结构，这种结构既与计算机系统无关，也与数据库系统无关，是一种概念模型；然后将概念模型转换为计算机世界中某一数据库管理系统支持的数据模型，这样就实现了信息世界到计算机世界的转换。该过程如图1-5所示，3个层面相关术语的对应关系如图1-6所示。

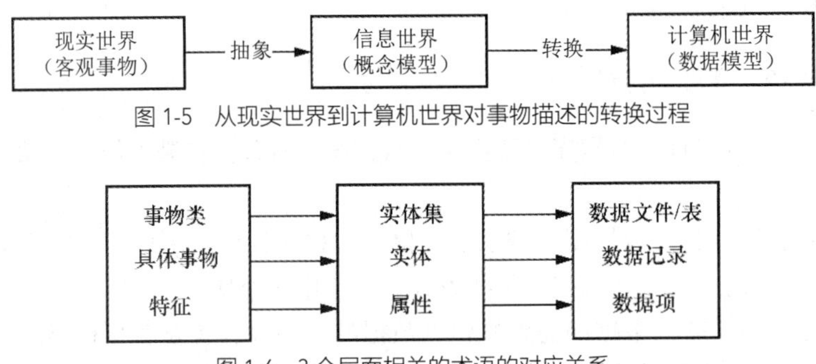

图 1-5　从现实世界到计算机世界对事物描述的转换过程

图 1-6　3 个层面相关的术语的对应关系

1.3.1 数据模型的三大组成要素

数据模型从抽象层次上描述了现实世界的事物在数据库中的静态特征、动态行为及约束条件，因此数据模型通常由数据结构、数据操作和数据约束三大要素组成。

① 数据结构即数据在数据库中的存储结构，是数据模型的核心，是描述一个数据模型性质最重要的因素。数据结构描述的内容有两类：一类与数据库对象有关，另一类与数据之间的联系有关。数据结构用于描述数据库对象的静态特征。

② 数据操作是相应数据结构允许执行的操作及操作规则的集合。数据库主要包含检索和更新（包括新增、删除和修改）两大类操作，数据模型必须定义这些操作的确切含义、操作符号、操作规则及实现操作的语言。数据操作用于描述数据库对象的动态行为。

③ 数据约束是一组完整的数据约束条件的集合。具体的应用数据必须遵循特定的约束条件，以保证数据正确、有效和相容。数据约束用于描述数据库对象的约束条件。

1.3.2 数据模型的类型

数据模型要能真实地描述现实世界的事物，不仅要容易被人理解，还要便于在计算机中使用。因此在数据库系统中，需根据不同应用层次采用不同的数据模型。数据模型通常划分为3类：物理数据模型、概念数据模型、逻辑数据模型。

① 物理数据模型简称物理模型，是面向计算机系统的模型，其着重于数据在计算机系统中的表示方式和存取方法的实现。物理模型的实现由数据库管理系统完成，普通用户不需要考虑物理模型的实现细节。

② 概念数据模型简称概念模型，是一种面向用户、容易被用户理解的模型，与具体的数据库系统无关。概念模型着重于准确、简洁地描述现实世界的事物及事物间的内在联系，主要用于数据库设计。目前常用的概念模型为实体-联系模型（Entity-Relationship Model，E-R模型）。

③ 逻辑数据模型是面向数据库系统的模型，其着重于数据在数据库系统中的实现。现有的逻辑数据模型有层次模型、网状模型、关系模型和面向对象模型等，其中关系模型是目前广泛使用的一种逻辑数据模型。

1．E-R模型

E-R模型通过实体及实体之间的联系来反映现实世界。E-R模型是现实世界到计算机世界的一个中间层次（属于信息世界），用于实现对现实世界的事物及事物间联系的抽象描述。它是数据库设计的有力工具。

E-R模型

在E-R模型中，有3个重要概念，分别是实体、属性、联系。

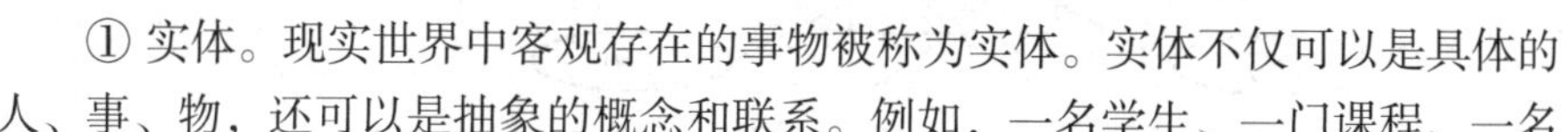

① 实体。现实世界中客观存在的事物被称为实体。实体不仅可以是具体的人、事、物，还可以是抽象的概念和联系。例如，一名学生、一门课程、一名医生、一个科室、一条医嘱等都属于实体。由同一类型实体组成的集合被称为实体集。例如，全体学生就是一个实体集。

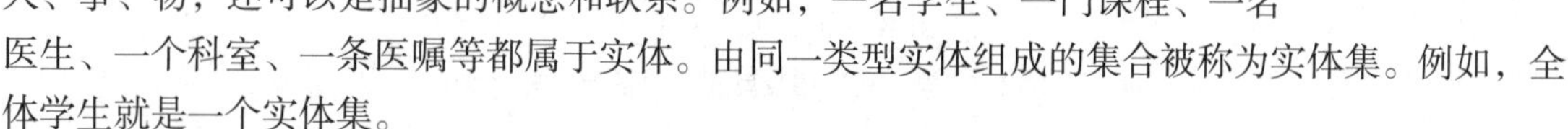

② 属性。实体具有的特性即属性，属性反映了实体的特征。一个实体有若干个属性。例如，学生实体有学号、姓名、性别、出生日期、政治面貌、家庭地址、所属班级等属性，这些属性的组合反映了一名学生的特征。

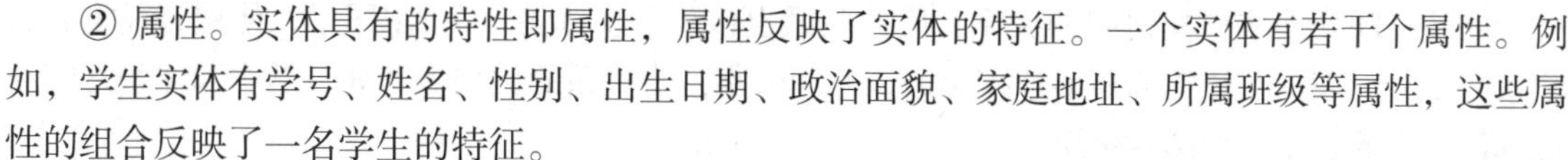

③ 联系。现实世界的事物间通常是存在联系的，这种联系在E-R模型中表现为实体集之间的联系。例如，学生和课程通过选课建立联系，病人和医生通过看病建立联系。

E-R模型采用E-R图对现实世界的事物及事物间的联系进行抽象描述，该过程就是信息世界的概念建模。E-R图用3种不同的图形来表示E-R模型中的3个概念，概念和图形的对应关系及表示方法如表1-1所示。

表1-1　E-R图中概念和图形的对应关系及表示方法

概念	图形	表示方法
实体集	矩形	学生　课程
属性	椭圆形	学号　课程名
联系	菱形	选修

在E-R模型中，实体集之间的联系通常分为一对一、一对多和多对多3种类型，如表1-2所示。

表1-2　　实体集之间联系的类型

联系	概念说明	例子	图例
一对一（1：1）	实体集*A*中的每一个实体与实体集*B*中的一个实体相互联系，反之亦然。这种关系为一对一联系	一所医院只有一名院长，且一名院长只能在一所医院担任院长	医院 —— 院长
一对多（1：*n*）	实体集*A*中的每一个实体，在实体集*B*中都有多个实体与之对应；实体集*B*中的每一个实体，在实体集*A*中只有一个实体与之对应。这种关系为一对多联系	一名医生通常需要管理多位住院病人，而一位住院病人对应一名医生	医生 —— 病人1、病人2、病人3
多对多（*n*：*m*）	如果实体集*A*中的每一个实体，在实体集*B*中都有多个实体与之对应，反之亦然，这种关系为多对多联系	一名学生可以选修多门课程，一门课程也可以被多名学生选修	学生1、学生2、学生3 —— 课程1、课程2、课程3

由于属性依附于实体集，因此它们之间有连接关系。在E-R图中，使用直线将两种图形连接起来表示现实世界的事物，如学生实体集及其属性的表示方法如图1-7所示。

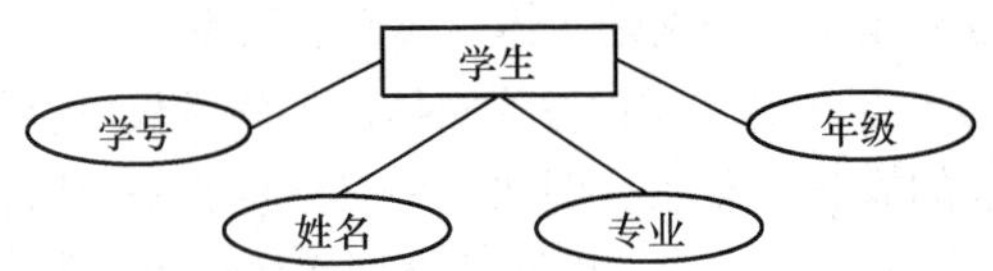

图 1-7　学生实体集及其属性的表示方法

联系反映两个实体集之间的关系，因此联系也依附于实体集。在E-R图中，使用直线将表示联系的菱形与表示实体集的矩形连接起来，并用数字注明联系的类型。例如，学生和课程之间通过选修建立的联系，如图1-8所示。

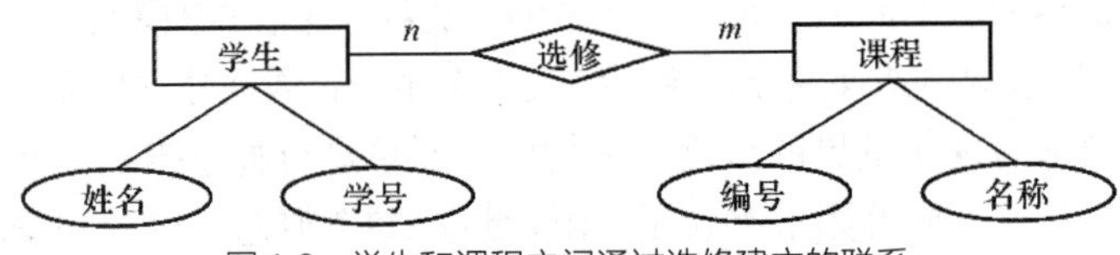

图 1-8　学生和课程之间通过选修建立的联系

在图1-8中，*n*和*m*代表学生和课程之间的选修联系为多对多的联系。学生与课程两个实体集分别具有相应的属性。事实上，联系也可以具有相应的属性。例如，选修联系有选课时间等属性，只有通过这些属性才能完整体现学生与课程的关系。

2. 关系模型

关系模型是由时任美国IBM公司研究员的埃德加·弗兰克·科德（Edgar Frank Codd）于1970年提出的。他开创了对数据库关系方法和关系数据理论的研究，这些为数据库技术的发展奠定了理论基础。正因如此，科德于1981年获得了图灵奖。

关系模型是目前最常用的逻辑数据模型之一，其数据结构单一。在关系模型中，现实世界的事物及事物间的联系均采用关系来表示。采用关系模型作为数据组织方式的数据库称为关系数据库。

（1）关系模型的数据结构

简单来说，关系模型由一组关系构成，每个关系的数据结构都可以使用一张二维表格来表示。例如，教务系统中的教师信息、课程信息、选课及成绩信息分别如表1-3～表1-5所示。

表1-3　　教师信息表

教师编号	教师姓名	教师性别	政治面貌	职称	学院编号	出生日期
t0015	卓超群	男	民建	副教授	101	1978/2/4
t0016	马永生	男	党员	副教授	106	1977/6/4
t0017	尹露	女	群众	教授	111	1972/4/18
t0018	陈荣丽	女	九三学社	副教授	108	1981/11/20
t0019	姚蓓	女	民盟	讲师	102	1984/4/10

表1-4　　课程信息表

课程编号	课程名称	学分
B002	C语言程序设计	2
B008	大学物理	3
B004	大学英语	3
B006	高等数学	4

表1-5　　选课及成绩表

选课序号	开课序号	学号	成绩	选课时间	授课教师
1	1	20181030130	78.5	2018/6/8 08:15	t0008
2	1	20181010210	73	2018/6/8 08:16	t0006
3	1	20181020209	35	2018/6/8 08:17	t0020

在关系模型中，有以下几个概念需要掌握。

① 关系。一个关系对应一张二维表，关系既可以表示实体集（例如教师信息），也可以表示实体集之间的联系（例如学生选课信息）。

② 元组。关系表中的一行即一个元组。

③ 属性。关系表中的一列即一个属性。列名即属性名，通常也称为字段。属性用于描述实体的特征。

④ 码。码也称为键或主键。键通常为表中的一个或一组属性，是一个元组的唯一标识。例如，教师信息表中的教师编号属性具有唯一性，因此可以作为教师信息表的键来唯一标识教师。而在选课及成绩表中，单独的学号或授课老师属性无法作为选课及成绩表的键，因为两者都可能存在重复的值，但这两个属性却是教师信息表和课程信息表的主键，这样的键称为关系表的主键。如果关系表中的某个属性来自另一个关系表中的主键，这样的属性通常称为外键。

⑤ 域。域是一组具有相同数据类型的值的集合。关系表中属性的取值范围来自某个域。例如，在教师信息表中，性别属性的取值范围为{男,女}，年龄属性的取值范围为1～120，学院属性的取值范围为学校所有的二级学院名称的集合。

⑥ 分量。分量指元组中的一个属性值，可视为关系表中一个单元格的值。

⑦ 关系模式。对关系的描述一般表示为：关系名(属性1,属性2,…,属性*n*)，其中关系名即实体对应的关系表在数据库系统中的名称。例如，表1-3所示的教师关系可描述为：教师信息表(教师编号,教师姓名,教师性别,政治面貌,职称,学院编号,出生日期)。

关系模型要求关系必须满足一定的规范条件，最基本的条件是每个分量必须具有原子性，是不可分割的基本数据项。另外，关系中的元组和属性通常要满足唯一性要求，即数据表中不允许出现完全相同的两条记录或两个字段，否则会造成数据冗余。

（2）关系模型的数据操作

关系模型的数据操作建立在关系表的基础上，操作的对象和结果都是关系表。数据操作的类型一般分为查询、增加、修改和删除4种。

① 数据查询。用户可以自定义条件查询需要的数据，查询的对象可以是一个关系表，也可以是多个关系表的组合。

② 数据增加。数据增加只是对一个关系表进行的操作，且一次操作只能添加一个元组，添加的元组按顺序排列在关系表数据集合中的最后位置。

③ 数据修改。数据修改是指修改一个关系表中满足指定条件的元组与属性值。

④ 数据删除。删除一个关系表中部分或所有的元组。

（3）关系模型的完整性约束

在进行数据操作时，必须满足关系模型的完整性约束条件。关系模型的完整性约束条件有3类：实体完整性约束、参照完整性约束和用户自定义的完整性约束。前两种约束是任何一个关系数据库都必须满足的，由数据库管理系统自动支持。用户自定义的完整性约束是指用户使用关系数据库提供的完整性约束语言定义的约束条件。

① 实体完整性约束。若属性（属性组）*A*是关系表的主键，则*A*不能取空值。例如，在表1-3所示的教师信息表中，教师编号不能为空；在表1-5所示的选课及成绩表中，开课序号和学号均不能为空。

② 参照完整性约束。若属性（属性组）*A*是关系表*M*的外键，对应于关系表*N*中的主键，那么关系表*M*中的每个元组的*A*属性值要么为空值，要么为来自关系表*N*中*A*属性值的集合。例如，在表1-6所示的住院系统的病人信息表中，医生编码属性为该表的外键，该属性为医生信息表中的主键，那么该表中每一个元组的医生编码的值可以为空，意味着病人暂未分配医生；如果不为空，那么其值必须为医生信息表中的某个医生编码，因为不可能分配一个不存在的医生。

表1-6　　住院系统中的病人信息表

病人编码	病人姓名	病人性别	家庭地址	医生编码
p00001	万庆伏	男	湖南省醴陵市沩山镇	1147
p00002	贾中华	女	湖南省醴陵市泗汾镇	—
p00003	于建家	男	湖南省醴陵市板杉镇	1082

③ 用户自定义的完整性约束。用户自定义的完整性约束通常是为了满足行业或领域的应用需求而设定的，例如某个属性的值必须限定在1～100范围内等。

由于关系模型的概念单一，实体及实体之间的联系均采用关系表来表示，数据操作的结果也以关系表的形式来呈现，因此数据结果简单、清晰，既便于运算，也易懂易用。

1.4 数据库设计基础

设计数据库是软件开发过程中一个必不可少的环节。设计数据库的目的是得到满足实际应用需求的数据模型，使应用系统能够有组织地对数据进行管理，用户能够快速、高效地访问应用系统中的数据，最终满足用户的各种应用需求。

数据库设计的方法有多种，如基于统一建模语言（Unified Model Language，UML）的设计方法、基于E-R模型的设计方法、基于第三范式（Third Normal Form，3NF）的设计方法、面向对象的设计方法等。本节将围绕基于E-R模型的关系数据库设计进行介绍。

1.4.1 数据库设计的原则

为了保证数据库中数据的存取效率、数据库存储空间的利用率及数据库系统运行管理的效率，关系数据库的设计应遵循以下基本设计原则。

1. 一个关系表仅表示一个实体集或一个联系

在设计数据库时，首先要分离实体，使每个实体尽量独立；然后确定实体集之间的联系，每个关系表仅描述一个实体集或实体集之间的一个联系；避免设计大而杂的表，这样才能简化数据的组织和维护工作，保证应用程序的运行效率。

例如，在教务管理系统中，教师对应一张关系表，学生对应一张关系表，教师和学生的信息分别保存在对应的关系表中，而不是把教师和学生的信息保存在一张关系表中。

2. 避免关系表中出现重复字段

除了保证关系表中有反映与其他表之间存在联系的外键以外，还应尽量避免表中出现重复字段，其目的在于降低数据冗余度，节省存储空间，保证数据的一致性。例如，每个教师有对应的院系，那么在教师信息表中有一个外键（即学院编号）用来反映教师与学院之间的联系，教师信息表中不应再出现学院名称等字段信息。若需要学院名称等信息，可以通过学院编号从学院信息表中查询。

3. 关系表中的字段必须为原始数据

关系表中不应该出现通过计算得到的“二次数据”。例如，在教师信息表中有一个出生日期字段，那么就不应该出现年龄字段，因为年龄可以通过出生日期计算得到。

1.4.2 数据库设计的步骤

数据库设计通常包括需求分析、概念结构设计、逻辑结构设计3个步骤。对专业的数据库管理员来说，数据库设计除了以上3个步骤外，还包括物理结构设计、数据库实施、数据库运行与维护。本小节将以教务管理功能为例，重点介绍数据库设计的前3个步骤。

1．需求分析

在进行数据库设计前，必须准确了解与分析用户需求，这是整个设计的基础，也是最难的一步。需求分析结果能否准确反映用户的实际需求将直接影响后续设计。如果需求分析做得不好，可能导致整个数据库设计返工，并且影响设计结果的合理性和实用性。

对用户的需求分析主要包括以下3个方面的内容。

① 信息要求：用户需要从数据库获取的信息。信息要求用于定义应用系统对数据的要求，即在数据库中需要存储哪些数据及数据的类型是什么。

② 处理要求：用户要对数据进行什么样的处理及处理的性能要求。

③ 安全性与完整性要求：在定义信息要求和处理要求时确定数据的安全性和完整性要求。

需求分析就是通过不断地与用户交流，逐步确定和完善用户的实际需求的过程。设计人员通常通过跟班作业、开调查会、请专家介绍、询问、设计调查表、查阅记录等方式进行需求分析，很多时候要综合采用上述的多种方式进行分析。

简化的教务管理业务数据流程图如图1-9所示。

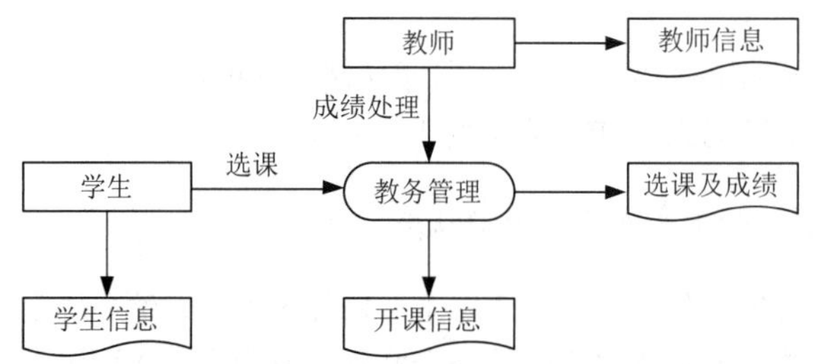

图 1-9　简化的教务管理业务数据流程图

通过需求分析，对教务管理信息要求的分析如表1-7和表1-8所示。

表1-7　　教务管理信息要求的分析（实体及属性）

实体集	属性
教师	教师编号、教师姓名、教师性别、政治面貌、职称、学院编号、出生日期
学生	学号、姓名、性别、出生日期、政治面貌、家庭地址、班级编号、入学年份
课程	课程编号、课程名称、学分
班级	班级编号、班级名称、学院编号
学院	学院编号、学院名称

表1-8　　教务管理信息要求的分析（联系及属性）

联系（类型）	属性
学院-班级（1：*n*）	学院编码、班级编码
班级-学生（1：*n*）	班级编码、学号
教师-课程（*n*：*m*）	教师编号、课程编号
课程-学生（*n*：*m*）	课程编号、学号

数据处理要求为对教师、学生、课程等信息的增加、修改、删除与查询等操作。

2．概念结构设计

概念结构设计是数据库设计的关键阶段，即将需求分析阶段得到的用户需求抽象为概念模型。E-R图是概念结构设计的常用工具。

教务管理涉及的实体和实体间的联系用E-R图表示，如图1-10所示。注意：该E-R图是真实教务管理系统E-R图的简化。

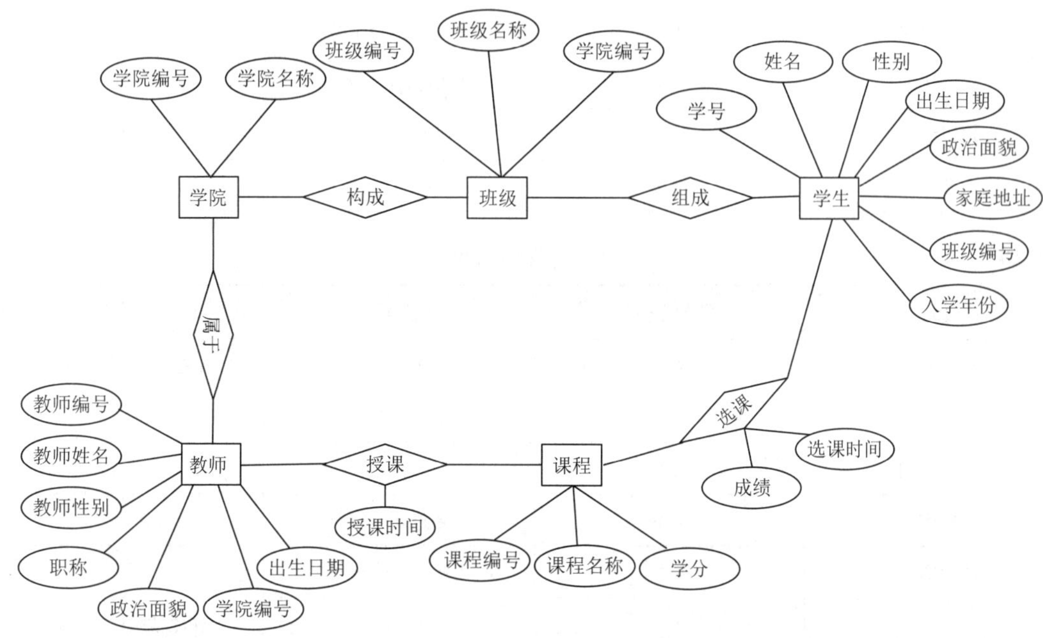

图 1-10　教务管理 E-R 图

3．逻辑结构设计

逻辑结构设计是指将概念结构转换为某个数据库管理系统支持的逻辑数据模型。由于目前绝大多数的应用系统均采用支持关系数据模型的关系数据库管理系统，因此教务管理系统的逻辑结构设计是将E-R图转换为关系表。

E-R图向关系表转换的一个原则是将实体集转换为一个关系表，将实体集的属性转换成关系表的属性。实体集间的联系是否转换成关系表则需要根据情况而定。

① 一个1：1的联系可以转换为一个独立的关系表，也可以与任意一个实体集对应的关系表合并。如果将其转换为一个独立的关系表*A*，则两个实体集对应的关系表的主键需作为关系表*A*的属性。如果将其与某一个实体集对应的关系表合并，则需要在该关系表的属性中加入另一个实体集的主键。在实际应用过程中通常采用第二种方式实现。

② 一个1：*n*的联系可以转换为一个独立的关系表，也可以与*n*个实体集对应的关系表合并，处理的方式同上。

③ 一个*n*：*m*的联系通常转换为一个独立的关系表。该关系表的属性中需加入两个实体集对应的关系表的主键。

依据以上原则，将上述概念结构的E-R图转换为逻辑结构的关系表，如表1-9至表1-12所示。

表1-9 学生信息表

属性	数据类型	长度	备注
学号	整数	1～15位数字	主键/候选主键
姓名	文本	不超过20个字符	—
性别	文本	2个字符	—
出生日期	文本	10个字符	也可使用日期型数据
政治面貌	文本	不超过10个字符	—
家庭住址	文本	不超过100个字符	—
班级编号	整数	不超过15位数字	外键
入学年份	整数	4位数字	外键

表1-10 教师信息表

属性	数据类型	长度	备注
教师编号	整数	1～10位数字	主键/候选主键
教师姓名	文本	不超过20个字符	—
教师性别	文本	2个字符	—
职称	文本	不超过10个字符	—
政治面貌	文本	不超过10个字符	—
出生日期	文本	10个字符	也可使用日期型数据
学院编号	文本	不超过15个字符	—

表1-11 班级信息表

属性	数据类型	长度	备注
班级编号	整数	不超过15位数字	主键/候选主键
班级名称	文本	不超过20个字符	—
学院编号	文本	不超过15个字符	—

表1-12 课程信息表

属性	数据类型	长度	备注
课程编号	整数	不超过15位数字	主键/候选主键
课程名称	文本	不超过20个字符	—
学分	整数	单精度	—

在实际设计过程中，需要考虑具体的业务和数据存储情况，在对图1-10中的实体、关系进行转换时，进行相应的结合或拆分处理。开课情况表、选课及成绩表如表1-13和表1-14所示。

表1-13 开课情况表

属性	数据类型	长度	备注
开课序号	长整型	—	主键/自增
课程编号	整数	不超过15位数字	外键
教师编号	整数	1～10位数字	外键
授课时间	文本	不超过15个字符	—

表1-14 选课及成绩表

属性	数据类型	长度	备注
选课序号	长整型	—	主键/自增
开课序号	长整型	不超过15位数字	外键
学号	整数	1～15位数字	外键
成绩	单精度	不超过15个字符	—
选课时间	日期/时间	—	YYYY/MM/DD hh:mm:ss

在逻辑结构设计完成后，可以直接使用Access数据库管理系统实现教务管理系统数据库的设计。该内容将在后续章节重点介绍。

1.5 Access简介

Access是一种简便易用的关系数据库管理系统，使用它能够快速地创建数据库文件。Access不但能够为应用系统提供数据管理功能，而且具有强大的数据处理和统计分析功能。随着版本的不断升级，Access的图形用户界面更加完善和简洁，初学者更容易掌握。

微软公司于1992年11月发布了Access 1.0，该版本是基于Windows 3.0操作系统的、独立的关系数据库管理系统；1993年发布了Access 2.0，它成为Office软件的一部分。随着技术的发展，Access先后出现了多个版本：Access 7.0/95、Access 8.0/97、Access 9.0/2000、Access 10.0/2002、Access 2003、Access 2007、Access 2010、Access 2016。其中，Access 2016功能完善、界面美观，且使用简便，是广泛应用的一个版本。本书选用Access 2016（简称Access）作为教学版本。

与其他数据库管理系统相比，Access具有轻便易用的优势。用户可通过可视化的界面管理数据，设计和开发出功能强大、具有一定专业水平的数据库应用系统。

1.5.1 Access中的常用对象

Access中有6种常用对象，分别是表、查询、窗体、报表、宏、模块，不同的对象在数据管理中有不同的作用。表是Access的基础与核心，用来存储数据库的全部数据。查询、窗体及报表用于从表中获得数据，以实现数据查询、编辑、计算、打印等功能。窗体为用户提供可视化操作界面，用户通过窗体可以调用宏或模块来实现更多的功能。

1．表

表是关系模型在数据库管理系统中的实现。所有的数据均存放在二维形式的表格中。Access的一个数据库文件中可以包含多个表，表可以由用户创建，也可以从外部导入。

表中的列对应关系模型中的属性，通常称为字段。图1-11所示的学生信息表中有“学号”“姓名”“性别”“出生日期”“政治面貌”“家庭地址”“入学年份”“班级编号”8个字段。数据类型不同，字段的约束规则也不同。

表中的行对应关系模型中的元组，通常称为记录。一条记录代表一个实体，包含实体的完整信息。在学生信息表中，每一行包含一名学生的完整信息，由学号来区分。

学生信息表

学号	姓名	性别	出生日期	政治面貌	家庭地址	入学年份	班级编号
20181010101	曹尔乐	男	2001/4/29	群众	湖南省永州市祁阳县	2018	201810101
20181010102	曹艳梅	女	2001/11/16	群众	湖南省衡阳市雁峰区	2018	201810101
20181010103	吴晓玉	女	2001/6/19	团员	湖南省衡阳市衡南县	2018	201810101
20181010104	谯茹	女	2002/4/24	团员	江苏省淮安市盱眙县	2018	201810101
20181010105	曹卓	男	2001/6/9	群众	云南省昭通市巧家县	2018	201810101
20181010106	牛雪瑞	女	2001/1/3	团员	山东省潍坊市寿光市	2018	201810101
20181010107	吴鸿腾	女	2002/2/26	群众	湖南省永州市道县	2018	201810101
20181010108	仇新	男	2002/3/2	群众	湖南省湘西土家族苗族自治州吉首市	2018	201810101
20181010109	杜佳毅	女	2001/12/11	团员	湖南省郴州市临武县	2018	201810101
20181010110	付琴	女	2002/4/20	群众	贵州省贵阳市白云区	2018	201810101
20181010111	于宝祥	男	2001/8/16	团员	内蒙古呼伦贝尔市满州里市	2018	201810101

图1-11　学生信息表中有8个字段

2．查询

查询是Access最常用的功能之一。用户可根据一定的条件从一个或多个表中查询出需要的数据，产生一个二维表形式的动态数据集，并显示在数据表窗口中。例如，查询教师信息表中职称为“教授”的记录，查询结果如图1-12所示。

查询1

教师编号	姓名	性别	职称
t0040	常迎	女	教授
t0045	曾丽育	男	教授
t0004	史长泽	男	教授
t0011	李洲	男	教授
t0035	于沿宏	男	教授
t0054	戴嘉勋	男	教授
t0079	夏一伟	男	教授
t0107	黎杨	女	教授
t0110	向清清	女	教授

图1-12　教师信息表中职称为“教授”的查询结果

用户可以浏览、打印查询得到的动态数据集，甚至可以对其进行修改，但最终修改的是原查询表中对应的数据。查询结果的动态数据集可以保存为一个独立的数据表，并支持导出为多种格式的数据文件。

3．窗体

窗体是数据库和用户交互的界面。窗体的主要作用是构造方便、美观的输入和输出界面，接收用户输入的命令，查看、编辑和追加数据，使数据的显示和操作能够按设计者的意愿实现，保证数据操作的安全性和便捷性。窗体中不仅可以包含普通的数据，还可以包含图形、图片、音频和视频等类型的数据。

4．报表

Access提供的报表可实现数据的统计、打印和输出。利用报表可以将数据库中需要的数据提取出来进行分析和计算，并以格式化的方式发送到打印机。报表的数据源为表或查询，用户可以按需求创建报表。教师信息表的简单报表如图1-13所示。

教师信息表

2021年3月23日
17:38:36

学院编号	教师编号	姓名	性别	政治面貌	职称
101					
	t0072	马力汀	女	党员	教授
	t0015	卓超群	男	民建	副教授
	t0023	罗磊	男	民建	助教
	t0038	边天雄	男	民建	副教授
	t0044	于思雨	女	群众	讲师
	t0052	罗军乐	女	群众	教授
	t0056	罗容	女	群众	助教
	t0058	唐鑫	男	群众	助教
	t0067	马璐	男	群众	讲师
	t0080	曾俊立	男	群众	教授
	t0087	张宗林	女	群众	讲师
	t0064	向华辉	男	党员	讲师

图 1-13　教师信息表的简单报表

5．宏

宏是一系列操作的集合，能实现不同的功能，例如修改数据、创建报表、打开窗体等。宏的作用在于简化重复的操作，这些操作由宏自动完成，从而使管理和维护数据库更加简单。

6．模块

模块的功能比宏更全面，通过VBA（Visual Basic for Applications）程序能够实现更加复杂的功能。将模块与窗体、报表等对象建立联系，可以形成完整的数据库应用系统。

1.5.2 Access 2016的操作界面

Access的用户可以分为两大类：一类是应用系统的开发者，另一类是应用系统的使用者。开发者直接使用Access进行各种设计与开发，以完成特定的应用系统，让应用系统的最终用户使用。

这里介绍的操作界面是开发者看到的各种界面。

1．欢迎界面

在使用数据库时，需要先启动Access 2016，然后打开需要的数据库文件。启动Access 2016之后，可以看到默认的欢迎界面。

在该界面中有两个选项："空白桌面数据库"和"自定义Web应用程序 "，通过这两个选项可以创建新数据库。如果要在个人计算机上创建一个数据库，可以选择"空白桌面数据库"选项；如果需要通过SharePoint发布自己的Access应用程序，可以选择"自定义Web应用程序"选项。

2. 操作界面

Access 2016的操作界面如图1-14所示。它由3个部分组成，分别为顶部的功能区、左边的导航窗格、中间的工作区。此外，用户可以根据需要设置快速访问工具栏，其中可放置一些常用的工具。

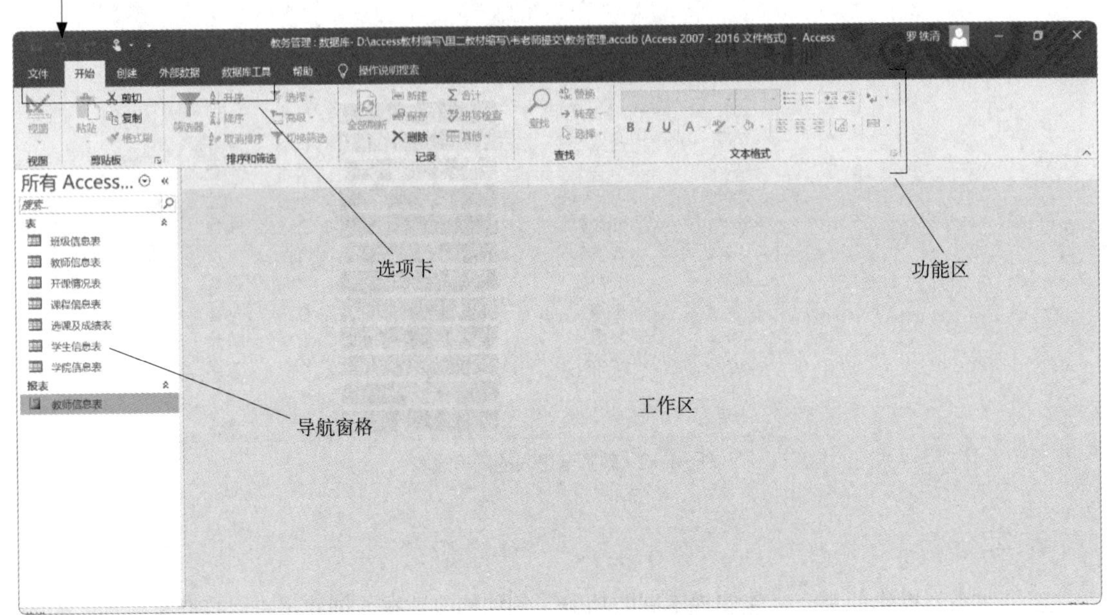

图 1-14 Access 2016 的操作界面

（1）导航窗格

导航窗格位于Access 2016操作界面的左侧，用于显示和管理数据库对象（如表、查询、窗体等），各类对象会在其中按类别有序地进行组织和排列。

（2）功能区

功能区位于Access 2016操作界面的顶部，它取代了之前版本中的菜单栏和工具栏，由多个选项卡组成，每个选项卡中有多个组。功能区的大部分功能都用于进行数据库操作，因此需要先打开或者创建一个数据库，功能区中的相应按钮才能够正常使用。

Access 2016的功能区包括“文件”“开始”“创建”“外部数据”“数据库工具”等选项卡。每个选项卡中都包含多组功能按钮。

Access功能功区中除了上述5个标准选项卡之外，还有上下文选项卡。上下文选项卡属于特殊类型的选项卡，仅当选定某种特定对象时才会显示。例如，在使用表设计器时，会出现“表格工具→设计”选项卡，如图1-15所示。

（3）快速访问工具栏

快速访问工具栏是一个可以自定义的工具栏，允许开发人员向其中添加常用的工具。默认情况下，快速访问工具栏中包含3个按钮，分别是“保存”、“撤销”和“恢复”，如图1-16所示。

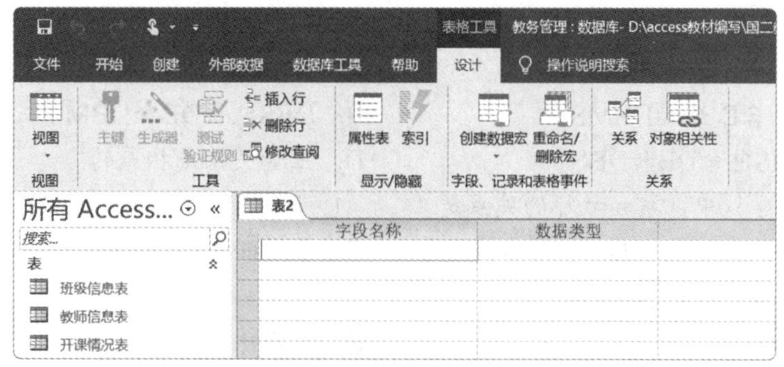

图 1-15 “表格工具→设计”选项卡

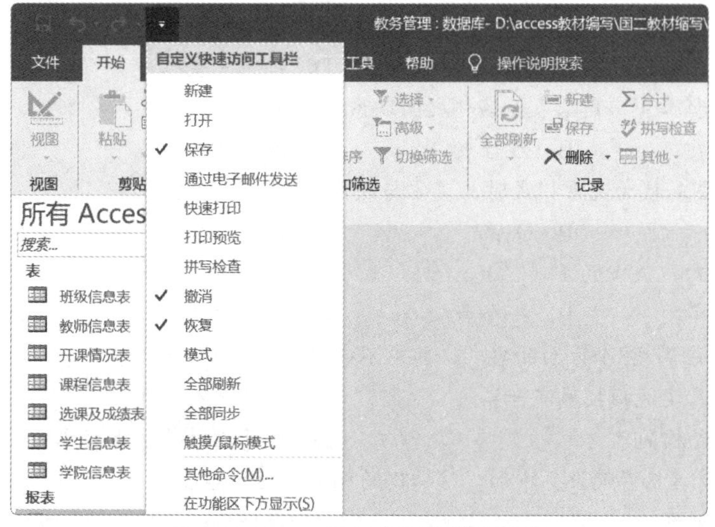

图 1-16 Access 2016 的快速访问工具栏

在熟悉了Access 2016的功能和操作后，便可以对数据进行管理，还可以利用窗体和宏开发相应的数据管理程序，这些内容将在后续章节介绍。

本章小结

本章介绍了数据库基础知识、数据管理技术的发展历程、数据模型、数据库设计基础及Access简介等内容，其中详细介绍了数据模型的三大要素、E-R模型与关系模型。在学完本章内容后，读者可以掌握与数据库技术相关的基础知识，为后续内容的学习奠定基础。

习题 1

单选题

1. Access是一种简便易用的（　　）数据库管理系统。

A. 层次　　B. 网状　　C. 关系　　D. 面向对象

2. 数据库（DB）、数据库系统（DBS）和数据库管理系统（DBMS）三者之间的关系是（　　）。

A. DB包含DBS和DBMS　　B. DBS包含DB和DBMS

C. DBMS包含DB和DBS　　D. 三者关系是相等的

3. 在同一所学校中，系和教师的关系是（　　）。

A. 一对一　　B. 一对多　　C. 多对一　　D. 多对多

4. 数据模型描述的内容包括（　　）。

A. 数据结构　　B. 数据操作

C. 数据约束　　D. 以上答案都正确

5. 在一个关系表记录中，主键不能为空，这属于（　　）约束。

A. 参照完整性　　B. 实体完整性

C. 用户自定义的完整性　　D. 结构完整性

6. 在关系数据库中，用来表示实体之间联系的是（　　）。

A. 二维表　　B. 线性表　　C. 网状结构　　D. 树形结构

7. 在将E-R图转换为关系模式时，实体与联系都可以表示成（　　）。

A. 属性　　B. 关系　　C. 键　　D. 域

8. 一个元组对应表中的（　　）。

A. 一个字段　　B. 一个域　　C. 一个记录　　D. 多个记录

9. 数据模型应满足3个方面的要求，其中不包括（　　）。

A. 比较真实地模拟现实世界　　B. 容易被人们理解

C. 逻辑结构简单　　D. 便于在计算机上实现

10. 存储在计算机存储设备中的、结构化的相关数据的集合是（　　）。

A. 数据处理　　B. 数据库

C. 数据库系统　　D. 数据库应用系统

第2章 数据库和表

Access是一款功能强大的关系数据库管理系统，使用它可以组织和存储文本、数字、图片、动画和声音等多种类型的数据，还可以对数据进行维护、查询、统计、打印和发布等管理操作。本章主要介绍数据库的创建和操作，以及表的创建、维护和使用等。

本章的学习目标如下。

① 掌握数据库的创建、打开和关闭方法。

② 掌握数据库中表的创建、维护和使用方法。

2.1 数据库的创建和操作

在Access数据库管理系统中，数据库是一个一级容器对象，用于存储数据库应用系统中的其他数据库对象。因此可以称其他数据库对象为数据库子对象。每个数据库都以数据库文件的形式存储在磁盘中，这个数据库文件用于存储数据库的所有对象。因此，在使用Access组织、存储和管理数据时，首先应该创建数据库，然后才能在该数据库中创建所需的数据库对象。

2.1.1 创建数据库

在Access中创建数据库的方法有两种：第一种方法是先新建一个空数据库，然后根据需要创建表、查询、窗体、宏和模块等对象，这是创建数据库较灵活的方法；第二种方法是使用模板创建数据库，使用Access提供的模板进行简单的操作即可创建数据库，这是创建数据库较快速的方法。无论采用哪种方法创建数据库，都可以随时修改或扩展数据库。

1．创建空数据库

一般情况下，用户都是先新建一个空数据库，然后根据需要在其中添加表、查询、窗体和报表等对象，这样可以灵活地创建出满足实际需求的数据库。

【例2.1】创建“教务管理”数据库，并将数据库保存到D盘下的“JWGL”文件夹中，具体操作步骤如下。

① 启动Access 2016，欢迎界面如图2-1所示。选择“空白桌面数据库”选项，打开创建空白桌面数据库对话框，如图2-2所示。

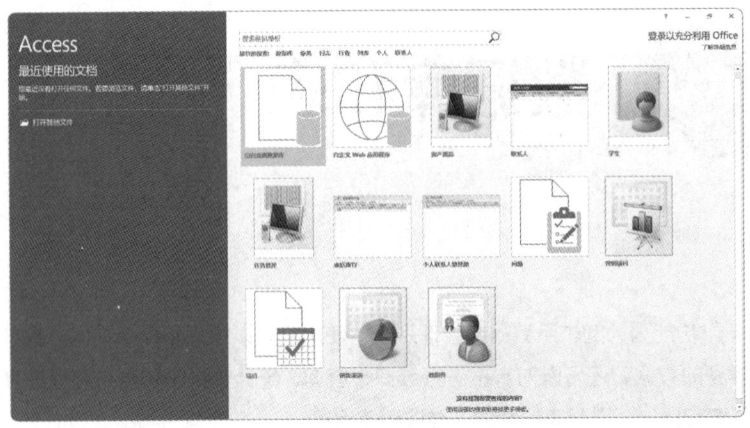

图 2-1 Access 2016 的欢迎界面

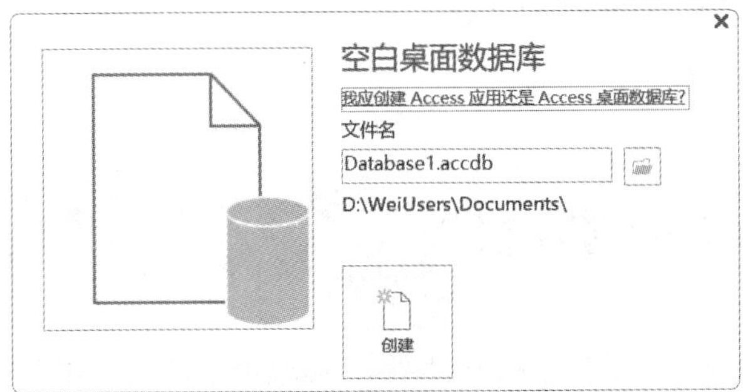

图 2-2 创建空白桌面数据库对话框

② 创建空白桌面数据库对话框的“文件名”文本框中给出了默认的文件名“Database1.accdb”，将其改为“教务管理.accdb”。在输入文件名时，如果没有输入扩展名“.accdb”，那么在创建数据库时Access将自动添加扩展名。

③ 将鼠标指针移动到“文件名”文本框右侧的按钮上，将弹出提示信息“浏览到某个位置来存放数据库”。单击按钮，打开“文件新建数据库”对话框。在该对话框中找到D盘下的“JWGL”文件夹并将其打开，如图2-3所示。

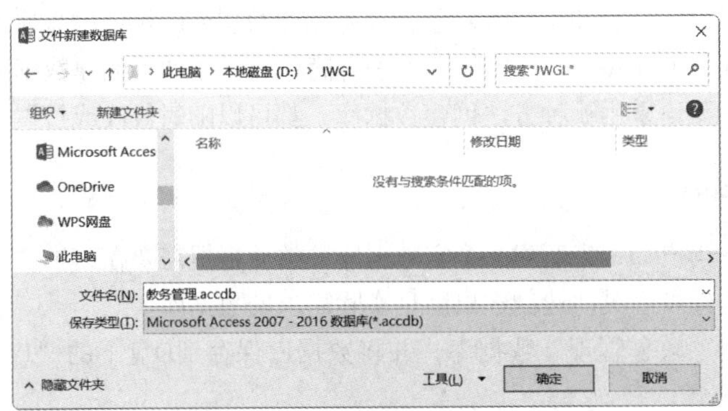

图 2-3 “文件新建数据库”对话框

④ 单击“文件新建数据库”对话框中的“确定”按钮，返回到创建空白桌面数据库对话框。

此时，该对话框中显示将要创建的数据库的名称及保存位置，如图2-4所示。

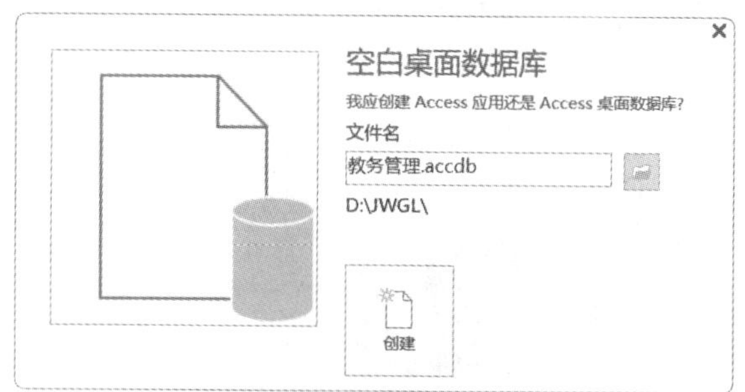

图 2-4　将要创建的数据库的名称及保存位置

⑤ 单击创建空白桌面数据库对话框中的“创建”按钮，Access将新建一个空数据库，并自动在其中创建一个名为“表1”的数据表，如图2-5所示。该表以数据表视图的形式打开。

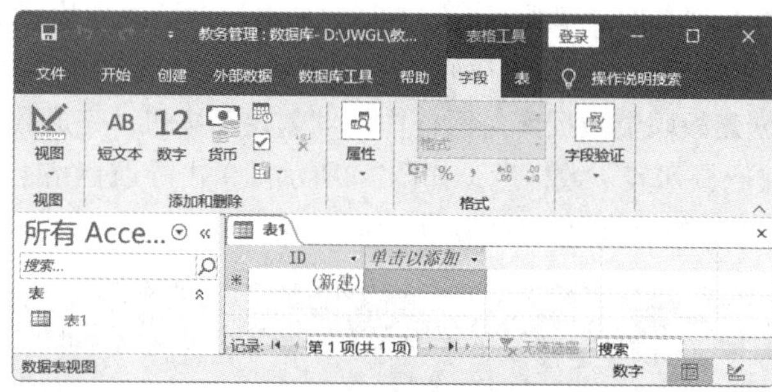

图 2-5　自动创建的“表 1”数据表

⑥ 执行“文件”选项卡中的“关闭”命令。

2．使用模板创建数据库

为了简化数据库的创建过程，Access提供了丰富的数据库模板，如“学生”“教职员”“营销项目”“联系人”“资产跟踪”等。使用数据库模板，只需要进行一些简单操作，就可以创建包含表、查询、窗体和报表等对象的数据库。

【例2.2】使用模板创建“教职员”数据库，并将数据库保存到D盘下的“JWGL”文件夹中，具体操作步骤如下。

① 启动Access，在欢迎界面中选择“教职员”选项，使用该模板创建数据库，如图2-6所示。

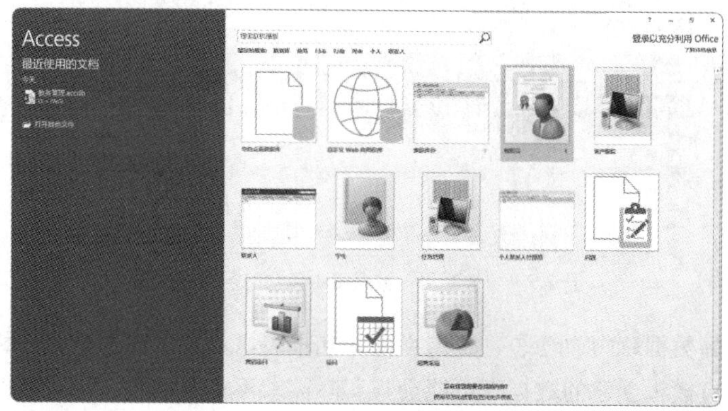

图 2-6　使用“教职员”模板创建数据库

② 选择“教职员”选项后，打开图2-7所示的使用模板创建教职员数据库对话框，在其中将数据库文件名修改为“教职员”，并设置其存储路径。

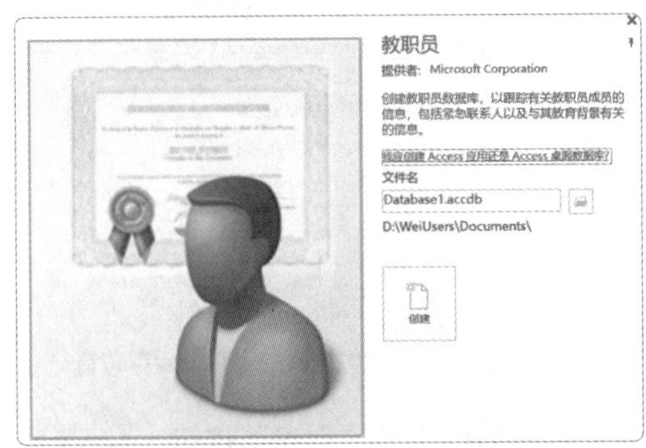

图 2-7　使用模板创建教职员数据库对话框

③ 单击按钮，打开“文件新建数据库”对话框，在该对话框中找到D盘下的“JWGL”文件夹并将其打开，然后单击“确定”按钮返回使用模板创建教职员数据库对话框。

④ 单击使用模板创建教职员数据库对话框中的“创建”按钮，完成数据库的创建。默认以窗体视图形式打开“教职员列表”数据库，如图2-8所示。单击导航窗格上方的 » 按钮，就可以看到创建的数据库中包含的各类对象，如图2-9所示。

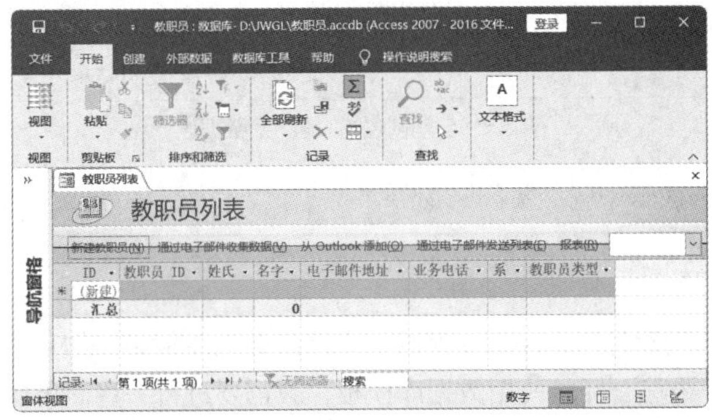

图 2-8　默认以窗体视图形式打开“教职员列表”数据库

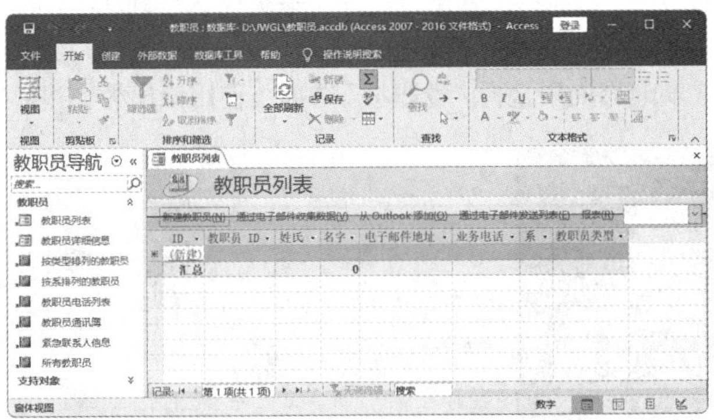

图 2-9　“教职员”数据库中包含的各类对象

使用模板创建的数据库中包含表、查询、窗体和报表等对象。通过数据库模板可以创建专业的数据库，但是通过模板创建的数据库可能会与实际需求不完全相符，可以修改数据库，使其更符合实际需求。

2.1.2 打开和关闭数据库

数据库创建好后，就可以对其进行基本操作。数据库的基本操作包括数据库的打开、关闭，掌握这些操作对于学习数据库是必不可少的。

1．打开数据库

当用户要使用已创建的数据库时，要先打开已创建的数据库，这是最基本的操作。在Access中打开数据库有3种方法：第1种方法是从“最近使用的文档”列表中打开数据库；第2种方法是使用“文件”选项卡中的“打开”命令来打开数据库；第3种方法是直接在存放数据库的文件夹中双击来打开扩展名为“.accdb”的数据库文件。

【例2.3】使用“最近使用的文档”列表，打开D盘下“JWGL”文件夹中的“教务管理”数据库，具体操作步骤如下。

① 启动Access，因为曾经打开过数据库“教务管理”和“教职员”，所以这两个数据库出现在了“最近使用的文档”列表中，如图2-10所示。

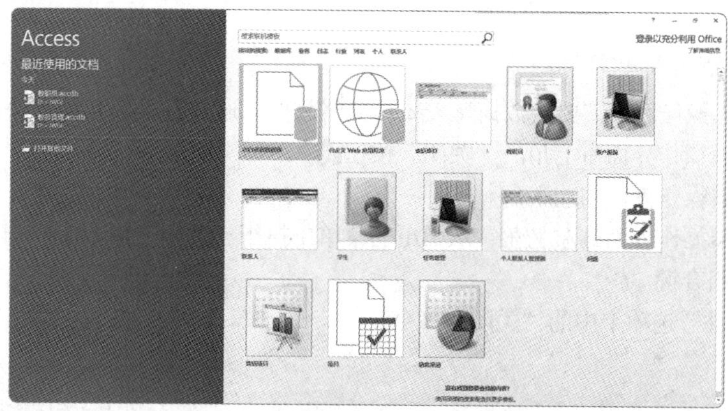

图 2-10　“最近使用的文档”列表中显示曾经打开过的数据库

② 在“最近使用的文档”列表中选择“教务管理.accdb”选项，即可打开该数据库。

【例2.4】使用“文件”中的“打开”命令，打开D盘下的“JWGL”文件夹中的“教务管理”数据库，具体操作步骤如下。

① 启动Access，执行“文件”选项卡中的“打开其他文件”命令，打开数据库选择窗口，如图2-11所示。

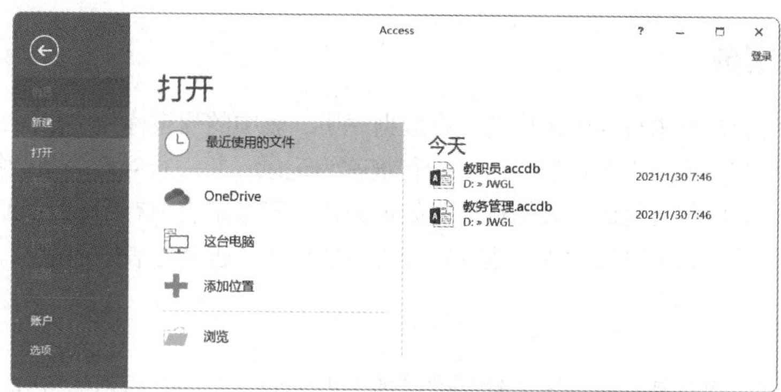

图 2-11　数据库选择窗口

② 选择“浏览”选项，打开“打开”对话框，如图2-12所示，在该对话框中找到D盘下的“JWGL”文件夹并将其打开。

③ 选中数据库文件“教务管理.accdb”，然后单击“打开”按钮，即可打开该数据库。

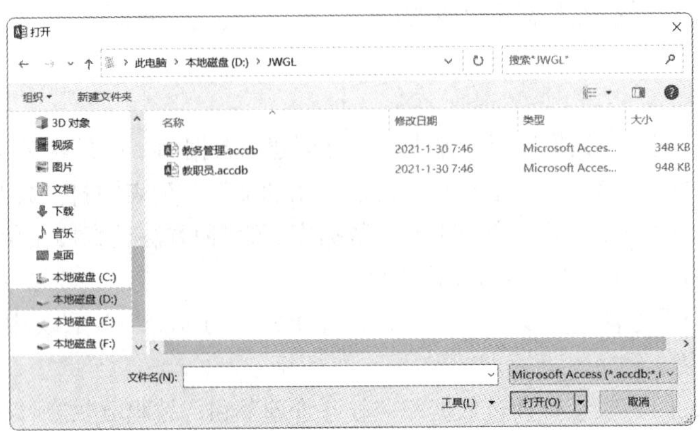

图 2-12 “打开”对话框

2．关闭数据库

当完成数据库操作后，需要将数据库关闭。关闭数据库通常有以下几种方法。

① 单击Access操作界面右上角的“关闭”按钮×。

② 双击Access操作界面的左上角。

③ 单击Access操作界面的左上角，从弹出的菜单中执行“关闭”命令。

④ 按Alt+F4组合键。

⑤ 执行“文件”选项卡中的“关闭”命令。

2.2 表的创建

Access是关系数据库管理系统，其中表是数据库的基础，是存储数据的基本单元，是数据库中一种存储和管理数据的对象，也是数据库中其他对象的数据来源。当创建好空数据库后，需要先建立表和表之间的关系，并向表中输入数据，然后根据需要逐步创建其他数据库对象，最终得到一个完整的数据库。

2.2.1 表的组成

日常工作中的表格是由行和列组成的。在数据库中，表中的列被称为字段，每个字段都有字段名称、数据类型和字段属性等内容；表中的行被称为记录，每一行对应一条数据。Access中的表由表结构和表内容两部分组成。表结构即表的框架，用于指定表中有哪些字段，以及每个字段的字段名称、数据类型和字段属性等；表内容即表中的数据，也就是表中的记录。

1．字段名称

表中的每个字段都有其名称，该名称是唯一的，即不同字段的名称不能重复。为字段命名必须严格依照数据库的字段命名规则进行，具体规则如下。

① 字段名称最少为1个字符，最多可达64个字符。

② 字段名称中可以包含数字、字母、汉字、空格和其他字符，但不能以空格开头。

③ 字段名称中不能包含点（.）、感叹号（!）、单引号（'）和方括号（[]）。注意：上述符号是在英文状态下输入的。如果在中文状态下输入上述符号，那么它们是可以出现在字段名称中的。

④ 字段名称中不能包含ASCII（American Standard Code for Information Interchange，美国信息交换标准代码）值为0～32的字符。

2．数据类型

按照关系数据库的要求，表中的同一列数据应该具有相同的数据特征。Access提供了12种数据类型，分别是短文本型、长文本型、数字型、日期/时间型、货币型、自动编号型、是/否型、OLE（Object Linking and Embedding，对象连接嵌入）对象型、超链接型、附件型、计算型、查阅向导型，这些数据类型及其使用说明如表2-1所示。

表2-1　　12种数据类型及其使用说明

<table>
<tr><th>数据类型</th><th colspan="4">使用说明</th></tr>
<tr><td>短文本型</td><td colspan="4">可存储数字、字母或其他字符，最多可存储255个字符</td></tr>
<tr><td>长文本型</td><td colspan="4">可存储数字、字母或其他字符，最多可存储65 535个字符，不能对该类型字段进行排序或创建索引</td></tr>
<tr><td rowspan="9">数字型</td><td colspan="4">用于存储进行算术运算的数字数据，可细分为以下7种类型</td></tr>
<tr><td>数字类型</td><td>取值范围</td><td>小数位数</td><td>字段长度</td></tr>
<tr><td>字节</td><td>0～255</td><td>无</td><td>1个字节</td></tr>
<tr><td>整型</td><td>-32 768～32 767</td><td>无</td><td>2个字节</td></tr>
<tr><td>长整型</td><td>−2 147 483 648～2 147 483 647</td><td>无</td><td>4个字节</td></tr>
<tr><td>单精度型</td><td>−3.4 × 1038～3.4 × 1038</td><td>7</td><td>4个字节</td></tr>
<tr><td>双精度型</td><td>−1.79 734 × 10308～1.79 734 × 10308</td><td>15</td><td>8个字节</td></tr>
<tr><td>同步复制ID</td><td>它的每条记录都是唯一不重复的值</td><td>不适用</td><td>16个字节</td></tr>
<tr><td>小数</td><td>−9.999 × 1027～9.999 × 1027</td><td>15</td><td>8个字节</td></tr>
<tr><td>日期/时间型</td><td colspan="4">用于存储日期、时间或日期/时间组合数据，字段长度为8个字节</td></tr>
<tr><td>货币型</td><td colspan="4">用于表示货币或用于数学计算的数值数据，可以精确到小数点左侧15位及小数点右侧4位</td></tr>
<tr><td>自动编号型</td><td colspan="4">用于在添加记录时自动插入唯一的递增序号，取值范围为1～4 294 967 296，字段长度为4个字节</td></tr>
<tr><td>是/否型</td><td colspan="4">用于存储只有两种不同取值的字段，字段长度为1个字节。Access中的“是”用“−1”表示，“否”用“0”表示</td></tr>
<tr><td>OLE对象型</td><td colspan="4">用于存储链接或嵌入的对象，这些对象以文件形式存储，可以是Word文档、Excel文档、图像文件或其他二进制数据文件，字段最大容量为1GB。OLE对象型数据不能创建索引</td></tr>
<tr><td>超链接型</td><td colspan="4">以文本形式保存超链接的地址，用于链接文件、Web页、电子邮箱地址、本数据库对象、书签或该地址指向的Excel单元格范围</td></tr>
<tr><td>附件型</td><td colspan="4">用于存储所有种类的文档和二进制文件，也可将其他应用程序中的数据添加到该类型字段中。附件型数据不能创建索引</td></tr>
<tr><td>计算型</td><td colspan="4">用于显示计算结果，计算时必须引用同一表中的其他字段，计算结果应为数字型数据、短文本型数据、日期/时间型数据、是/否型数据这4种之一，字段长度为8个字节。计算型数据不能创建索引</td></tr>
<tr><td>查阅向导型</td><td colspan="4">用于查阅其他表中的数据，或查阅从一个表中选择的数据</td></tr>
</table>

3．字段属性

在设计表结构时，除了要指定每个字段的字段名称和数据类型，往往还需要定义每个字段的相关属性，如字段大小、格式、输入掩码、默认值和有效性规则等。一个字段拥有哪些属性是由其数据类型决定的，不同数据类型的字段拥有的属性也有所不同。定义字段属性不仅有助于对输入的数据进行限制或验证，还有助于控制数据在数据表视图中的显示形式。

2.2.2 创建表

创建表其实就是构建表的结构，即定义一张表中各个字段的字段名称、数据类型和字段属性等。创建表的方法主要有两种：一种方法是使用数据表视图来创建，另一种方法是使用表设计视图来创建。

1．使用数据表视图来创建表

数据表视图是Access中经常使用的一种视图形式，用行和列来显示表中的数据。在该视图中可以进行字段的添加、编辑和删除，也可以进行记录的添加、编辑和删除，还可以进行数据的查找和筛选。

例2.5

【例2.5】在例2.1创建的“教务管理”数据库中创建“学院信息表”。“学院信息表”的结构如表2-2所示。

表2-2 “学院信息表”的结构

字段名称	数据类型	字段大小	字段名称	数据类型	字段大小
学院编号	短文本型	20个字符	学院名称	短文本型	100个字符

创建“学院信息表”的具体操作步骤如下。

① 打开例2.1创建的“教务管理”数据库，单击“创建”选项卡“表格”组中的“表”按钮，创建名为“表1”的新表，并将其用数据表视图打开。

② 选中“ID”字段，在“表格工具→字段”选项卡的“属性”组中单击“名称和标题”按钮，如图2-13所示。

③ 打开“输入字段属性”对话框，在该对话框的“名称”文本框中输入“学院编号”，如图2-14所示，然后单击“确定”按钮。

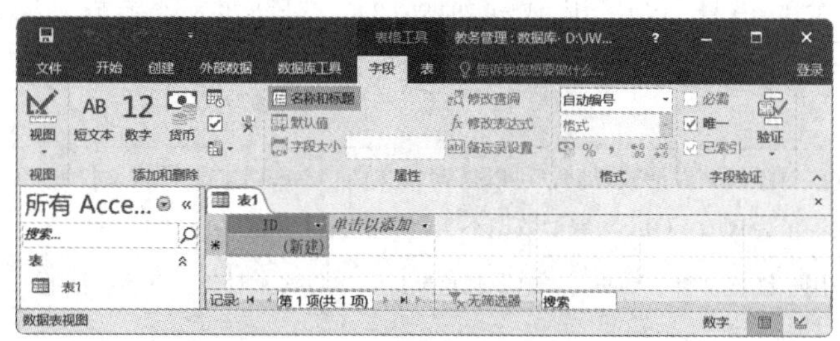

图2-13 单击“名称和标题”按钮

图2-14 在“名称”文本框中输入“学院编号”

④ 选中“学院编号”字段，从“表格工具→字段”选项卡的“格式”组中的“数据类型”下拉列表中选择“短文本”选项，在“属性”组的“字段大小”文本框中输入“20”，如图2-15所示。

⑤ 单击“单击以添加”右侧的下拉按钮，从打开的下拉列表中选择“短文本”选项，此时Access会自动将新字段命名为“字段1”，如图2-16所示。将“字段1”改为“学院名称”，在“属

性”组的“字段大小”文本框中输入“100”。

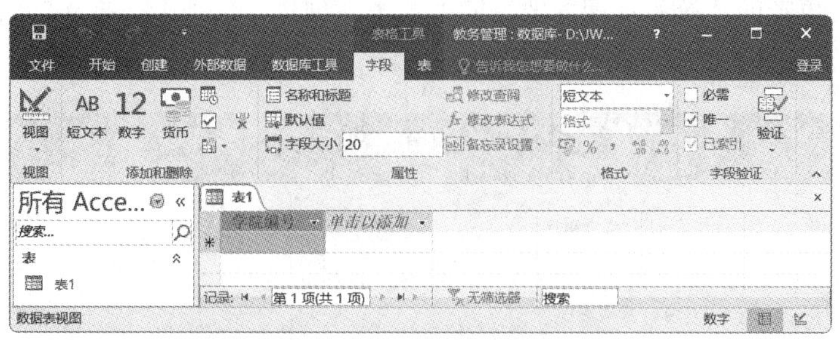

图 2-15　设置字段的数据类型及大小

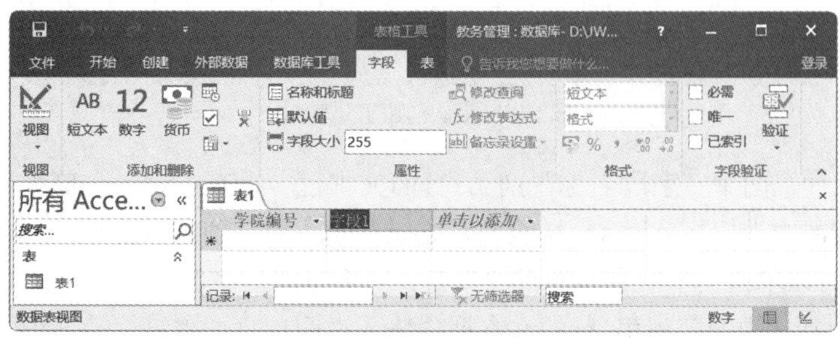

图 2-16　添加并命名新字段

⑥ 单击快速访问工具栏中的按钮，在打开的“另存为”对话框中的“表名称”文本框中输入“学院信息表”，单击“确定”按钮，使用数据表视图创建表的效果如图2-17所示。

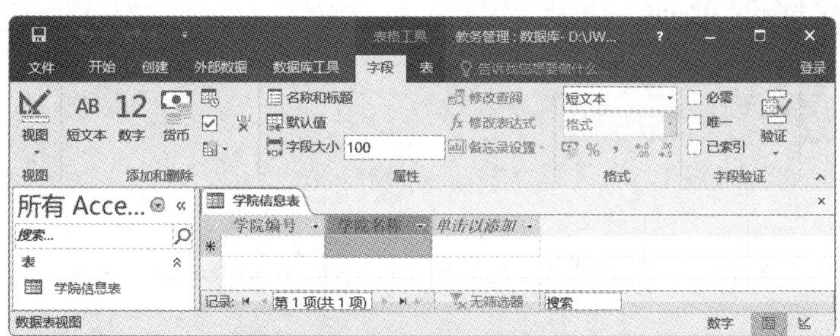

图 2-17　使用数据表视图创建表的效果

在使用数据表视图创建表时，可以快速指定“字段名称”“数据类型”“字段大小”“格式”“默认值”等属性，十分便捷，但是无法进行更详细的属性设置。当表结构比较复杂时，可以在创建完后，在表设计视图中进一步修改表结构。

2．使用表设计视图来创建表

使用表设计视图创建表，可以更加详细地设置每个字段的属性。

【例2.6】在“教务管理”数据库中创建“班级信息表”。“班级信息表”的结构如表2-3所示。

表2-3　　“班级信息表”的结构

字段名称	数据类型	字段大小	字段名称	数据类型	字段大小
班级编号	短文本型	20个字符	学院编号	短文本	20个字符
班级名称	短文本型	100个字符	—	—	—

创建“班级信息表”的具体操作步骤如下。

① 打开例2.5更新的“教务管理”数据库，单击“创建”选项卡“表格”组中的“表设计”按钮，进入表设计视图，其中默认创建了名为“表1”的新表，如图2-18所示。

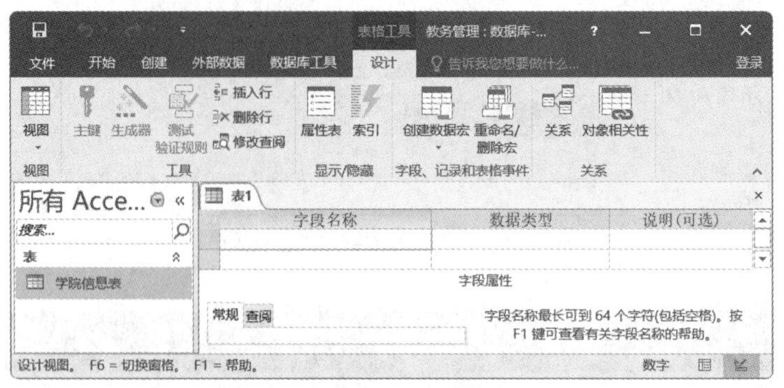

图 2-18 默认创建了“表 1”

② 单击表设计视图中“字段名称”列第1行的文本框，在其中输入“班级编号”；单击“数据类型”列第1行的文本框，此时Access会自动在其中填入默认值“短文本”。如果需要更改该字段的数据类型，可以单击文本框右侧的下拉按钮，从下拉列表中选择其他数据类型；此处保留默认值“短文本”。在“说明”列第1行的文本框中输入说明信息“主键”，说明信息不是必需的，但是它可以增强数据的可读性；在“字段属性”区的“常规”选项卡中设置“字段大小”的值为“20”。“班级编号”字段的设计如图2-19所示。

③ 参考步骤②，按照表2-3所示的字段名称、数据类型和字段大小定义表中的其他字段，“表1”的设计效果如图2-20所示。

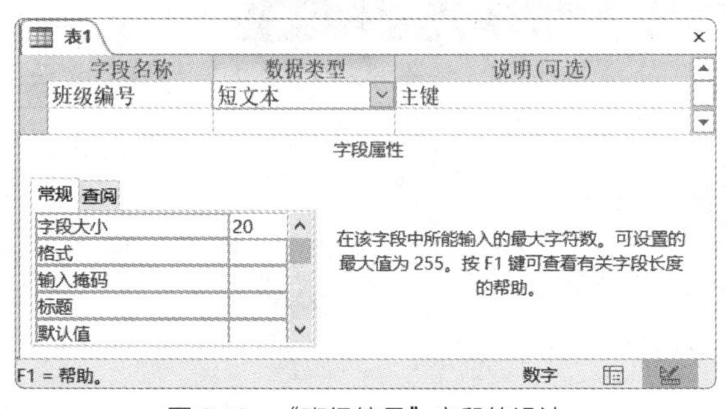

图 2-19 “班级编号”字段的设计

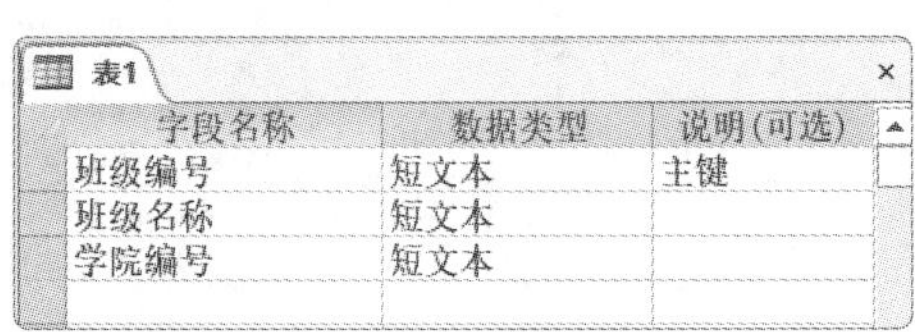

图 2-20 “表 1”的设计效果

④ 单击快速访问工具栏中的保存按钮，在打开的“另存为”对话框中的“表名称”文本框中输入“班级信息表”，单击“确定”按钮。由于尚未定义此表的主键，因此会弹出定义主键提示对话框，如图2-21所示。

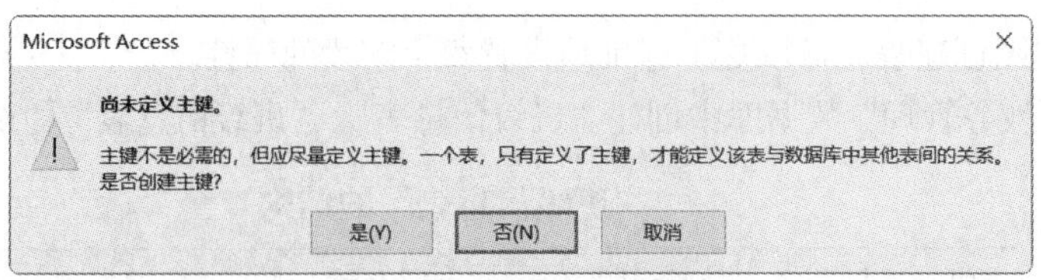

图 2-21 定义主键提示对话框

如果单击“是”按钮，Access将会为表创建一个数据类型为“自动编号”的主键，其值自动从1开始；如果单击“否”按钮，Access将不会创建“自动编号”主键；如果单击“取消”按钮，则会放弃保存当前表。在本例中，单击“否”按钮。

表设计视图是创建和修改表结构的便捷工具，用户可以在表设计视图中对例2.5中创建的“学院信息表”的结构进行修改。

3．定义主键

主键是表中的一个字段或多个字段的组合，为数据库中的每一条记录提供唯一的标识符。定义主键的目的是保证表中的记录能够被唯一地标识。只有定义了主键，表与表之间才能建立联系，用户才能利用查询、窗体和报表快捷地查找和组合多个表的信息，从而实现数据库的主要功能。

Access中的主键主要有两种类型：一种是单字段主键，它以某一个字段作为主键来唯一地标识表中的记录；另一种是多字段主键，它将多个字段组合在一起来唯一地标识表中的记录。常见的设置单字段主键的方法是将自动编号类型的字段设置为主键。当向表中添加一条新的记录时，自动编号主键字段的值会自动加1；当从表中删除记录时，自动编号主键字段的值会出现空缺而变成不连续的。

【例2.7】将“教务管理”数据库中“班级信息表”的“班级编号”字段设置为主键，具体操作步骤如下。

① 打开例2.6更新后的“教务管理”数据库，在表名称列表中选中“班级信息表”，单击鼠标右键，在弹出的快捷菜单中执行“设计视图”命令，打开设计视图。

② 选中“班级编号”字段，单击“表格工具→设计”选项卡“工具”组中的“主键”按钮，此时“班级编号”字段的左侧显示“主键”图标，表明该字段为主键。

【例2.8】在“教务管理”数据库中创建“学生信息表”“教师信息表”“课程信息表”“开课情况表”“选课及成绩表”，具体操作步骤可参考例2.6。这5张表的结构分别如表2-4至表2-8所示。

表2-4　　“学生信息表”的结构

字段名称	数据类型	字段大小	字段名称	数据类型	字段大小
学号	短文本型	20个字符	政治面貌	短文本	10个字符
姓名	短文本型	20个字符	家庭地址	短文本	200个字符
性别	短文本型	10个字符	入学年份	短文本	10个字符
出生日期	日期/时间型	—	班级编号	短文本	20个字符

表2-5　　“教师信息表”的结构

字段名称	数据类型	字段大小	字段名称	数据类型	字段大小
教师编号	短文本型	20个字符	职称	短文本	10个字符
姓名	短文本型	20个字符	出生日期	日期/时间	—
性别	短文本型	10个字符	学院编号	短文本	20个字符
政治面貌	短文本型	10个字符	—	—	—

表2-6　　“课程信息表”的结构

字段名称	数据类型	字段大小	字段名称	数据类型	字段大小
课程编号	短文本型	20个字符	学分	数字（单精度型）	—
课程名称	短文本型	50个字符	—	—	—

表2-7　　“开课情况表”的结构

字段名称	数据类型	字段大小	字段名称	数据类型	字段大小
开课序号	自动编号型		开课学期	短文本	50个字符
课程编号	短文本型	20个字符	—	—	—

表2-8　　“选课及成绩表”的结构

字段名称	数据类型	字段大小	字段名称	数据类型	字段大小
选课序号	自动编号型型		成绩	数字（单精度型）	—
开课序号	数字（长整型）型		选课时间	日期/时间	—
学号	短文本型	20个字符	教师编号	短文本	20个字符

2.2.3 设置字段属性

字段属性用来说明字段的特性，设置字段的属性可以定义数据的保存、处理或显示方式。在表设计视图中，“字段属性”中的属性是针对具体字段的。例如，要修改某个字段的属性，需要先选中该字段，然后对“字段属性”中该字段的属性进行设置或修改。

1．字段大小

“字段大小”属性用于限制字段数据的最大长度，当输入的数据长度超过字段大小时，Access会拒绝接收该数据。“字段大小”属性只适用于数据类型为短文本、数字、自动编号的字段。短文本型字段的“字段大小”属性的取值范围为0～255，默认值为255，用户可以在数据表视图和设计视图中设置该属性的值。数字型字段的“字段大小”属性可以为字节、整型、长整型、单精度型、双精度型、同步复制ID和小数等。自动编号型字段的“字段大小”属性可以为长整型和同步复制ID等。数字型字段和自动编号型字段的“字段大小”属性只能在表设计视图中设置。

【例2.9】在“教务管理”数据库中，将“学生信息表”中“家庭地址”字段的“字段大小”属性设置为最大值。具体操作步骤如下。

① 打开例2.8更新后的“教务管理”数据库，在表名称列表中选中“学生信息表”，单击鼠标右键，在弹出的快捷菜单中执行“设计视图”命令，打开设计视图。

② 选择“家庭地址”字段，此时在“字段属性”中会显示该字段的所有属性。因为该字段的数据类型为短文本型，其“字段大小”属性的最大值是255，所以应该在“字段大小”文本框中输入“255”，如图2-22所示。

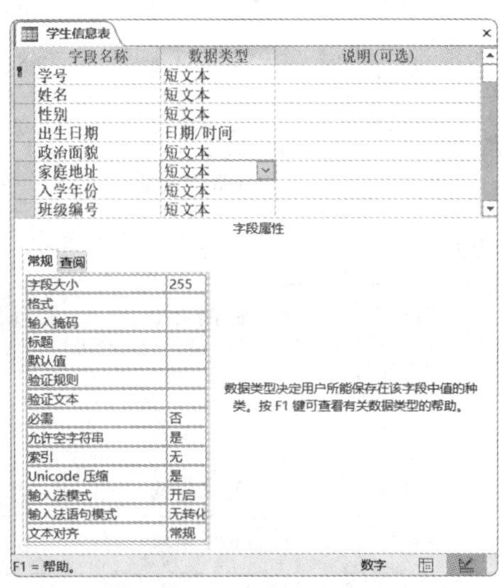

图2-22　在“字段大小”文本框中输入“255”

需要特别注意的是，如果数字型字段的数据中包含小数，那么将字段大小设置为整数后，系统会自动将小数取整；如果短文本型字段中已经有数据，那么减小其“字段大小“后，系统会自动截去超出的字符；如果短文本型字段的数据中有汉字，那么每个汉字占一个字符位。

2．格式

“格式”属性只影响数据的显示格式。例如，可以将“出生日期”字段的显示格式设置为“××××-××-××”。不同数据类型的字段可选择的格式有所不同，其格式及说明如表2-9所示。

表2-9　不同数据类型字段可选择的格式及说明

数据类型	设置	说明
日期/时间型	常规日期	如果数值只是日期，则不显示时间；如果数值只是时间，则不显示日期
	长日期	格式举例：2018年11月18日
	中日期	格式举例：18-11-18
	短日期	格式举例：2018-11-18
数字/货币型	常规数字	以输入的方式显示数字
	货币	使用千位分隔符分隔，负数用圆括号括起来
	整型	显示至少一位数字
	标准	使用千位分隔符分隔
	百分比	将数值乘以100并附加一个百分号（%）
	科学记数	使用标准的科学记数法表示
短文本/长文本型	@	要求使用文本字符（字符或空格）
	&	不要求使用文本字符
	<	将所有字符以小写格式显示
	>	将所有字符以大写格式显示
	!	将所有字符由左向右填充
是/否型	真/假	-1代表True，0代表False
	是/否	-1代表“是”，0代表“否”
	开/关	-1代表“开”，0代表“关”

【例2.10】将“教务管理”数据库中“学生信息表”中的“出生日期”字段的“格式”属性设置为“短日期”，具体操作步骤如下。

① 打开例2.9更新后的“教务管理”数据库，在表名称列表中选中“学生信息表”，单击鼠标右键，在弹出的快捷菜单中执行“设计视图”命令，打开表设计视图。

② 选择“出生日期”字段，单击“格式”文本框，然后单击其右侧的下拉按钮，从打开的下拉列表中选择“短日期”选项，如图2-23所示。

“格式”属性可以使数据的显示格式统一、美观，但是“格式”属性只影响数据的显示格式，并不影响数据的内容，而且显示格式只有在输入的数据被保存后才能应用。如果需要控制数据的输入格式并将其按输入时的格式显示，可以通过设置“输入掩码”属性来实现。

3．输入掩码

有一些数据有相对固定的书写格式，可以为其设置一个输入掩码，将格式中不变的内容固定，此后在输入数据时只需要输入变化的值。文本、数字、日期/时间、货币类型的字段都可以设置输入掩码。

【例2.11】 将“教务管理”数据库中“学生信息表”中的“出生日期”字段的“输入掩码”属性设置为“短日期”，具体操作步骤如下。

① 打开例2.10更新后的“教务管理”数据库，使用设计视图打开“学生信息表”。

② 选择“出生日期”字段，单击“输入掩码”文本框，然后单击其右侧的 按钮，打开“输入掩码向导”对话框，如图2-24所示。

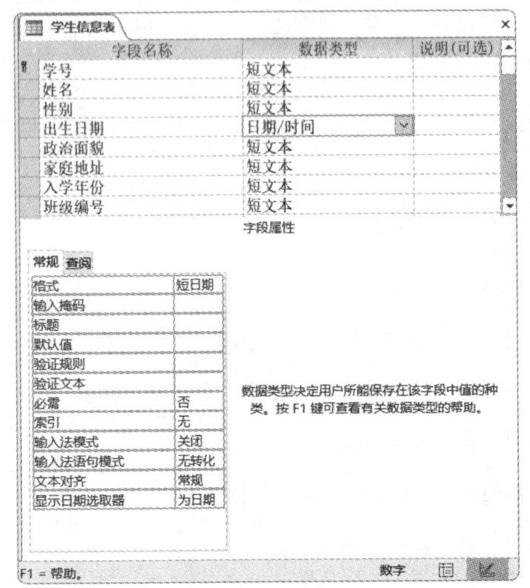

图 2-23　在“格式”右侧下拉列表中选择“短日期”选项

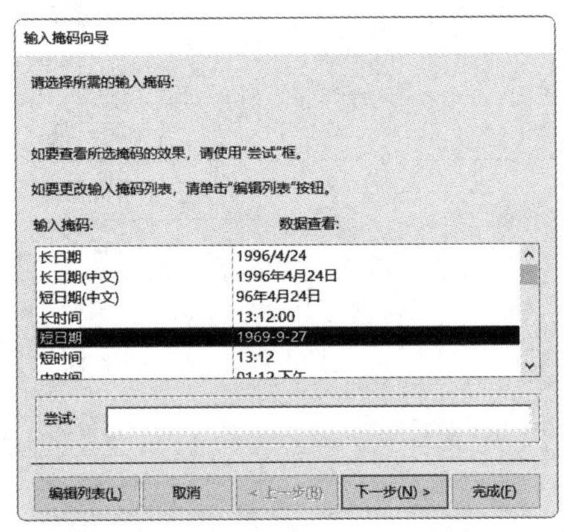

图 2-24　“输入掩码向导”对话框

③ 在该对话框的“输入掩码”列表框中选择“短日期”选项，然后单击“下一步”按钮，打开“输入掩码向导”的第2个对话框，如图2-25所示。

④ 在该对话框中确认输入的掩码和占位符，然后单击“下一步”按钮，打开“输入掩码向导”的最后一个对话框，单击“完成”按钮。设置“出生日期”字段的“输入掩码”属性的结果如图2-26所示。

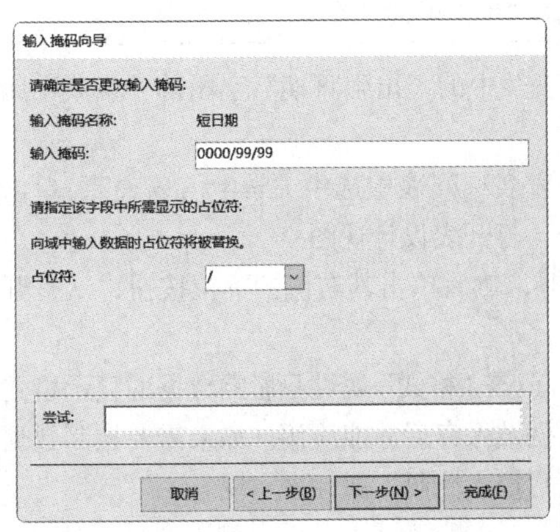

图 2-25　“输入掩码向导”的第 2 个对话框

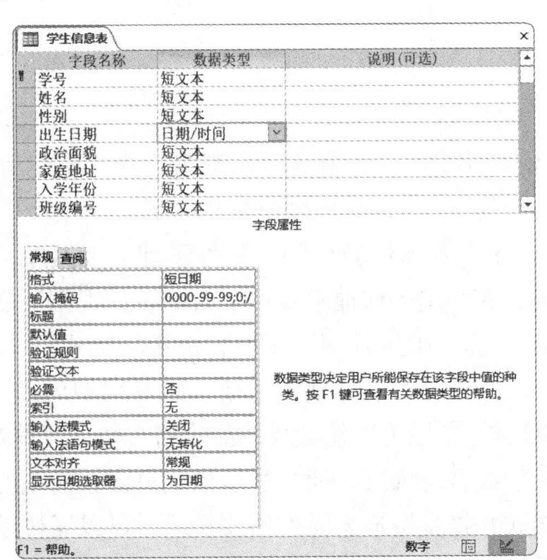

图 2-26　设置“出生日期”字段的“输入掩码”属性的结果

需要特别注意的是，如果为某个字段设置了“输入掩码”属性，同时又设置了“格式”属性，在数据显示时“格式”属性将优先于“输入掩码”属性的设置。也就是说，即使已经设置了输入掩码，数据也会按“格式”属性的设置显示，输入掩码将被忽略。此外，“输入掩码”属性只为文本型和日期/时间型字段提供了向导，没有为数字型和货币型字段提供向导，可以使用字符直接为它们设置“输入掩码”属性。“输入掩码”属性所用的字符及其含义如表2-10所示。

表2-10　“输入掩码”属性所用的字符及其含义

字符	含义	字符	含义
0	必须输入数字（0~9），不允许输入加号和减号	&	必须输入任一字符或一个空格
9	可以输入数字或空格，不允许输入加号和减号	C	可以输入任一字符或一个空格
#	可以输入数字或空格，允许输入加号和减号	. : ; - /	小数点占位符及千位、日期与时间的分隔符
L	必须输入字母（A~Z，a~z）	<	将输入的所有字符转换为小写
?	可以输入字母（A~Z，a~z）或空格	>	将输入的所有字符转换为大写
A	必须输入字母或数字	!	使输入掩码从右到左显示，而不是从左到右显示；输入掩码中的字符始终都是从左到右输入；可以在输入掩码中的任何位置输入感叹号
a	可以输入字母、数字或空格	\	使接下来的字符以原义字符显示（例如，\L只显示L）

4．默认值

在数据表中，常常会有一些字段的数据内容相同或者包含相同的部分，此时可以将出现频率较高的值设置为字段的默认值，以减少数据输入工作量。

【例2.12】 将“教务管理”数据库中“学生信息表”中的“性别”字段的“默认值”属性设置为“男”，具体操作步骤如下。

① 打开例2.11更新后的“教务管理”数据库，使用设计视图打开“学生信息表”。

② 选择“性别”字段，在“默认值”文本框中输入“"男"”，如图2-27所示。

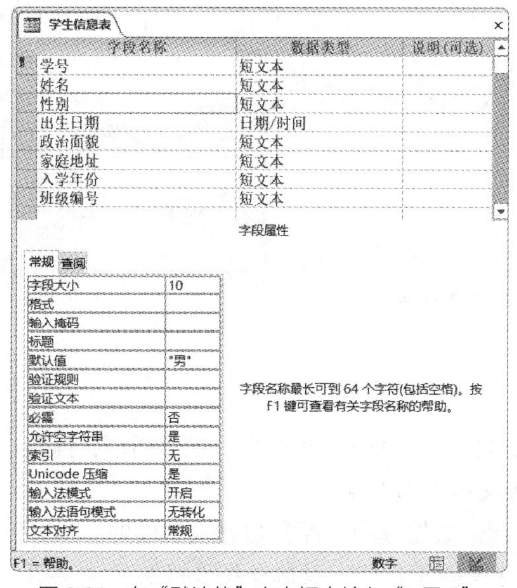

图 2-27　在“默认值”文本框中输入“" 男 "”

在为某字段设置了默认值后，当插入新记录时，Access会将该默认值显示在相应的字段中，如图2-28所示。用户可以直接使用默认值，也可以输入新的值来取代默认值。值得注意的是，为字段设置的默认值必须与字段的数据类型匹配，否则会出错。

图2-28　插入新记录时“性别”字段中显示默认值

5．验证规则

验证规则是指在向表中输入数据时应该遵循的约束条件，它的形式及设置目的因字段的数据类型而异。例如，对于短文本型字段，验证规则可以设置为输入的字符个数不能超过某个值；对于数字型字段，验证规则可以设置为输入数据的范围；对于日期/时间型字段，验证规则可以设置为输入日期的月份或年份范围。

【例2.13】将“教务管理”数据库中“课程信息表”中的“学分”字段的“验证规则”属性设置为“>0 And <=10”，具体操作步骤如下。

① 打开例2.12更新后的“教务管理”数据库，使用设计视图打开“课程信息表”。

② 选择“学分”字段，在“验证规则”文本框中输入表达式“>0 And <=10”，在“默认值”文本框中输入“2”，如图2-29所示。

③ 在设置字段的验证规则后，向表中输入数据，如果输入的数据不符合验证规则，那么Access将显示提示信息，而且光标将停留在该字段所在的位置，直到输入的数据符合相应的验证规则为止。例如，在本例中输入“学分”为“0”，那么Access将弹出图2-30所示的提示对话框。

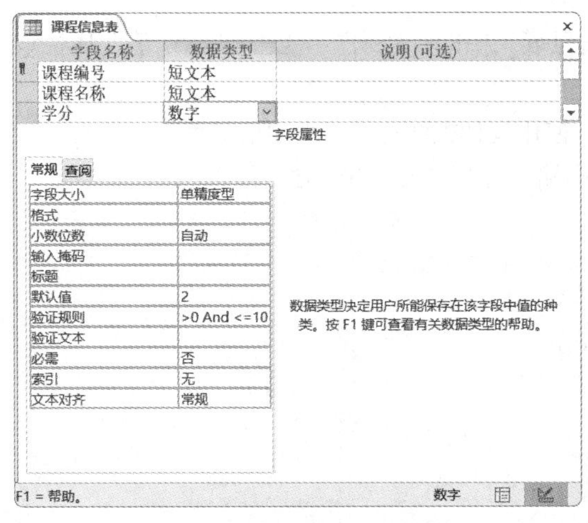

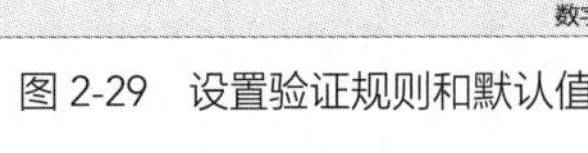

图2-29　设置验证规则和默认值

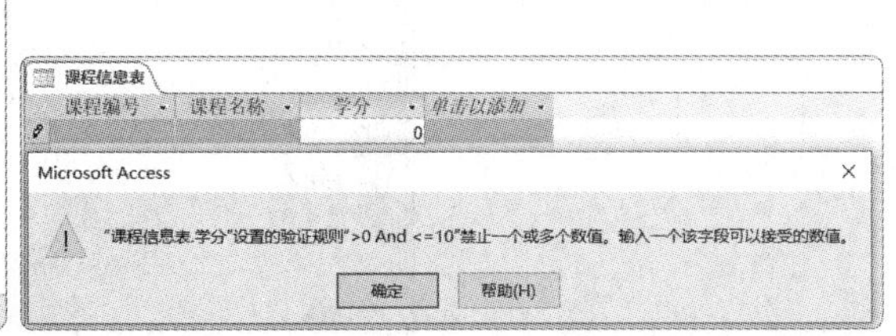

图2-30　弹出提示对话框

6．验证文本

当输入的数据违反验证规则时，Access将弹出提示对话框，但是这种提示信息不够清晰、明确，用户可以自己设置验证文本来加以改进。

【例2.14】将“教务管理”数据库中“课程信息表”中的“学分”字段的“验证文本”属性设置为“学分必须大于0且小于等于10!”，具体操作步骤如下。

① 打开例2.13更新后的“教务管理”数据库，使用设计视图打开“课程信息表”。

② 选择“学分”字段，在“验证文本”文本框中输入文本“学分必须大于0且小于等于10!”。保存设置后，切换到数据表视图，添加一条记录，在“学分”字段中输入“0”，然后按Enter键，Access将弹出提示对话框，其中的提示信息为刚才输入的信息，如图2-31所示。

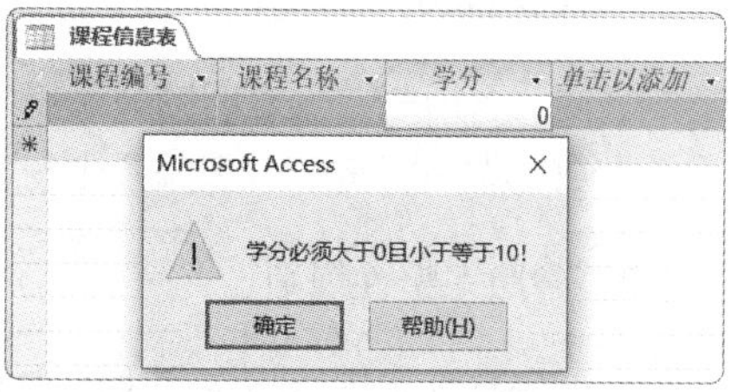

图 2-31　提示信息为刚才输入的信息

7．索引

在数据库中，索引可以根据键值加快数据查找和排序的速度，并且能对表中的记录实施唯一性索引。索引有唯一索引、普通索引和主索引3种。唯一索引的索引字段值不能相同，即不能有重复值；普通索引的索引字段值可以相同，即可以有重复值；一个表中可以创建多个唯一索引，可将其中一个设置为主索引，一个表中只能有一个主索引。

【例2.15】 为“教务管理”数据库中的“学生信息表”创建索引，索引字段为“性别”，具体操作步骤如下。

① 打开例2.14更新后的“教务管理”数据库，使用设计视图打开“学生信息表”。

② 选择“性别”字段，从“索引”属性的下拉列表中选择“有（有重复）”选项。

“索引”属性的下拉列表中有3个选项可供选择，分别是“无”“有（有重复）”“有（无重复）”。其中，“无”表示不为选择的字段创建索引；“有（有重复）”表示以选择的字段创建索引，并且字段中的内容可以重复；“有（无重复）”表示以选择的字段创建索引，并且字段中的内容不能重复，这种字段适合用作主键。

如果经常需要同时搜索或为多个字段排序，那么可以创建多字段索引。在使用多字段索引进行排序时，首先使用定义在索引中的第1个字段进行排序；如果第1个字段中有重复值，那么使用索引中的第2个字段进行排序，依此类推。

【例2.16】 为“教务管理”数据库中的“学生信息表”创建多字段索引，索引字段包括“学号”“性别”“出生日期”，具体操作步骤如下。

① 打开例2.14更新后的“教务管理”数据库，使用设计视图打开“学生信息表”，单击“表格工具→设计”选项卡中“显示/隐藏”组中的“索引”按钮，打开索引对话框。

② 在“索引名称”列第1行中输入要设置的索引名称“学号”（可以以第一个字段的名称作为索引名称，也可以使用其他名称），在“字段名称”列中选择用于索引的第1个字段“学号”。

③ 在下一行中，“索引名称”列不填，然后在“字段名称”列中选择用于索引的第2个字段“性别”。

④ 在下一行中，“索引名称”列不填，然后在“字段名称”列中选择用于索引的第3个字段“出生日期”。设置多字段索引的结果如图2-32所示。

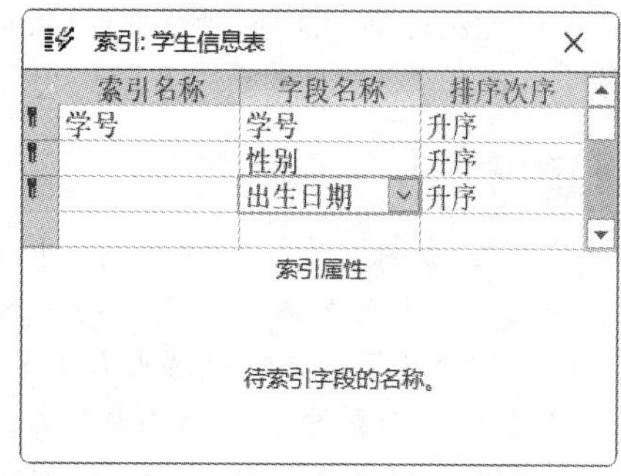

图 2-32　设置多字段索引的结果

2.2.4 建立及编辑表间关系

在数据库中，常常需要建立表间关系，以便更好地管理和使用表中的数据。

1．表间关系

表间关系即表与表之间的关系，主要有一对一、一对多和多对多3种关系。

在数据库中，将一对多关系中与“一”对应的表称为主表，将与“多”对应的表称为相关表。

2．参照完整性规则

参照完整性规则是指在表中添加或删除记录时，为了维持表与表之间已经定义的关系而必须遵循的规则。它要求通过定义的外部关键字和主关键字之间的引用规则来约定关系之间的联系。例如，如果*a*是关系*A*的主关键字，同时也是关系*B*的外部关键字，那么在关系*B*中，*a*的值要么为空值，要么等于关系*A*中某个元组的主关键字的值。

如果表中设置了参照完整性规则，那么就不能在主表中没有相关记录时将记录添加到相关表中，也不能在相关表中存在匹配记录时删除主表中的记录，更不能在相关表中有相关记录时更改主表中的主键值。

3．建立表间关系

例2.17

【例2.17】定义“教务管理”数据库中已存在的表之间的关系，具体操作步骤如下。

① 打开例2.14更新后的“教务管理”数据库，单击“数据库工具”选项卡“关系”组中的“关系”按钮，打开“关系”界面，此时会自动弹出“显示表”对话框。如果在操作过程中关闭了“显示表”对话框后又需要将其重新打开，可以单击“关系工具→关系设计”选项卡“关系”组中的“添加表”按钮，打开“显示表”对话框。

② 在“显示表”对话框中，依次双击“学院信息表”“班级信息表”“学生信息表”“教师信息表”“课程信息表”“开课情况表”“选课及成绩表”。

③ 单击“关闭”按钮×，关闭“显示表”对话框。

④ 选中“学生信息表”中的“班级编号”字段，然后按住鼠标左键将其拖到“班级信息表”的“班级编号”字段上，松开鼠标。此时会打开图2-33所示的“编辑关系”对话框。

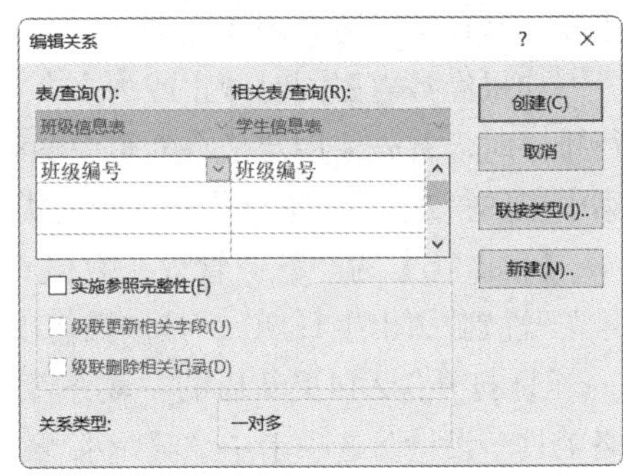

图 2-33 “编辑关系”对话框

提示

在“编辑关系”对话框中的“表/查询”下拉列表下方，列出了主表“班级信息表”的“班级编号”；在“相关表/查询”下拉列表下方，列出了相关表“学生信息表”的“班级编号”。在列表框下方有3个复选框，即“实施参照完整性”复选框、“级联更新相关字段”复选框和“级联删除相关记录”复选框。如果同时勾选“实施参照完整性”复选框和“级联更新相关字段”复选框，当更改主表的主键值时，会自动更新相关表中对应的数值；如果同时勾选“实施参照完整性”复选框和“级联删除相关记录”复选框，当删除主表中的记录时，会自动删除相关表中相应的记录；如果只勾选“实施参照完整性”复选框，当相关表中相应的记录发生变化时，主表中的主键不会进行相应的改变，而删除相关表中的记录时主表中的记录也不会被删除。

⑤ 勾选“实施参照完整性”复选框，然后单击“创建”按钮。

⑥ 使用相同方法，将“教师信息表”中的“学院编号”字段拖到“学院信息表”中的“学院

编号”字段上，将“班级信息表”中的“学院编号”字段拖到“学院信息表”中的“学院编号”字段上，将“开课情况表”中的“课程编号”字段拖到“课程信息表”中的“课程编号”字段上，将“选课及成绩表”中的“开课序号”字段拖到“开课情况表”中的“开课序号”字段上，将“选课及成绩表”中的“学号”字段拖到“学生信息表”中的“学号”字段上，将“选课及成绩表”中的“教师编号”字段拖到“教师信息表”中的“教师编号”字段上，建立表间关系，如图2-34所示。

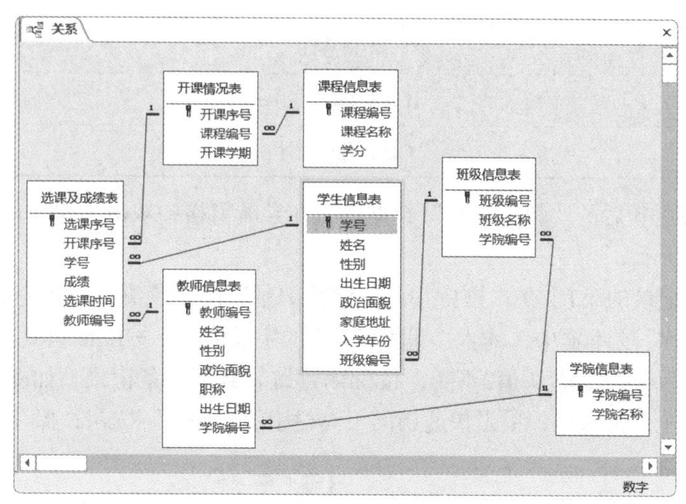

图2-34 建立表间关系

⑦ 单击“关闭”按钮×，此时会打开对话框询问是否保存对“关系”布局的更改，单击“是”按钮。

Access可以自动确定两个表之间的关系类型。在建立表间关系后，可以看到在两个表的相同字段之间会出现一条关系线。例如，在“班级信息表”的“班级编号”处显示“1”，在“学生信息表”的“班级编号”处显示“∞”，这表示一对多关系，即“班级信息表”中的一条记录关联“学生信息表”中的多条记录。“1”处的字段是表中的主键，“∞”处的字段是表中的外键（即外部关键字）。在建立两个表之间的关系时，关联字段的名称可以不同，但是它们的数据类型必须相同，否则无法实施参照完整性规则。

4. 编辑表间关系

建立好表间关系后，可以根据需要编辑表间关系，如删除不需要的表间关系，具体操作步骤如下。

① 关闭所有已打开的表，单击“数据库工具”选项卡“关系”组中的“关系”按钮，打开“关系”界面。

② 如果要删除两个表之间的关系，那么单击要删除的关系线，然后单击鼠标右键，从弹出的快捷菜单中执行“删除”命令；如果要更改两个表之间的关系，可以从弹出的快捷菜单中执行“编辑关系”命令，此时会弹出图2-33所示的“编辑关系”对话框。如果要清除“关系”界面中的设置，可以在“关系工具→关系设计”选项卡的“工具”组中单击“清除布局”按钮。

2.2.5 向表中输入数据

在Access中，有多种方式可以向表中输入数据。下面将重点介绍使用数据表视图输入数据、使用查阅列表输入数据以及获取外部数据的方法。

1．使用数据表视图输入数据

【例2.18】将表2-11所示的数据输入“教务管理”数据库的“课程信息表”中，具体操作步骤如下。

表2-11　“课程信息表”的部分内容

课程编号	课程名称	学分
B001	计算机基础（1）	2
B002	C语言程序设计	2

① 打开例2.17更新后的“教务管理”数据库，在导航窗格中双击“课程信息表”，打开数据表视图，如图2-35所示。

② 在第1条空记录的第1个文本框中输入“课程编号”的字段值，输入完成后按Enter键跳转到下一个“课程名称”文本框中；输入“课程名称”的字段值后，按Enter键跳转到下一个“学分”字段；保留“学分”字段的默认值2不变，按Enter键跳转到下一条记录，如图2-36所示。继续输入数据，在输入完全部记录后，单击快速访问工具栏中的“保存”按钮，保存表中的数据。

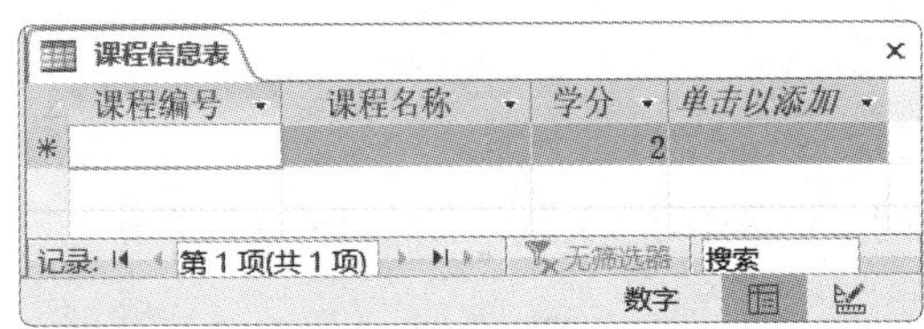

图 2-35　以数据表视图的方式打开“课程信息表”

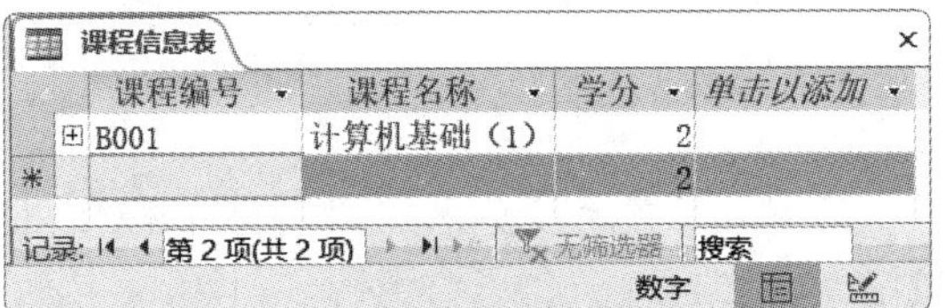

图 2-36　向“课程信息表”中输入数据

2．使用查阅列表输入数据

通常情况下，Access表中的字段值大多来自手动输入的数据，或从其他数据源导入的数据。如果某个字段值是一组固定数据，例如“教师信息表”中的“职称”字段值可以为“助教”“讲师”“副教授”“教授”等，那么手动输入字段值比较麻烦且容易出错。此时，可以将这组固定值设置为一个列表，从列表中选择相应的选项来实现数据的输入。这样不但可以大大提高输入效率，而且可以避免输入错误。

在Access中，有两种方法可以创建查阅列表：一种是使用向导创建，另一种是通过“查阅”选项卡创建。

【例2.19】使用向导为“教务管理”数据库中“教师信息表”的“职称”字段创建查阅列表，列表中显示“助教”“讲师”“副教授”“教授”4个字段值，具体操作步骤如下。

① 打开例2.18更新后的“教务管理”数据库，使用设计视图打开“教师信息表”，选择“职称”字段。

② 在“数据类型”列的下拉列表中选择“查阅向导”选项，打开“查阅向导”对话框，如图2-37所示。

③ 在该对话框中选中“自行键入所需的值”单选按钮，然后单击“下一步”按钮，打开“查阅向导”的第2个对话框。

④ 在“第1列”的下方依次输入“助教”“讲师”“副教授”“教授”4个字段值，每输入完一个值后按↓键跳转至下一行，列表的设置结果如图2-38所示。

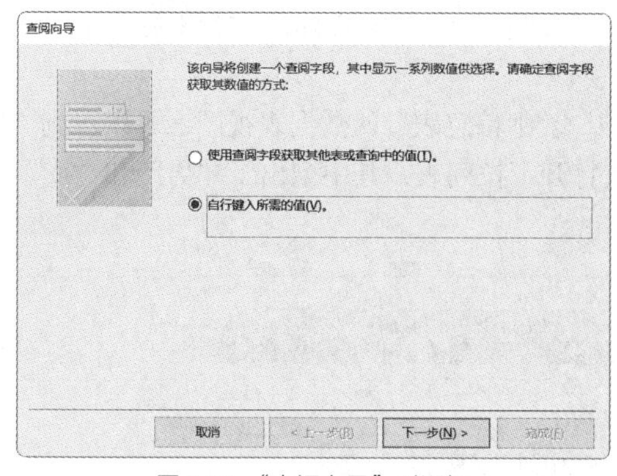

图 2-37 “查阅向导”对话框

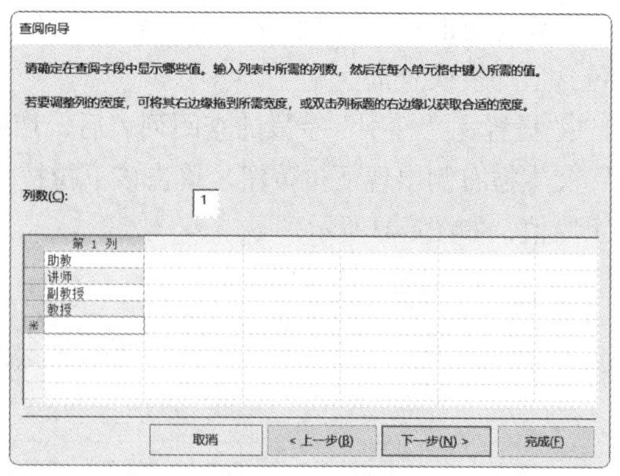

图 2-38 列表的设置结果

⑤ 单击“下一步”按钮，弹出“查阅向导”的最后一个对话框。在该对话框的“请为查阅列表指定标签”文本框中输入查阅列表的名称，本例使用默认值“职称”，单击“完成”按钮。

⑥ 设置完“职称”字段的查阅列表后，切换到“教师信息表”的数据表视图，可以看到“职称”文本框右侧出现下拉按钮。单击该下拉按钮，打开下拉列表，其中列出了“助教”“讲师”“副教授”“教授”4个字段值，如图2-39所示。

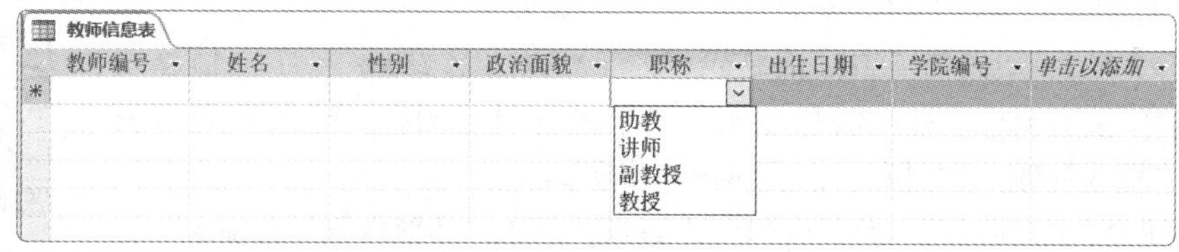

图 2-39 “职称”字段下拉列表中列出了 4 个字段值

【例2.20】在“查阅”选项卡中，为“教务管理”数据库中“教师信息表”的“性别”字段设置查阅列表，列表中显示“男”和“女”两个字段值，具体操作步骤如下。

① 打开例2.19更新后的“教务管理”数据库，使用设计视图打开“教师信息表”，选择“性别”字段。

② 在“字段属性”下单击“查阅”选项卡。

③ 单击“显示控件”文本框右侧的下拉按钮，从打开的下拉列表中选择“列表框”选项；单击“行来源类型”文本框右侧的下拉按钮，从打开的下拉列表中选择“值列表”选项；在“行来源”文本框中输入“"男";"女"”。列表参数的设置结果如图2-40所示。

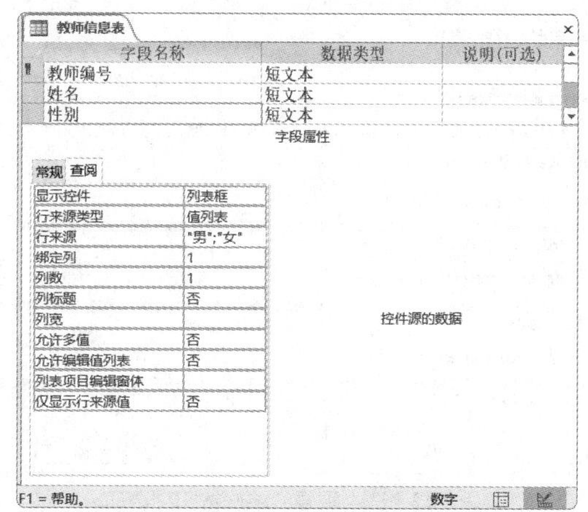

图 2-40 列表参数的设置结果

需要注意的是，“行来源类型”字段值必须为“值列表”或“表/查询”，“行来源”字段值必须包含值列表或查询。

④ 设置完“性别”字段的查阅列表后，切换到“教师信息表”的数据表视图，可以看到“性别”文本框右侧出现下拉按钮。单击该下拉按钮，打开下拉列表，其中列出了“男”和“女”两个字段值，如图2-41所示。

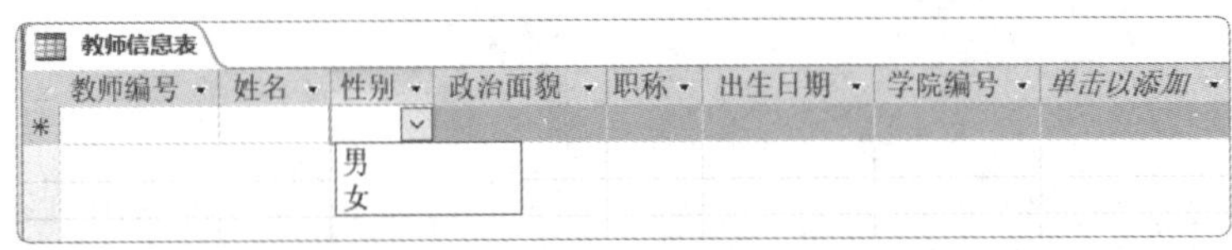

图 2-41 “性别”字段下拉列表中列出了两个字段值

3．获取外部数据

在Access中，可以通过导入操作将外部数据添加到当前数据库中。在导入数据时，从外部获取的数据形成数据库中的数据表对象，此后数据库与外部数据源断绝链接，不论外部数据源是否发生变化，都不会影响已经导入的数据。Access支持导入Excel文档、文本文件、HTML文档、XML文件SharePoint列表和其他Access支持的外部数据。

【例2.21】将Excel文档“学院信息表.xls”“班级信息表.xls”“学生信息表.xls”“教师信息表.xls”“课程信息表.xls”“开课情况表.xls”“选课及成绩表.xls”导入“教务管理”数据库中，具体操作步骤如下。

例2.21

① 打开例2.20更新后的“教务管理”数据库，单击“外部数据”选项卡“导入并链接”组中的“新数据”按钮，从下拉列表中选择“从文件”中的“Excel”选项，用于导入Excel文档，此时会打开“获取外部数据 - Excel电子表格”对话框。

② 在该对话框中单击“浏览”按钮，打开“打开”对话框，找到并选中要导入的Excel文档“学院信息表.xls”，然后单击“打开”按钮，返回“获取外部数据-Excel电子表格”对话框，选中“向表中追加一份记录的副本”单选按钮，并在其右侧的下拉列表中选择“学院信息表”选项，如图2-42所示。

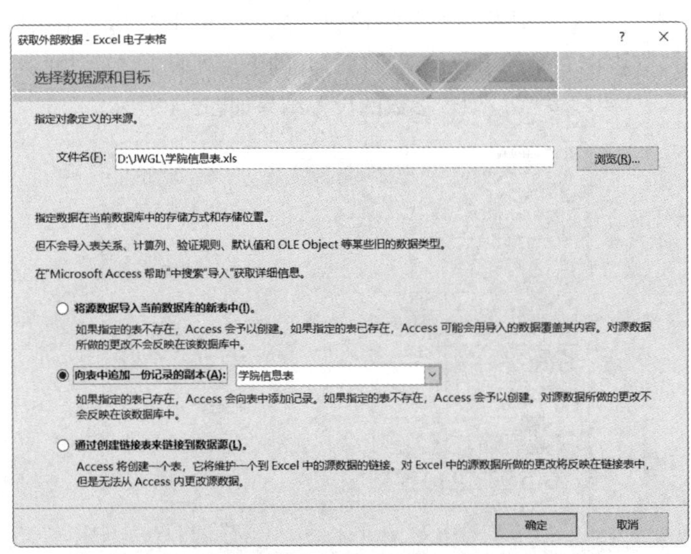

图 2-42 选中需要的单选按钮和选项

③ 单击“确定”按钮，打开“导入数据表向导”对话框，如图2-43所示。

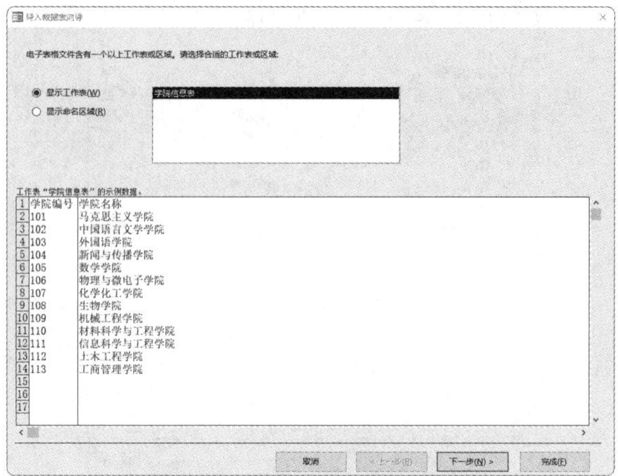

图 2-43 “导入数据表向导”对话框

④ 单击“下一步”按钮，打开“导入数据表向导”的第2个对话框，如图2-44所示。

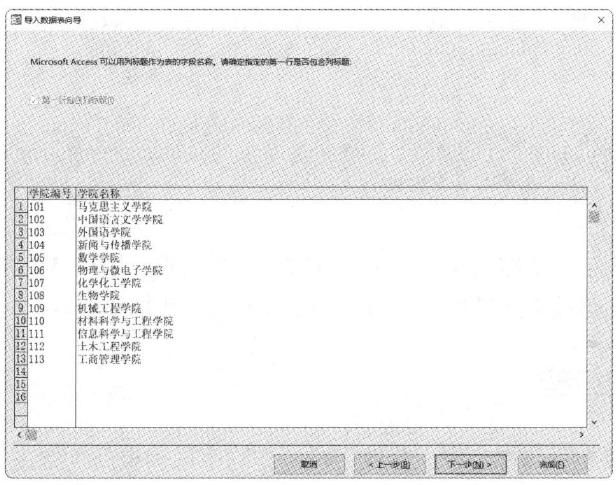

图 2-44 “导入数据表向导”的第 2 个对话框

⑤ 单击“下一步”按钮，打开“导入数据表向导”的第3个对话框，如图2-45所示。

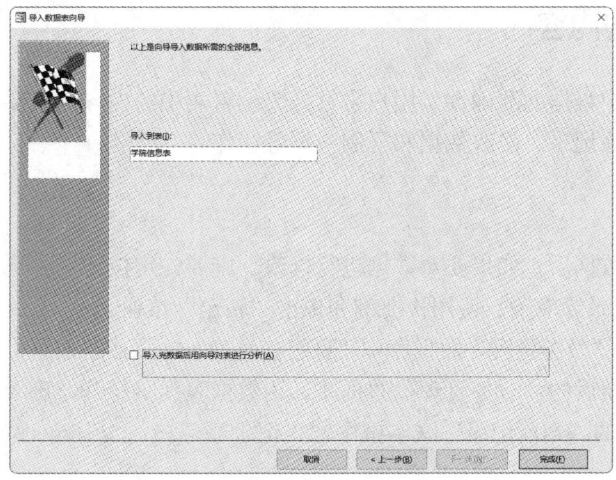

图 2-45 “导入数据表向导”的第 3 个对话框

⑥ 单击“完成”按钮，完成数据导入操作。使用数据表视图打开“学院信息表”，可以看到表中已经导入了Excel文档“学院信息表.xls”中的数据，如图2-46所示。

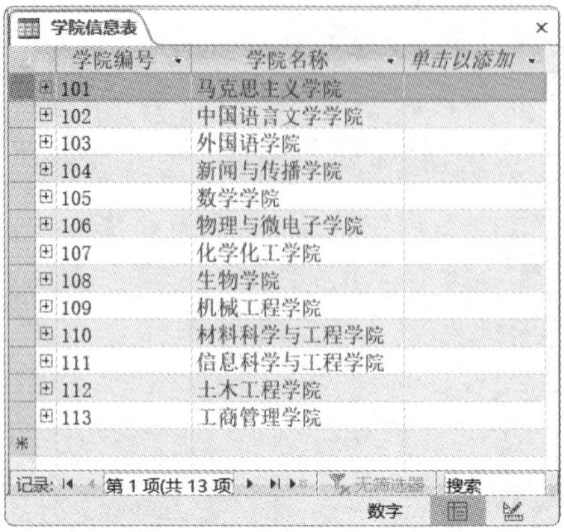
学院信息表
学院编号
学院名称
单击以添加
101 马克思主义学院
102 中国语言文学学院
103 外国语学院
104 新闻与传播学院
105 数学学院
106 物理与微电子学院
107 化学化工学院
108 生物学院
109 机械工程学院
110 材料科学与工程学院
111 信息科学与工程学院
112 土木工程学院
113 工商管理学院
记录: 第 1 项(共 13 项
无筛选器
搜索
数字

图 2-46 “学院信息表”中已经导入了“学院信息表 .xls”中的数据

⑦ 参考步骤①～步骤⑥，将“班级信息表.xls”“学生信息表.xls”“教师信息表.xls”“课程信息表.xls”“开课情况表.xls”“选课及成绩表.xls”中的数据导入“教务管理”数据库中。

2.3 表的维护

最初创建的数据表可能不够完善、无法充分满足实际需求，用户可以在后期根据实际情况对数据表进行维护，包括修改表的结构、编辑表的内容和调整表的格式等。

2.3.1 修改表的结构

修改表的结构主要包括添加字段、修改字段、删除字段和重新设置主键等操作。其中前3项操作既可以在设计视图中进行，又可以在数据表视图中进行，而重新设置主键操作只能在设计视图中进行。

2.3.2 编辑表的内容

为了确保数据表中数据的准确性，用户常常需要编辑表中的内容，主要包括定位记录、选择记录、添加记录、删除记录、修改数据和复制数据等操作。

1．定位记录

向数据表中输入数据后，如果要对数据进行修改，则要先定位记录并选中记录。定位记录主要有3种方法：使用记录导航条、使用快捷键和单击“转至”按钮。

【例2.22】定位到“教务管理”数据库中“班级信息表”的第15条记录，具体操作步骤如下。

① 打开例2.21更新后的“教务管理”数据库，用数据表视图打开“班级信息表”。

② 在记录导航条的“当前记录”文本框中输入记录号“15”，按Enter键，即可定位到第15条记录，如图2-47所示。

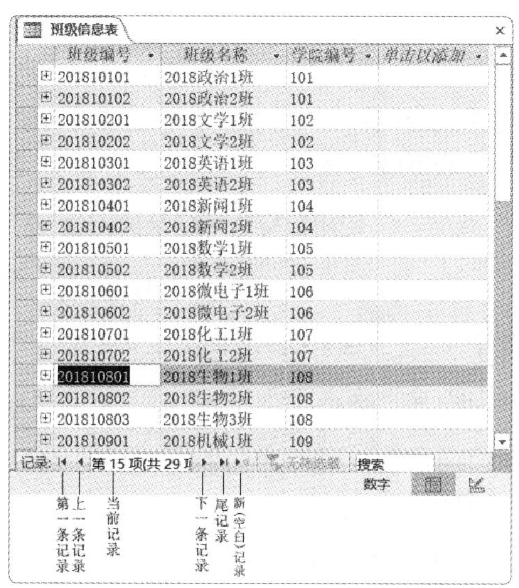

图 2-47 定位到第 15 条记录

用户可以使用快捷键快速定位记录和字段，相关快捷键及其定位功能如表2-12所示。

表2-12 相关快捷键及其定位功能

快捷键	定位功能
Tab、Enter、→（向右箭头）	定位到下一字段
Shift+Tab、←（向左箭头）	定位到上一字段
Home	定位到当前记录中的第一个字段
End	定位到当前记录中的最后一个字段
Ctrl+↑（向上箭头）	定位到第一条记录中的当前字段
Ctrl+↓（向下箭头）	定位到最后一条记录中的当前字段
Ctrl+Home	定位到第一条记录中的第一个字段
Ctrl+End	定位到最后一条记录中的第一个字段
↑（向上箭头）	定位到上一条记录中的当前字段
↓（向下箭头）	定位到下一条记录中的当前字段
PageDown	下移一屏
PageUp	上移一屏
Ctrl+PageDown	左移一屏
Ctrl+PageUp	右移一屏

此外，用户还可以通过单击“转至”按钮来定位记录。当用户通过数据表视图打开数据表之后，即可单击“开始”选项卡中“查找”组中的“转至”按钮 转至，接着从下拉菜单中选择“第一条记录”“上一条记录”“下一条记录”“最后一条记录”中的某一项，即可定位到相应的记录。

2．选择记录

用户可以使用鼠标或键盘来选择记录。在日常工作中主要使用鼠标来选择记录，下面重点介绍使用鼠标选择记录的方法，如表2-13所示。

表2-13　　　　使用鼠标选择记录的方法

数据范围	操作方法
字段中的一部分数据	单击数据开始处，按住鼠标左键并拖动鼠标指针到数据结尾处
字段中的全部数据	移动鼠标指针到字段左侧，当鼠标指针变为空心十字形后单击
相邻多字段中的数据	移动鼠标指针到第一个字段左侧，当鼠标指针变为空心十字形后，按住鼠标左键并拖动鼠标指针到最后一个字段尾部
一列数据	单击相应列的字段选定器
多列数据	将鼠标指针定位到第一列顶端处，当鼠标指针变为下拉箭头后，按住鼠标左键并拖动鼠标指针到选定范围的结尾处
一条记录	单击相应记录的记录选定器
多条记录	单击第一条记录的记录选定器，按住鼠标左键并拖动鼠标指针到选定范围的结尾处

还有一个常用的操作是选择所有记录，可以直接按Ctrl+A组合键来完成。

3．添加记录

要向数据表中添加记录，需要先使用数据表视图打开要添加记录的表，然后单击记录导航条上的“新空白记录”按钮，即可输入要添加的数据。这是一种很快捷的添加记录方法。

4．删除记录

要从数据表中删除记录，需要先使用数据表视图打开要删除记录的表，然后单击要删除记录的记录选定器，再按Delete键，最后在弹出的删除记录提示对话框中单击“是”按钮，即可删除选中的记录。这是一种很快捷的删除记录方法。

5．修改数据

要修改数据表中的数据，需要先使用数据表视图打开要修改数据的表，然后定位到要修改数据的相应字段下，直接修改数据。

6．复制数据

当输入或编辑数据时，有些数据可能相同或相似，可以通过复制和粘贴操作将某个字段中的一部分或全部数据快速复制到另一个字段中。选择要复制的数据，然后按Ctrl+C组合键，再定位到目标字段处，按Ctrl+V组合键完成复制。

2.3.3 调整表的格式

调整表的格式是为了使表更美观，主要操作包括改变字段显示次序、调整字段显示高度、调整字段显示宽度、隐藏列、显示隐藏的列、冻结列、设置数据表格式和改变文字样式等。

1．改变字段显示次序

默认情况下，数据表中字段的显示次序与它们在表或查询中创建的次序一致。但是有时要改变字段的显示次序，以满足查看数据的需要。

【例2.23】将“教务管理”数据库中“学生信息表”中的“入学年份”字段移动到“政治面貌”字段前面，具体操作步骤如下。

① 打开例2.21更新后的“教务管理”数据库，用数据表视图打开“学生信息表”。

② 单击“入学年份”字段的字段选定器以选中该字段，按住鼠标左键拖动选中的字段到“政治面貌”字段前面，松开鼠标。改变字段显示次序前后的效果分别如图2-48和图2-49所示。

学生信息表

学号	姓名	性别	出生日期	政治面貌	家庭地址	入学年份	班级编号
20181010101	曹尔乐	男	2001-4-29	群众	湖南省永州市祁阳县	2018	201810101
20181010102	曹艳梅	女	2001-11-16	群众	湖南省衡阳市雁峰区	2018	201810101
20181010103	吴晓玉	女	2001-6-19	团员	湖南省衡阳市衡南县	2018	201810101
20181010104	谯茹	女	2002-4-24	团员	江苏省淮安市盱眙县	2018	201810101
20181010105	曹卓	男	2001-6-9	群众	云南省昭通市巧家县	2018	201810101
20181010106	牛雪瑞	女	2001-1-3	团员	山东省潍坊市寿光市	2018	201810101
20181010107	吴鸿腾	女	2002-2-26	群众	湖南省永州市道县	2018	201810101
20181010108	仇新	男	2002-3-2	群众	湖南省湘西土家族苗族	2018	201810101
20181010109	杜佳毅	女	2001-12-11	团员	湖南省郴州市临武县	2018	201810101
20181010110	付琴	女	2002-4-20	群众	贵州省贵阳市白云区	2018	201810101

记录：第 1 项(共 904 项 无筛选器 搜索 数字

图 2-48　改变字段显示次序前的效果

学生信息表

学号	姓名	性别	出生日期	入学年份	政治面貌	家庭地址	班级编号
20181010101	曹尔乐	男	2001-4-29	2018	群众	湖南省永州市祁阳县	201810101
20181010102	曹艳梅	女	2001-11-16	2018	群众	湖南省衡阳市雁峰区	201810101
20181010103	吴晓玉	女	2001-6-19	2018	团员	湖南省衡阳市衡南县	201810101
20181010104	谯茹	女	2002-4-24	2018	团员	江苏省淮安市盱眙县	201810101
20181010105	曹卓	男	2001-6-9	2018	群众	云南省昭通市巧家县	201810101
20181010106	牛雪瑞	女	2001-1-3	2018	团员	山东省潍坊市寿光市	201810101
20181010107	吴鸿腾	女	2002-2-26	2018	群众	湖南省永州市道县	201810101
20181010108	仇新	男	2002-3-2	2018	群众	湖南省湘西土家族苗族	201810101
20181010109	杜佳毅	女	2001-12-11	2018	团员	湖南省郴州市临武县	201810101
20181010110	付琴	女	2002-4-20	2018	群众	贵州省贵阳市白云区	201810101

记录：第 1 项(共 904 项 无筛选器 搜索 数字

图 2-49　改变字段显示次序后的效果

需要注意的是，改变字段显示次序不会改变表设计视图中字段的排列顺序，仅改变字段在数据表视图中的显示次序。

2．调整字段显示高度

字段显示高度可以使用鼠标调整，也可以通过命令调整。

使用鼠标调整字段显示高度的方法为：首先用数据表视图打开相应的表，然后将鼠标指针放在表中任意两行的记录选定器之间；当鼠标指针变为向上向下双箭头后，按住鼠标左键并向上拖动，可以减小字段显示高度，向下拖动可以增大字段显示高度；当高度达到要求时松开鼠标。

通过命令调整字段显示高度的方法为：首先用数据表视图打开相应的表，然后在记录选定器上单击鼠标右键，从弹出的快捷菜单中执行“行高”命令，打开“行高”对话框，在其中的“行高”文本框中输入所需的行高值。

3．调整字段显示宽度

字段显示宽度可以使用鼠标调整，也可以通过命令调整。

使用鼠标调整字段显示宽度的方法为：首先用数据表视图打开相应的表，然后单击要调整显示宽度的字段的字段选定器以选中该字段；将鼠标指针放在该字段的最右端，当鼠标指针变为向左向右双箭头后，按住鼠标左键并向左拖动可以减小字段显示宽度，向右拖动可以增大字段显示宽度；当宽度达到需求时松开鼠标。

通过命令调整字段显示宽度的方法为：首先用数据表视图打开相应的表，然后单击要调整显示宽度的字段的字段选定器以选中该字段，单击鼠标右键，从弹出的快捷菜单中执行“字段宽度”命令，打开“列宽”对话框，在其中的“列宽”文本框中输入所需的列宽值。

4．隐藏列

在数据表视图中，为了方便查看主要数据，可以将不需要的字段列暂时隐藏，当需要的时候再将其重新显示。

【例2.24】将“教务管理”数据库中“学生信息表”中的“家庭地址”字段隐藏，具体操作步骤如下。

① 打开例2.21更新后的“教务管理”数据库，用数据表视图打开“学生信息表”。

② 单击“家庭地址”字段的字段选定器。如果要一次隐藏多个字段，可以先单击要隐藏的第一个字段的字段选定器，然后按住Shift键并单击要隐藏的最后一个字段的字段选定器，此时第一个字段、最后一个字段及两者之间的字段都会被选中。

③ 单击鼠标右键，从弹出的快捷菜单中执行“隐藏字段”命令，此时选中的字段都会被隐藏。

5．显示隐藏的列

在需要的时候可以将隐藏的列重新显示出来。

【例2.25】将“教务管理”数据库中“学生信息表”中的“家庭地址”字段重新显示出来，具体操作步骤如下。

① 打开例2.24更新后的“教务管理”数据库，用数据表视图打开“学生信息表”。

② 单击任一字段的字段选定器，然后单击鼠标右键，从弹出的快捷菜单中执行“取消隐藏字段”命令，打开“取消隐藏列”对话框。

③ 在“取消隐藏列”对话框的“列”列表框中勾选要显示的列对应的复选框，单击“关闭”按钮，隐藏的列会显示出来。

6．冻结列

当创建的表包含很多字段时，某些字段必须滚动水平滚动条才能看到。如果希望始终都能看到某些字段，可以将其冻结。当水平滚动数据表时，冻结的字段会固定不动。

【例2.26】将“教务管理”数据库中“学生信息表”中的“姓名”字段冻结，具体操作步骤如下。

① 打开例2.21更新后的“教务管理”数据库，用数据表视图打开“学生信息表”。

② 单击“姓名”字段的字段选定器以选定该字段，然后单击鼠标右键，从弹出的快捷菜单中执行“冻结字段”命令，此时“姓名”字段出现在最左边。当水平滚动数据表时，该字段始终显示在窗口的最左侧，如图2-50所示。

学生信息表

姓名	学号	性别	出生日期	政治面貌	家庭地址	入学年份	班级编号
曹尔乐	20181010101	男	2001-4-29	群众	湖南省永州市祁阳县	2018	201810101
曹艳梅	20181010102	女	2001-11-16	群众	湖南省衡阳市雁峰区	2018	201810101
吴晓玉	20181010103	女	2001-6-19	团员	湖南省衡阳市衡南县	2018	201810101
谯茹	20181010104	女	2002-4-24	团员	江苏省淮安市盱眙县	2018	201810101
曹卓	20181010105	男	2001-6-9	群众	云南省昭通市巧家县	2018	201810101
牛雪瑞	20181010106	女	2001-1-3	团员	山东省潍坊市寿光市	2018	201810101
吴鸿腾	20181010107	女	2002-2-26	群众	湖南省永州市道县	2018	201810101
仇新	20181010108	男	2002-3-2	群众	湖南省湘西土家族苗族自治州吉首市	2018	201810101
杜佳毅	20181010109	女	2001-12-11	团员	湖南省郴州市临武县	2018	201810101
付琴	20181010110	女	2002-4-20	群众	贵州省贵阳市白云区	2018	201810101

记录: 第 1 项(共 904 项 无筛选器 搜索 数字

图 2-50　冻结的“姓名”字段始终显示在窗口的最左侧

如果要取消冻结列操作，只需在任一字段的字段选定器上单击鼠标右键，从弹出的快捷菜单中执行“取消冻结所有字段”命令即可。

7．设置数据表格式

默认情况下，在数据表视图中的水平和垂直方向会显示网格线，并且网格线的颜色、背景色和替代背景色都使用系统默认的颜色。可以根据需要对数据表格式进行设置，具体操作步骤如下。

① 用数据表视图打开要设置格式的表。

② 在“开始”选项卡的“文本格式”组中单击“网格线”按钮，从打开的下拉列表中选择所需的网格线，如图2-51所示。单击“文本格式”组右下角的“设置数据表格式”按钮，打开“设置数据表格式”对话框，如图2-52所示。

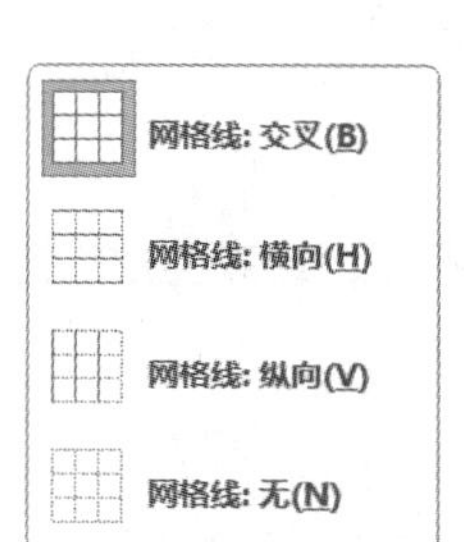

图 2-51　从下拉列表中选择网格线

图 2-52　“设置数据表格式”对话框

③ 在“设置数据表格式”对话框中，根据需要对“单元格效果”“网格线显示方式”“背景色”“替代背景色”“网格线颜色”“边框和线型”“方向”进行设置，完成后单击“确定”按钮。

8．改变文字样式

为了更加美观、醒目地显示数据，用户可以根据需要改变数据表中文字的字体、字形、字号和颜色。

【例2.27】将“教务管理”数据库中“学生信息表”中文字的字体改为楷体，字号改为12，字形改为加粗，颜色改为橙色，具体操作步骤如下。

① 打开例2.21更新后的“教务管理”数据库，用数据表视图打开“学生信息表”。

② 在“开始”选项卡的“文本格式”组中单击“字体”下拉按钮，从打开的下拉列表中选择“楷体”选项；单击“字号”下拉按钮，从打开的下拉列表中选择“12”选项；单击“加粗”按钮；单击“字体颜色”下拉按钮，从打开的下拉列表中选择“标准色”组中的“深红”选项。改变文字样式后的效果如图2-53所示。

学生信息表

学号	姓名	性别	出生日期	政治面貌	家庭地址	入学年份	班级编号
20181010101	曹尔乐	男	2001-4-29	群众	湖南省永州市祁阳县	2018	201810101
20181010102	曹艳梅	女	2001-11-16	群众	湖南省衡阳市雁峰区	2018	201810101
20181010103	吴晓玉	女	2001-6-19	团员	湖南省衡阳市衡南县	2018	201810101
20181010104	谯茹	女	2002-4-24	团员	江苏省淮安市盱眙县	2018	201810101
20181010105	曹卓	男	2001-6-9	群众	云南省昭通市巧家县	2018	201810101
20181010106	牛雪瑞	女	2001-1-3	团员	山东省潍坊市寿光市	2018	201810101
20181010107	吴鸿腾	女	2002-2-26	群众	湖南省永州市道县	2018	201810101
20181010108	仇新	男	2002-3-2	群众	湖南省湘西土家族苗族自治州吉首市	2018	201810101
20181010109	杜佳毅	女	2001-12-11	团员	湖南省郴州市临武县	2018	201810101
20181010110	付琴	女	2002-4-20	群众	贵州省贵阳市白云区	2018	201810101
20181010111	于宝祥	男	2001-8-16	团员	内蒙古呼伦贝尔市满州里市	2018	201810101
20181010112	龚楚琛	男	2001-8-19	团员	福建省南平市浦城县	2018	201810101
20181010113	秦一帆	男	2001-2-8	团员	贵州省铜仁市沿河土家族自治县	2018	201810101
20181010114	黄蓉	女	2002-2-21	团员	浙江省宁波市宁海县	2018	201810101
20181010115	汪钰淇	女	2002-2-24	团员	黑龙江大庆市大同区	2018	201810101
20181010116	贺运华	男	2001-4-5	团员	河北省石家庄市井陉县	2018	201810101
20181010117	程蔼	女	2001-9-27	团员	湖南省永州市江永县	2018	201810101
20181010118	许航	女	2001-9-30	团员	贵州省贵阳市白云区	2018	201810101

记录: 第 42 项(共 904 无筛选器 搜索 数字

图 2-53　改变文字样式后的效果

2.4 表的使用

在数据表创建好后，用户可以根据需要对表中的记录进行排序或筛选。

2.4.1 记录排序

当浏览表中的记录时，记录的显示顺序一般是输入记录时的顺序，或者是按主键升序排列的顺序，用户也可以根据需要对记录进行排序。

1. 排序规则

排序是指根据当前表中的一个或多个字段的值对表中的所有记录进行排列。排序可以按升序进行，也可以按降序进行。字段的数据类型不同，排序规则也不同，具体规则如下。

① 汉字按拼音字母的顺序排列，升序为从a到z，降序为从z到a。

② 英文按字母顺序排列，不区分大小写，升序为从A（a）到Z（z），降序为从Z（z）到A（a）。

③ 数字按大小排列，升序为从小到大，降序为从大到小。

④ 日期按先后顺序排列，升序为从前往后，降序为从后往前。

需要特别注意的几点如下。

① 如果字段的数据类型为文本型，而字段的值中有数字，那么Access会将数字视为字符串，按照其ASCII值的大小排序，而不是按照数值本身的大小排序。例如，对文本字符串“3”“5”“13”按升序排列的结果为“13”“3”“5”，因为”1”的ASCII值小于“3”的ASCII值，“3”

的ASCII值小于“5”的ASCII值。

② 在按升序排列时，如果有字段的值为空值，那么包含空值的字段会排在前面。

③ 数据类型为长文本型、OLE对象型、超链接型或附件型的字段不能进行排序。

④ 在排序后，排序结构会与表一起保存。

2．按一个字段排序

如果要按一个字段对记录进行排序，可以在数据表视图中进行操作。

【例2.28】在“教务管理”数据库的“学生信息表”中，按“出生日期”字段值进行升序排列，具体操作步骤如下。

① 打开例2.21更新后的“教务管理”数据库，用数据表视图打开“学生信息表”。

② 选中“出生日期”字段所在的列，然后单击“开始”选项卡“排序和筛选”组中的“升序”按钮。

执行上述操作后，表中的记录会按“出生日期”字段值进行升序排列，在保存表时排序结构也会被保存。

3．按多个字段排序

如果要按多个字段对记录进行排序，Access会先对第1个字段按照指定的顺序进行排序；当不同记录的第1个字段具有相同的值时，再对第2个字段按照指定的顺序进行排序；以此类推，直到全部记录排序完毕。排序操作可以通过单击“升序”按钮或“降序”按钮进行，也可以通过“高级筛选/排序”命令进行。

【例2.29】在“教务管理”数据库的“学生信息表”中，按“性别”和“出生日期”两个字段的值进行升序排列，具体操作步骤如下。

① 打开例2.21更新后的“教务管理”数据库，用数据表视图打开“学生信息表”。

② 选中“性别”字段所在的列，按住Shift键单击与其相邻的“出生日期”字段所在的列，即可同时选中这两列，然后单击“开始”选项卡“排序和筛选”组中的“升序”按钮。两列的排序结果如图2-54所示。

学生信息表

学号	姓名	性别	出生日期	政治面貌	家庭地址	入学年份	班级编号	单击以添
20181020116	姜新	男	2001-1-2	团员	江西省赣州市信丰县	2018	201810201	
20181110309	郑沁锦	男	2001-1-5	团员	江西省赣州市安远县	2018	201811103	
20181120129	乔震庭	男	2001-1-7	团员	江苏省南京市溧水县	2018	201811201	
20181100231	伍茂陈	男	2001-1-13	团员	广西壮族自治区南宁市邕宁区	2018	201811002	
20181050109	武捷	男	2001-1-15	团员	湖南省常德市石门县	2018	201810501	
20181030111	夏丰蒙	男	2001-1-16	团员	广西壮族自治区桂林市永福县	2018	201810301	
20181130121	汪洪靖	男	2001-1-17	团员	湖南省常德市鼎城区	2018	201811301	
20181080131	程浩	男	2001-2-2	团员	湖南省郴州市桂东县	2018	201810801	
20181100104	伍强	男	2001-2-3	群众	福建省宁德市周宁县	2018	201811001	
20181020103	郑纪武	男	2001-2-4	团员	广西壮族自治区南宁市马山县	2018	201810201	
20181100213	余庭轩	男	2001-2-5	团员	云南省昭通市水富县	2018	201811002	
20181070204	武成	男	2001-2-6	团员	湖南省衡阳市祁东县	2018	201810702	
20181110329	李武韬	男	2001-2-7	群众	辽宁省沈阳市铁西区	2018	201811103	
20181010113	黍一帆	男	2001-2-8	团员	贵州省铜仁市沿河土家族自治县	2018	201810101	
20181080231	蒲浩	男	2001-2-10	团员	山东省烟台市莱阳市	2018	201810802	
20181110322	曹丙龙	男	2001-2-13	团员	湖南省娄底市新化县	2018	201811103	
20181120232	柳映沁	男	2001-2-15	团员	河北省沧州市泊头市	2018	201811202	
20181120228	项凌庞	男	2001-2-17	团员	湖南省衡阳市耒阳市	2018	201811202	
20181010213	伍扬	男	2001-2-21	群众	湖南省娄底市娄星区	2018	201810102	
20181020126	李虎	男	2001-2-23	群众	河北省沧州市孟村回族自治县	2018	201810201	

记录: 第1项(共904项 无筛选器 搜索

数字

图 2-54　两列的排序结果

从图2-54中可以看出，在排序时，先按“性别”字段值排序，当“性别”字段的值相同时再按“出生日期”字段的值排序。因此，当按多个字段进行排序时，必须注意字段的先后顺序。在对两个字段进行排序时，如果两个字段不相邻，那么就需要先对第2个字段进行排序，再对第1个字段进行排序。

例2.30

【例2.30】在“教务管理”数据库的“学生信息表”中，先按“性别”字段升序排列，再按“出生日期”字段降序排列，具体操作步骤如下。

① 打开例2.21更新后的“教务管理”数据库，用数据表视图打开“学生信息表”。

② 在“开始”选项卡的“排序和筛选”组中单击“高级”按钮，从弹出的下拉列表中选择“高级筛选/排序”选项，打开筛选界面。筛选界面分为上、下两个部分：上半部分显示打开的表的字段列表；下半部分是设计网格，用来指定排序字段、排序方式和排序条件。

③ 单击设计网格中第1列“字段”文本框右侧的下拉按钮，从打开的下拉列表中选择“性别”字段；单击设计网格中第2列“字段”文本框右侧的下拉按钮，从打开的下拉列表中选择“出生日期”字段。

④ 单击“性别”字段“排序”文本框右侧的下拉按钮，从打开的下拉列表中选择“升序”选项；单击“出生日期”字段“排序”文本框右侧的下拉按钮，从打开的下拉列表中选择“降序”选项。在筛选界面中设置排序的字段、方式，如图2-55所示。

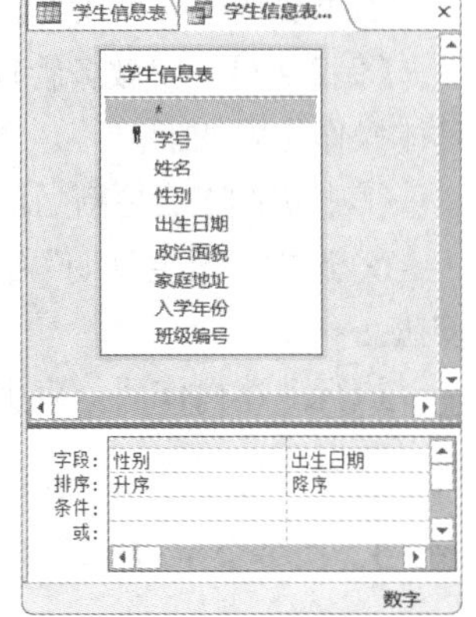

图 2-55　在筛选界面中设置排序字段、方式

⑤ 在“开始”选项卡的“排序和筛选”组中单击“切换筛选”按钮，此时Access会按上述设置对“学生信息表”中的所有记录进行排序，排序结果如图2-56所示。

学号	姓名	性别	出生日期	政治面貌	家庭地址	入学年份	班级编号
20181090212	姜晧钧	男	2002-5-26	团员	河北省张家口市沽源县	2018	201810902
20181060131	郑华辰	男	2002-5-24	团员	湖南省岳阳市平江县	2018	201810601
20181040207	廖廷武	男	2002-5-15	团员	湖南省岳阳市华容县	2018	201810402
20181100229	王子明	男	2002-5-13	团员	浙江省宁波市余姚市	2018	201811002
20181120127	卞杰	男	2002-5-11	群众	山东省烟台市招远市	2018	201811201
20181080126	曾泽奇	男	2002-5-10	群众	河北省衡水市故城县	2018	201810801
20181080236	伍泽	男	2002-5-3	团员	江苏省淮安市淮阴区	2018	201810802
20181110332	蒲少庞	男	2002-5-2	团员	山东省青岛市胶南市	2018	201811103
20181120132	伍昊天	男	2002-5-1	团员	安徽省黄山市黟县	2018	201811201
20181100224	葛子贤	男	2002-4-27	团员	安徽省黄山市祁门县	2018	201811002
20181080203	于炫霖	男	2002-4-22	团员	广东省汕头市濠江区	2018	201810802
20181120205	景书科	男	2002-4-21	群众	河北省衡水市饶阳县	2018	201811202
20181030214	彭世尧	男	2002-4-19	团员	广西壮族自治区柳州市融安县	2018	201810302
20181070132	郑浩瞩	男	2002-4-19	群众	辽宁省大连市瓦房店市	2018	201810701
20181080110	江山	男	2002-4-16	团员	辽宁省沈阳市辽中县	2018	201810801
20181040127	黍俞锋	男	2002-4-16	群众	河北省石家庄市行唐县	2018	201810401
20181110232	黍庭翔	男	2002-4-15	群众	湖南省岳阳市临湘市	2018	201811102
20181010210	吴承铨	男	2002-4-12	群众	江西省上饶市德兴市	2018	201810102
20181110201	蒋明鸿	男	2002-4-11	群众	湖南省衡阳市衡山县	2018	201811102
20181110230	于龙云	男	2002-4-10	群众	贵州省遵义市红花岗区	2018	201811102

记录：第 1 项(共 904 项　无筛选器　搜索　数字

图 2-56　排序结果

如果需要取消排序，可以在“开始”选项卡的“排序和筛选”组中单击“取消排序”按钮。

2.4.2　记录筛选

在使用数据表时，经常需要从大量的记录中挑选出满足条件的记录进行处理。Access提供了4种筛选记录的方法，分别是按选定内容筛选、使用筛选器筛选、按窗体筛选和高级筛选。在筛选后，数据表中只显示满足条件的记录，其他记录会被隐藏。

1．按选定内容筛选

【例2.31】从“教务管理”数据库的“学生信息表”中筛选出来自“湖南省长沙市”的学生记录，具体操作步骤如下。

① 打开例2.21更新后的“教务管理”数据库，用数据表视图打开“学生信息表”。

② 选中“家庭地址”字段，从该字段中找到字段值包含“湖南省长沙市”的记录，在该记录中选中“湖南省长沙市”。

③ 在“开始”选项卡的“排序和筛选”组中单击“选择”按钮，此时弹出的筛选选项下拉列表如图2-57所示。从该下拉列表中选择“包含‘湖南省长沙市’”选项，从而筛选出相应的记录，如图2-58所示。

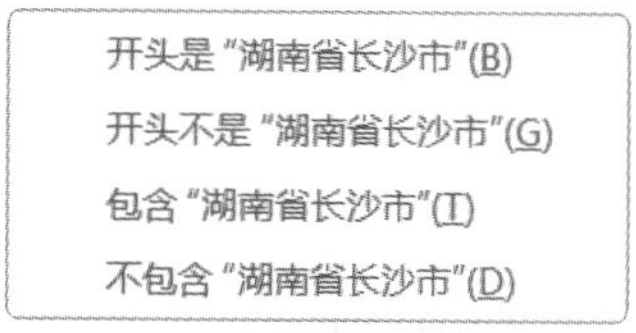

开头是 "湖南省长沙市"(B)
开头不是 "湖南省长沙市"(G)
包含 "湖南省长沙市"(T)
不包含 "湖南省长沙市"(D)

图 2-57 筛选选项下拉列表

学生信息表

学号	姓名	性别	出生日期	政治面貌	家庭地址	入学年份	班级编号
20181010124	吴南	女	2002-2-25	团员	湖南省长沙市浏阳市	2018	201810101
20181010129	陈柳	女	2002-5-22	团员	湖南省长沙市开福区	2018	201810101
20181010203	彭坚	男	2001-11-12	团员	湖南省长沙市芙蓉区	2018	201810102
20181010206	甘武欣	女	2002-5-4	团员	湖南省长沙市宁乡县	2018	201810102
20181020123	郝婧	女	2001-8-8	团员	湖南省长沙市宁乡县	2018	201810201
20181030215	伍湘明	男	2001-12-6	群众	湖南省长沙市雨花区	2018	201810302
20181040104	廖柏威	男	2001-5-19	团员	湖南省长沙市长沙县	2018	201810401
20181050216	伍花	女	2001-10-18	群众	湖南省长沙市浏阳市	2018	201810502
20181050231	蒋庞	男	2001-4-12	群众	湖南省长沙市岳麓区	2018	201810502
20181070112	童莎	女	2001-9-10	群众	湖南省长沙市宁乡县	2018	201810701
20181070114	蒲娜	女	2001-1-9	党员	湖南省长沙市望城县	2018	201810701
20181080226	伍智琦	女	2001-7-20	群众	湖南省长沙市岳麓区	2018	201810802
20181080233	曾玉凤	女	2002-4-14	群众	湖南省长沙市天心区	2018	201810802
20181080308	伍哲	男	2001-12-5	群众	湖南省长沙市长沙县	2018	201810803

记录: 第 1 项(共 20 项 已筛选 搜索

数字 Filtered

图 2-58 按选定内容筛选的记录

单击“选择”按钮，可以很容易地在打开的下拉列表中找到常用的筛选选项。字段的数据类型不同，“选择”下拉列表中提供的筛选选项也不同。当字段的数据类型为文本型时，筛选选项包含“等于”“不等于”“包含”“不包含”；当字段的数据类型为日期/时间型时，筛选选项包含“等于”“不等于”“不晚于”“不早于”；当字段的数据类型为数字型时，筛选选项包含“等于”“不等于”“小于或等于”“大于或等于”。完成筛选后，如果要将数据表恢复为筛选前的状态，只需单击“排序和筛选”组中的“切换筛选”按钮即可。

2．使用筛选器筛选

Access的筛选器提供了一种快捷的筛选方式：将选中的字段中所有不重复的值以列表的形式展示出来，供用户直接选择。注意：数据类型为OLE对象型或附件型的字段不能应用筛选器，其他类型的字段都可以应用筛选器。

【例2.32】从“教务管理”数据库的“教师信息表”中筛选出职称为“教授”的教师记录，具体操作步骤如下。

① 打开例2.21更新后的“教务管理”数据库，用数据表视图打开“教师信息表”。

② 选中“职称”字段，在“开始”选项卡的“排序和筛选”组中单击“筛选器”按钮，在打开的下拉列表中取消勾选“全选”复选框，勾选“教授”复选框，如图2-59所示。单击“确定”按钮后，Access会显示出职称为“教授”的教师的筛选结果，如图2-60所示。

需要说明的是，筛选器中显示的筛选选项取决于所选字段的数据类型和字段值。所选字段的数据类型和字段值不同，筛选选项也会不同。

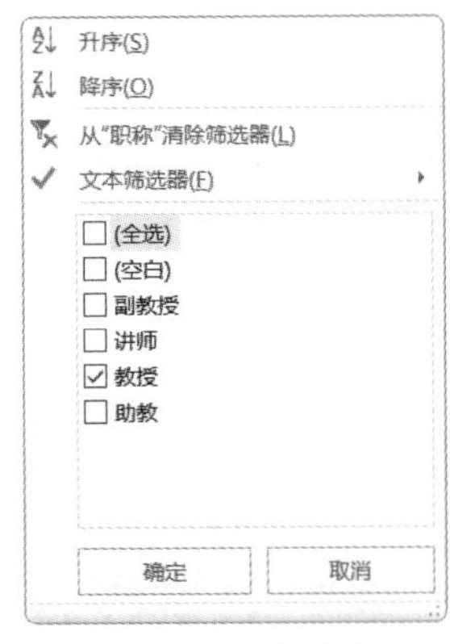

图 2-59　设置筛选选项

教师编号	姓名	性别	政治面貌	职称	出生日期	学院编号
t0040	常迎	女	党员	教授	1963-12-25	106
t0045	曾丽育	男	群众	教授	1972-12-4	106
t0004	史长泽	男	党员	教授	1961-5-8	108
t0011	李洲	男	党员	教授	1970-11-28	108
t0035	于治宏	男	群众	教授	1966-12-7	108
t0054	戴嘉勋	男	民建	教授	1969-9-21	109
t0079	夏一伟	男	党员	教授	1968-6-7	110
t0107	黎杨	女	民盟	教授	1972-11-29	110
t0110	向清清	女	党员	教授	1962-1-8	110
t0113	廖思成	女	党员	教授	1973-8-18	110
t0008	罗昕	男	党员	教授	1974-12-10	111
t0014	梁钰伟	女	党员	教授	1967-11-8	111
t0017	尹露	女	群众	教授	1972-4-18	111
t0046	申毓姮	女	党员	教授	1970-11-2	111

图 2-60　职称为“教授”的教师的筛选结果

3．按窗体筛选

如果要按窗体筛选记录，需要设置按窗体筛选的条件。每个字段都有对应的下拉列表，可以从每个下拉列表中选择一个字段值作为筛选条件。如果需要选择两个或两个以上的字段值，可以使用界面底部的“或”标签来确定字段值之间的关系。

【例2.33】从“教务管理”数据库的“教师信息表”中筛选出职称为“讲师”的男性教师记录，具体操作步骤如下。

① 打开例2.21更新后的“教务管理”数据库，用数据表视图打开“教师信息表”。

② 在“开始”选项卡的“排序和筛选”组中单击“高级”按钮，从弹出的下拉列表中选择“按窗体筛选”选项，切换到按窗体筛选界面，如图2-61所示。

③ 选中“性别”字段，然后单击其右侧的下拉按钮，从下拉列表中选择“"男"”选项；选中“职称”字段，然后单击其右侧的下拉按钮，从下拉列表中选择“"讲师"”选项，如图2-62所示。

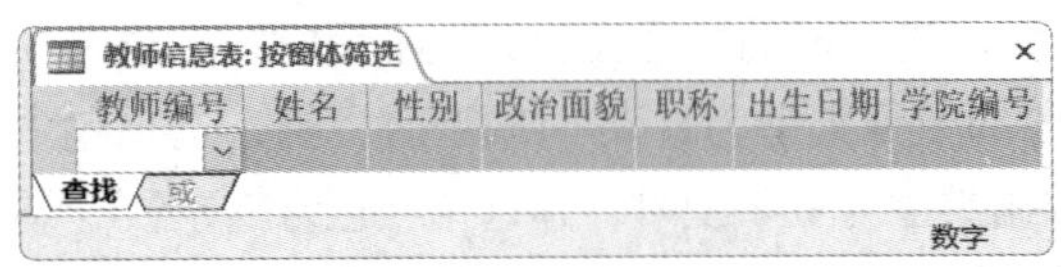

图 2-61　按窗体筛选界面

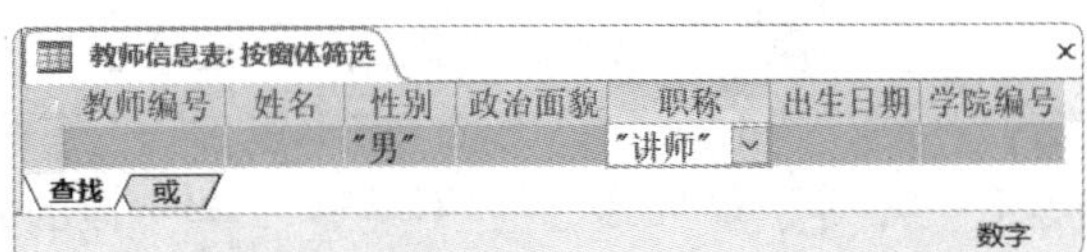

图 2-62　在按窗体筛选界面中选择筛选字段值

④ 在“开始”选项卡的“排序和筛选”组中单击“切换筛选”按钮，即可看到筛选结果，如图2-63所示。

教师编号	姓名	性别	政治面貌	职称	出生日期	学院编号
t0053	庞石	男	党员	讲师	1988-11-18	106
t0047	于鑫鹏	男	民盟	讲师	1988-8-26	109
t0006	于智勇	男	群众	讲师	1984-10-22	111
t0021	向锐桃	男	党员	讲师	1983-2-19	111
t0039	李志豪	男	群众	讲师	1988-7-11	111
t0055	姚俊康	男	党员	讲师	1987-12-25	112
t0082	李星理	男	党员	讲师	1985-10-31	113
t0095	李祖波	男	群众	讲师	1985-5-28	113
t0064	向华辉	男	党员	讲师	1990-8-6	101
t0067	马璐	男	群众	讲师	1987-10-12	101
t0001	田磊	男	党员	讲师	1985-5-20	102
t0106	向文涛	男	群众	讲师	1985-7-9	102
t0112	向元	男	民建	讲师	1984-12-14	102
t0114	边恺文	男	群众	讲师	1986-4-9	102

图 2-63　筛选出的职称为“讲师”的男性教师记录

4．高级筛选

例2.34

若需要设置比较复杂的筛选条件，可以使用筛选界面实现。筛选界面支持对筛选结果进行排序。

【例2.34】从“教务管理”数据库的“教师信息表”中筛选出1980年以后出生的男性教师记录，并将筛选结果按“学院编号”进行升序排列，具体操作步骤如下。

① 打开例2.21更新后的“教务管理”数据库，用数据表视图打开“教师信息表”。

② 在“开始”选项卡的“排序和筛选”组中单击“高级”按钮，从打开的下拉列表中选择“高级筛选/排序”选项，打开筛选界面。

③ 在筛选界面上半部分显示的“教师信息表”字段列表中，分别双击“性别”“出生日期”“学院编号”字段，将它们添加到该界面的下半部分。

④ 在“性别”字段的“条件”文本框中输入“"男"”，在“出生日期”字段的“条件”文本框中输入“>=#1980-1-1#”。

⑤ 单击“学院编号”字段的“排序”文本框，然后单击其右侧的下拉按钮，从打开的下拉列表中选择“升序”选项。设置筛选条件和排序方式后的结果如图2-64所示。

⑥ 在“开始”选项卡的“排序和筛选”组中单击“切换筛选”按钮，即可看到筛选结果，如图2-65所示。

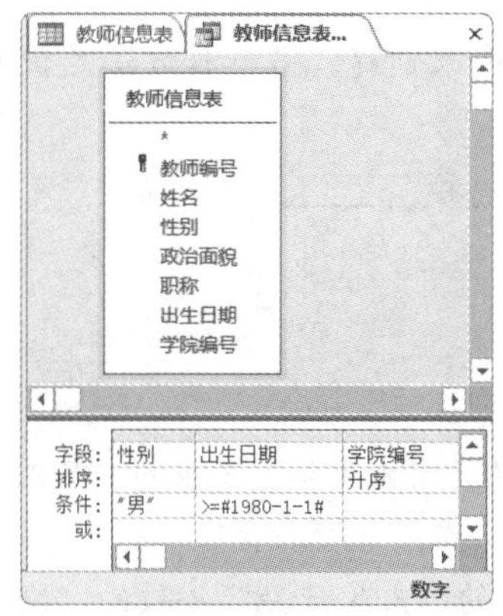

图 2-64 设置筛选条件和排序方式

教师编号	姓名	性别	政治面貌	职称	出生日期	学院编号
t0064	向华辉	男	党员	讲师	1990-8-6	101
t0058	唐鑫	男	群众	助教	1990-4-17	101
t0023	罗磊	男	民建	助教	1990-1-26	101
t0067	马璐	男	群众	讲师	1987-10-12	101
t0114	边恺文	男	群众	讲师	1986-4-9	102
t0112	向元	男	民建	讲师	1984-12-14	102
t0106	向文涛	男	群众	讲师	1985-7-9	102
t0060	童牛鹏	男	群众	助教	1992-12-19	102
t0041	马伟栋	男	群众	助教	1993-5-12	102
t0001	田磊	男	党员	讲师	1985-5-20	102
t0117	熊健康	男	党员	讲师	1985-1-23	102
t0070	罗涛	男	民盟	讲师	1988-10-13	103
t0066	张国牛	男	民盟	助教	1992-6-4	104

记录：第 32 项(共 32 项　已筛选　搜索　数字　Filtered

图 2-65 筛选结果

5．清除筛选

完成筛选后，如果不再需要筛选结果，可以将其清除，以恢复到筛选前的状态。用户可以清除单个字段的筛选结果，也可以清除所有筛选结果。清除所有筛选结果较快捷的方法是：在“开始”选项卡的“排序和筛选”组中单击“高级”按钮，从打开的下拉列表中选择“清除所有筛选器”选项。

本章小结

本章主要介绍了数据库的创建和操作、表的创建、表的维护和表的使用等内容。在学习本章内容后，读者能掌握数据库和表的基本概念及基础操作，为学习后续内容奠定基础。

习题 2

一、不定项选择题

1. 下列字段名称不正确的是（　　）。

A. 123　　B. abc　　C. 我!你　　D. 我5们

2. 当输入的数据违反有效性规则时，Access将给出提示信息。为了使提示信息更清晰、明确，用户可以设置（　　）。

A. 输入掩码　　B. 默认值　　C. 有效性规则　　D. 有效性文本

3. Access支持导入的外部数据包括（　　）。

A. Excel文档　　B. XML文件

C. SharePoint列表　　D. 其他Access支持的外部数据

4. 在数据表中，定位到当前字段的下一个字段的快捷键有（　　）。

A. Tab键　　B. Enter键　　C. →键　　D. Space键

5. 下列方法中属于Access提供的筛选记录的方法的是（　　）。

A. 按选定内容筛选　B. 使用筛选器筛选　C. 按窗体筛选　　D. 高级筛选

二、填空题

1. 在Access中，表是由________和________组成的。

2. 创建表的方法主要有两种：一种方法是使用________视图来创建；另一种方法是使用________视图来创建。

3. 表间关系即表与表之间的关系，主要有________、________和________3种关系。

4. 对文本字符串“6”“9”“13”按升序排列的结果为________。

5. 当筛选条件比较复杂时，可以使用________筛选。

三、操作题

1. 参考例2.10，将“教务管理”数据库中“教师信息表”中的“出生日期”字段的“格式”属性设置为“短日期”。

2. 参考例2.11，将“教务管理”数据库中“教师信息表”中的“出生日期”字段的“输入掩码”属性设置为“短日期”。

3. 参考例2.12，将“教务管理”数据库中“教师信息表”中的“性别”字段的“默认值”属性设置为“男”。

4. 参考例2.13，将“教务管理”数据库中“选课及成绩表”中的“成绩”字段的“验证规则”属性设置为“>=0 And <=100”。

5. 参考例2.14，将“教务管理”数据库中“选课及成绩表”中的“成绩”字段的“验证文本”属性设置为“成绩必须大于等于0且小于等于10!”。

6. 参考例2.15，为“教务管理”数据库中的“教师信息表”创建索引，索引字段为“性别”。

7. 参考例2.16，为“教务管理”数据库中的“教师信息表”创建多字段索引，索引字段包括“教师编号”“性别”“出生日期”。

8. 参考例2.20，在“查阅”选项卡中，为“教务管理”数据库中“学生信息表”的“性别”字段设置查阅列表，列表中显示“男”和“女”两个字段值。

9. 参考例2.23，将“教务管理”数据库中“教师信息表”中的“出生日期”字段移动到“政治面貌”字段前面。

10. 参考例2.24，将“教务管理”数据库中“教师信息表”中的“职称”字段隐藏。

11. 参考例2.25，将“教务管理”数据库中“教师信息表”中的“职称”字段重新显示出来。

12. 参考例2.26，将“教务管理”数据库中“教师信息表”中的“姓名”字段冻结。

13. 参考例2.27，将“教务管理”数据库中“教师信息表”中文字的字体改为楷体、字号改为12、字形改为加粗、颜色改为蓝色。

14. 参考例2.28，在“教务管理”数据库的“教师信息表”中，按“出生日期”字段值进行升序排列。

15. 参考例2.29，在“教务管理”数据库的“教师信息表”中，按“性别”和“出生日期”两个字段的值进行升序排列（通过“升序”按钮进行排序）。

16. 参考例2.30，在“教务管理”数据库的“教师信息表”中，先按“性别”字段升序排列，再按“出生日期”字段降序排列（通过“高级筛选/排序”选项进行排序）。

17. 参考例2.31，从“教务管理”数据库的“学生信息表”中筛选出来自“湖南省岳阳市”的学生记录。

18. 参考例2.32，从“教务管理”数据库的“教师信息表”中筛选出职称为“讲师”的教师记录。

19. 参考例2.33，从“教务管理”数据库的“教师信息表”中筛选出职称为“教授”的女性教师记录。

20. 参考例2.34，从“教务管理”数据库的“教师信息表”中筛选出1990年以后出生的女性教师记录，并将筛选结果按“学院编号”进行降序排列。

第3章 查询

在使用数据库时，经常需要对数据库中的数据进行计算或检索。虽然在数据表中可以直接浏览、排序、筛选数据，但是如果要进行数据计算，或者要从多张表中检索出符合条件的数据，仅利用数据表的基础操作很难实现，例如想知道每位学生某学期所有课程的名称及授课教师姓名。在设计数据库时，为了避免数据冗余，采用表的“单一原则”把数据分别存放在多张数据表中。在需要检索数据时，有什么办法可以把需要的数据从多张数据表中抽取出来并重新组织在一起，以满足相应的数据检索需求呢？

为了解决上述问题，Access引入了查询对象。查询实际上就是从一张或多张表（或查询）中把需要的字段或记录抽取出来形成一个新的数据集合，方便用户对数据进行进一步的查看和分析。本章主要介绍Access中查询的基础知识、多种类型的查询向导和查询条件、多种查询的创建与编辑方法，以及使用结构化查询语言（Structured Query Language，SQL）进行查询的基本方法等。

本章的学习目标如下。

① 了解查询的功能、类型和视图。

② 掌握使用查询向导创建多种查询的方法。

③ 灵活掌握查询条件表达式的编写与应用方法。

④ 掌握使用设计视图创建多种查询的方法。

⑤ 掌握使用简单的SQL语句创建查询的方法。

⑥ 掌握使用和编辑查询的常用方法。

3.1 查询基础知识

查询是关系数据库中的一个重要概念，使用查询可以轻松地在数据库中查看、添加、删除或更改数据。查询是根据一定的条件在一张或多张表（或查询）中对数据进行检索、计算、添加、修改、删除、更新操作。查询可以是向数据库提出的数据结果请求，也可以是数据操作请求，或两者兼有。查询的结果是一个数据记录的集合（操作查询除外），这个数据集合与表不同，它并不是真正存在于数据库中数据的物理集合，而是动态数据的集合，在每次打开查询时临时生成，使查询中的数据始终与源表中的数据保持一致。实质上，查询是操作的集合，其中存放的是定义如何选择与处理数据的程序。也就是说，每次打开查询，会按照查询中定义的程序从数据表中抽取数据，并以数据集合的形式显示结果数据。当查询相关数据表的数据发生变化时，重新运行查询将获得新数据集；当关闭查询时，抽取出来的数据集会随之消失。

3.1.1 查询的功能

查询直接的功能是从表中找出符合条件的记录。在Access中，利用查询可以实现如下多种功能。

1．选择字段

在查询中，可以只选择表中的部分字段。例如，创建一个查询，检索出“学生信息表”中每位学生的学号、姓名、性别和政治面貌数据。利用此功能，可以选择一张表中的不同字段来生成所需的数据记录集合。

2．选择记录

在查询中，可以根据指定的条件查找所需的记录，并显示查找到的记录。例如，创建一个查询，检索出“学生信息表”中政治面貌为党员的学生记录。

3．编辑记录

编辑记录包括添加、修改和删除记录等操作。在Access中，可以利用查询来添加、修改和删除表中的记录。例如，将成为预备党员后满一年的学生的政治面貌更改为党员。

4．实现计算

查询不仅可以找到满足条件的记录，还可以在创建查询的过程中进行计算，例如计算各班级的学生人数。另外，还可以创建计算字段，利用计算字段保存计算结果。例如，根据“学生信息表”的“出生日期”字段计算每位学生的年龄，并将计算结果保存在“年龄”字段中。

5．创建新表

利用查询得到的结果可以创建一张新表。例如，查询年龄大于60岁（假设退休年龄为60岁）的男教师记录并将查询结果存放在一张新表中，新表的名称为“退休教师信息表”。

6．查询结果作为其他数据库对象的数据来源

查询结果可以作为其他查询、窗体、报表的数据源。基于某个查询的结果数据集创建新查询，相当于进行二次筛选。在设计良好的数据库中，要通过窗体或报表显示的数据通常位于多个表中，通过查询可以从不同表中提取并组合信息，并将其显示在窗体或报表中。在每次打开窗体或打印报表时，查询就会从它的基表中检索出符合条件的最新记录。

3.1.2 查询的类型

查询可以进行计算，例如合并不同表的数据，添加、更改或删除数据库中的数据。查询存在多种类型，主要类型有选择和动作两种：选择类型的查询用于从表中检索数据或进行计算，又可分为选择查询、参数查询、交叉表查询等；动作类型的查询用于添加、修改和删除数据，它们具有特定类型的动作，该类型的查询又称为操作查询。在Access中，根据对数据源的操作方式和操作结果的不同，可以把查询细分为选择查询、参数查询、交叉表查询、操作查询和SQL查询。

1. 选择查询

选择查询是指根据指定的查询条件，从一张或多张表中获取并显示数据。使用选择查询，可以对记录进行分组、总计、计数、求平均值及其他计算。选择查询是常用的一种查询，其运行结果是一组数据记录，即动态数据集。

2. 参数查询

参数查询可以在查询时增加可变化的参数，以增强查询的灵活性。若每次查询都需要针对某个字段改变查询条件，可以利用参数查询来实现。参数查询是一种交互式查询，在运行时通过对话框提示用户输入特定值，然后根据提供的值创建查询条件并根据查询条件检索数据。例如，创建参数查询，检索出学生所学的课程及成绩的数据。在运行该查询时，Access会弹出对话框提示用户输入要查询课程及成绩的学生姓名。在对话框中输入学生姓名后，Access即可查询出该学生所学的课程及成绩。

3. 交叉表查询

交叉表查询实际上是一种对数据字段进行汇总计算的方法，计算的结果显示在一个行列交叉的表中。交叉表查询将表中的字段进行分类，一类放在交叉表的左侧，一类放在交叉表的上方，然后在行与列的交叉处显示表中某个字段的统计值。例如，要统计每个班级中男女学生的人数，可以将“班级编号”作为交叉表的行标题，将“性别”作为交叉表的列标题，将统计的人数显示在交叉表行与列的交叉位置。

4. 操作查询

操作查询与选择查询相似，都需要指定查找记录的条件，但选择查询用于检索出符合条件的一组记录，而操作查询是在一次查询操作中对检索出的记录进行操作。操作查询共有以下4种类型。

① 生成表查询：将一张或多张表中数据的查询结果创建成新的数据表。

② 更新查询：对一张或多张表中满足指定条件的一组记录进行更新。

③ 追加查询：将查询结果添加到一张或多张表的末尾。

④ 删除查询：从一张或多张表中删除一组记录。

5. SQL查询

SQL是一种结构化语言，也是一种国际化的标准语言，它包括专门为数据库而建立的操作命令集，可以实现对数据库的多种操作。SQL查询就是用SQL语句创建的查询，包括基本查询、多表查询、联合查询、数据定义查询、数据操纵查询等。

在查询设计视图中创建查询时，系统后台将构建等效的SQL语句，可以切换到SQL视图查看和编辑SQL语句。但是对SQL视图中的SQL语句进行更改后，查询可能无法以原来在查询设计视图中显示的方式显示。

有些特定的查询无法使用查询设计视图进行创建，必须使用SQL语句创建，如联合查询、传递查询和数据定义查询等。

① 联合查询：一种使用SQL语句创建的查询，可将两个或两个以上的表或查询中的字段合并到查询结果的一个字段中。

② 传递查询：一种使用SQL语句创建的查询，可直接将命令发送到ODBC（Open DataBase Connectivity，开放数据库连接）数据库服务器中，由另一个数据库执行查询。

③ 数据定义查询：一种使用SQL语句创建的查询，可以创建、删除或更改表的结构，也可以为当前数据库创建索引。

3.1.3 查询的视图

查询视图是设计查询或显示查询结果的界面。Access 中的查询视图有3种：数据表视图、设计视图、SQL视图。打开一个查询后，在“开始”选项卡的“视图”组中单击“视图”按钮，在其下拉列表中就可以看到这3种视图。可以在不同的查询视图间切换。

1. 数据表视图

数据表视图是查询的浏览器，用户可以通过该视图查看查询的运行结果。查询数据表视图看起来很像表，但它们之间是有本质区别的。在查询数据表视图中不但无法插入或删除列，而且不能修改查询字段的名称。因为由查询生成的数据并不是真正存在的，而是动态地从被查询的表中抽取出来的，是被查询的表中数据的镜像。查询告诉Access需要什么样的数据，Access就会从表中查询出这些数据，并将它们显示在查询数据表视图中。也就是说数据表视图中仅显示查询结果。图3-1所示为“教师信息表”的数据表视图，此查询的目的是查看教师的编号、姓名、性别和职称信息。

2. 设计视图

设计视图是查询设计器，用户可以通过该视图设计除SQL查询外的任何类型的查询。图3-2所示为查找教师基本信息的设计视图。

视图

教师编号	姓名	性别	职称
t0001	田磊	男	讲师
t0002	周久艺	女	助教
t0003	颜丽霞	女	副教授
t0004	史长泽	男	教授
t0005	申奕奕	女	教授
t0006	于智勇	男	讲师
t0007	汤玉静	女	讲师
t0008	罗昕	男	教授
t0009	宋哲	男	教授
t0010	罗艳	女	讲师
t0011	李洲	男	教授
t0012	赵重阳	女	副教授

图 3-1 数据表视图

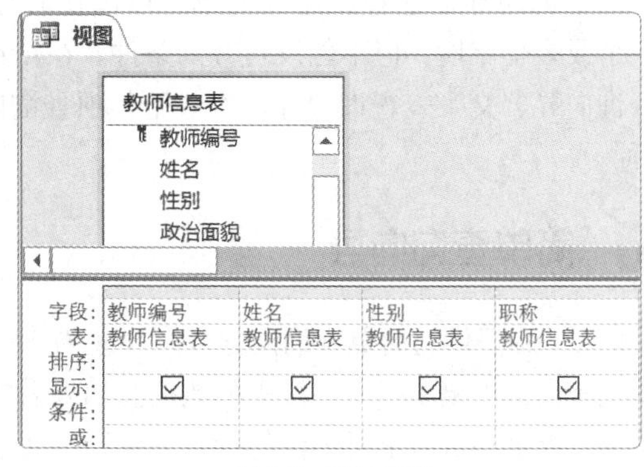

图 3-2 设计视图

查询设计视图分为上、下两个部分。上半部分是字段列表，显示创建查询需要的数据源，可以是表，也可以是查询；下半部分是设计网格，其中各部分的名称与作用如表3-1所示。每一列定义查询结果数据集中的一个字段，每一行分别是字段的属性或要求。可以上下拖动视图中间的分割线来调节上下两部分的区域大小。

表3-1　　设计网格中各部分的名称与作用

名称	作用
字段	设置查询需要的字段和用户自定义的计算字段
表	设置“字段”行字段所在的表或查询的名称
排序	定义字段的排序方式，有“升序”“降序”“不排序”3种方式可供选择
显示	定义选择的字段是否在数据表视图中显示出来
条件	设置查询限制条件
或	设置逻辑上存在“或”关系的查询条件

3．SQL视图

在SQL视图中，用户能够通过编写SQL语句查找数据。图3-3所示为查询教师的教师编号、姓名、性别和职称信息的SQL语句。Access能将设计视图中的查询翻译成SQL语句。一般情况下，只需在设计视图中设置查询条件即可，Access会在SQL视图中自动创建与查询对应的SQL语句。当然，也可以在SQL视图中查看、编写或修改SQL语句，从而改变查询的设计。

视图

```
SELECT 教师信息表.教师编号, 教师信息表.姓名, 教师信息表.性别, 教师信息表.职称
FROM 教师信息表;
```

图 3-3　查询教师信息的 SQL 语句

3.2 利用向导创建查询

利用向导创建查询

利用查询向导创建查询比较简单，可以在向导的引导下选择一张或多张表、一个或多个字段，但不能设置查询条件。在Access 中，常用的查询向导有简单查询向导、交叉表查询向导、查找重复项查询向导和查找不匹配项查询向导这4种。

3.2.1 简单查询向导

使用Access提供的简单查询向导可以快速创建一个简单且实用的查询，并且可以在一张或多张表（或查询）中检索指定字段中的数据。如果需要，可以对部分或全部记录进行总计、计数、求平均值、求最小值和求最大值等计算，但不能通过设置查询条件来限制检索的记录。

当用户只对教师的教师编号、姓名、性别和职称信息感兴趣时，可以利用简单查询向导把感兴趣的信息抽取出来。

【例3.1】利用简单查询向导查找并显示“教师信息表”中的“姓名”和“职称”两个字段，具体操作步骤如下。

① 打开“教务管理”数据库，在“创建”选项卡的“查询”组中单击“查询向导”按钮，

打开“新建查询”对话框，如图3-4所示。

② 在“新建查询”对话框中选择“简单查询向导”选项，单击“确定”按钮，打开“简单查询向导”对话框。

③ 在“简单查询向导”对话框中单击“表/查询”的下拉按钮，然后从打开的下拉列表中选择“表:教师信息表”选项。这时，“可用字段”列表框中会显示“教师信息表”中包含的所有字段，在其中分别双击“姓名”和“职称”这两个字段，把它们添加到“选定字段”列表框中，如图3-5所示。

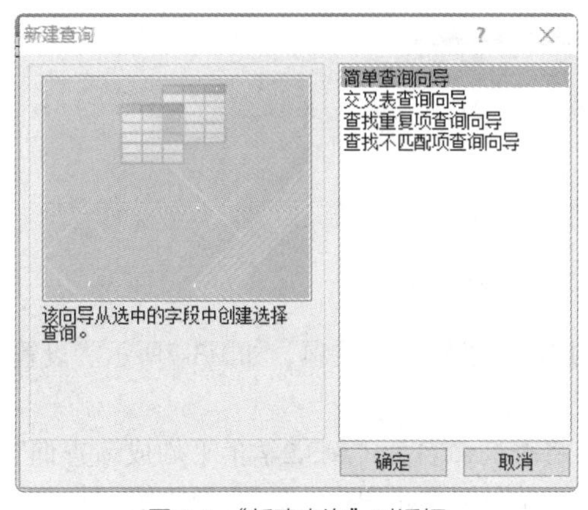

图 3-4 “新建查询”对话框

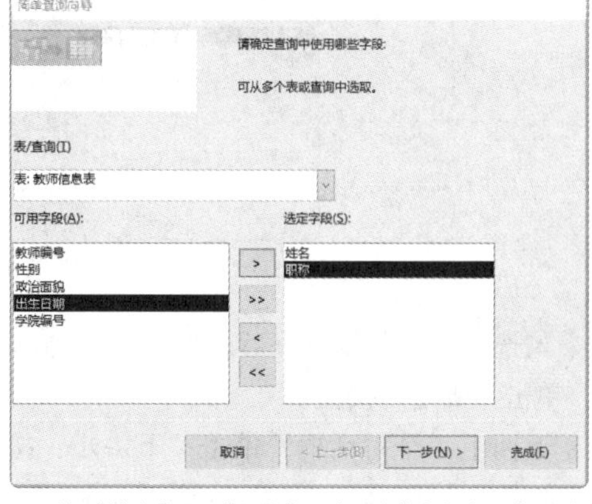

图 3-5 将“姓名”和“职称”添加到“选定字段”列表框中

④ 确定所需字段后，单击“下一步”按钮，弹出“简单查询向导”的第2个对话框，在“请为查询指定标题”文本框中输入查询名称，也可以使用默认的名称“教师信息表 查询”，这里把查询名称改为“例3.1教师信息表查询”。如果要打开查询查看结果，则选中“打开查询查看信息”单选按钮；如果要修改查询设计，则选中“修改查询设计”单选按钮。这里选中“打开查询查看信息”单选按钮。

⑤ 单击“完成”按钮，创建查询并将查询结果显示出来。

本例比较简单，只是从一张表中检索需要的数据。如果用户要从多张表中检索数据，该怎么办呢？如果在检索数据的同时还要将数据汇总，又该怎么解决呢？这些问题同样可以用简单查询向导来解决。

【例3.2】查询每位学生的成绩并计算其平均成绩，要求显示“学号”“姓名”“成绩 之 平均值”字段，具体操作步骤如下。

① 打开“教务管理”数据库，在“创建”选项卡的“查询”组中单击“查询向导”按钮，打开“新建查询”对话框。

② 在“新建查询”对话框中，选择“简单查询向导”选项，单击“确定”按钮，打开“简单查询向导”对话框。在该对话框中单击“表/查询”的下拉按钮，然后从打开的下拉列表中选择“表:学生信息表”选项。这时“可用字段”列表框中会显示“学生信息表”中的所有字段，在其中分别双击“学号”“姓名”字段，然后在“表/查询”下拉列表中选择“表:选课及成绩表”，选项，并在“可用字段”列表框中双击“成绩”字段，将该字段添加到“选定字段”列表框中。“简单查询向导”对话框设置结果如图3-6所示。

③ 单击“下一步”按钮，弹出“简单查询向导”第2个对话框。在该对话框中可以选择“明细（显示每个记录的每个字段）”或“汇总”两种查询类型。使用明细查询可以显示每个记录的每个字段；使用汇总查询可以计算字段值的总值、平均值、最小值、最大值等。本例需要统计学

生平均成绩，应该选择“汇总”查询类型。

图 3-6 “简单查询向导”对话框设置结果

④ 勾选“汇总”复选框后，单击“汇总选项”按钮，设置汇总选项，如图3-7所示。设置完成后，单击“确定”按钮。

⑤ 返回上一个对话框，单击“下一步”按钮，将查询命名为“例3.2学生平均成绩查询”，单击“完成”按钮。此时，Access就会创建查询并将查询结果显示出来，如图3-8所示。

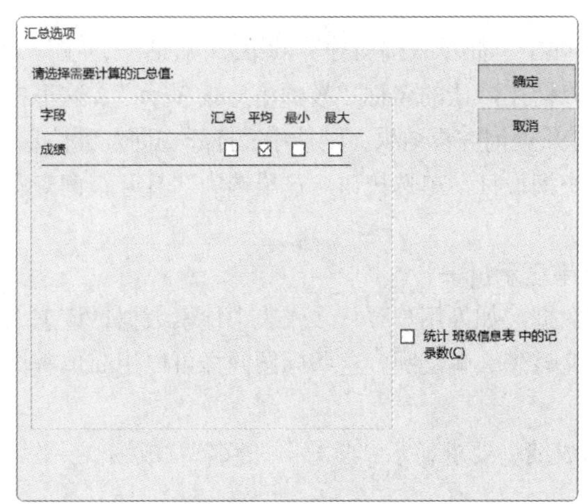

图 3-7 设置汇总选项

例3.2学生平均成绩查询

学号	姓名	成绩 之 平均值
20181010101	曹尔乐	87
20181010102	曹艳梅	95.5
20181010104	谯茹	81
20181010105	曹卓	32
20181010106	牛雪瑞	62
20181010107	吴鸿腾	48.5
20181010108	仇新	81
20181010109	杜佳毅	91.5
20181010110	付琴	33
20181010111	于宝祥	82
20181010112	龚楚琛	82.5
20181010113	黍一帆	89.5
20181010114	黄蓉	89
20181010115	汪钰淇	89.5

图 3-8 查询结果

此查询显示的字段涉及“学生信息表”和“选课及成绩表”两张表。由此可见，Access的查询功能非常强大，它可以将多张表中的信息联系起来，并从中找出符合条件的记录。

通过简单查询向导创建查询简单且方便，更复杂的查询（如带条件的查询、查询结果的排序、复杂的计算等）就不能使用查询向导来完成了，必须使用查询设计视图来实现。这类查询将在3.4节介绍。

3.2.2 交叉表查询向导

在使用交叉表查询向导创建交叉表查询时，数据只能来自一张表或一个查询结果。如果要使用多张表中的字段，可以利用后面将要介绍的设计视图来创建交叉表查询，或先创建一个含有全部所需字段的查询对象，然后以该查询作为数据源创建交叉表查询。

【例3.3】使用交叉表查询向导创建查询来统计每个班级男女学生的人数。数据源是“学生信息表”，行标题为“班级编号”，列标题为“性别”，并通过学号进行计数统计，具体操作步骤如下。

① 单击“创建”选项卡中“查询”组中的“查询向导”按钮，打开“新建查询”对话框。在该对话框中选择“交叉表查询向导”选项，然后单击“确定”按钮。

② 打开“交叉表查询向导”对话框。交叉表查询的数据源可以是表，也可以是查询，这里选择“表:学生信息表”选项。

③ 单击“下一步”按钮，打开“交叉表查询向导”的第2个对话框。在该对话框中确定交叉表的行标题，行标题最多可以选择3个。为了在交叉表第一列的每一行显示班级，这里双击“可用字段”列表框中的“班级编号”字段。

④ 单击“下一步”按钮，打开“交叉表查询向导”的第3个对话框。在该对话框中，确定交叉表的列标题，列标题最多只能选择一个字段。为了在交叉表的每一列最上端显示性别，这里选择“性别”字段。

⑤ 单击“下一步”按钮，打开“交叉表查询向导”的第4个对话框。在该对话框中，确定交叉表的计算字段。为了使交叉表显示不同班级的男女学生人数，这里选择“字段”列表框中的“学号”字段，然后在“函数”列表框中选择“计数”选项。若需要在交叉表的每行前面显示总计数，应勾选“是，包括各行小计”复选框。

⑥ 单击“下一步”按钮，打开“交叉表查询向导”的最后一个对话框。在该对话框中输入查询名称，选中“查看结果”单选按钮，单击“完成”按钮，便可以用数据表视图显示男女学生人数的查询结果，如图3-9所示。

例3.3交叉表查询向导

班级编号	总计 学号	男	女
201810101	30	10	20
201810102	30	14	16
201810201	30	13	17
201810202	30	8	22
201810301	30	12	18
201810302	30	15	15
201810401	30	9	21
201810402	24	6	18
201810501	24	8	16
201810502	35	12	23
201810601	31	14	17
201810602	30	11	19
201810701	34	10	24
201810702	32	15	17
201810801	32	16	16
201810802	37	15	22
201810803	34	12	22
201810901	36	10	26
201810902	31	13	18
201811001	31	16	15

图3-9 用数据表视图显示男女学生人数的查询结果

3.2.3 查找重复项查询向导

如果需要从某张表或某个查询中查找具有重复字段值的记录，可以使用查找重复项查询向导来实现。

【例3.4】查找姓名相同的学生记录，具体操作步骤如下。

① 单击“创建”选项卡“查询”组中的“查询向导”按钮，打开“新建查询”对话框。在该对话框中选择“查找重复项查询向导”选项，然后单击“确定”按钮。

② 选择用来搜寻重复字段值的表“表:学生信息表”，然后单击“下一步”按钮。

③ 因为需要查询姓名相同的学生，所以设置“重复值字段”为“姓名”字段，然后单击“下一步”按钮。

④ 显示除带有重复值字段之外的其他字段，设置该字段为“学号”字段，然后单击“下一步”按钮。

⑤ 在打开的对话框中输入查询名称，选中“查看结果”单选按钮，单击“完成”按钮，便可以用数据表视图显示同名学生的查询结果，如图3-10所示。

例3.4查找重复项查询向导

姓名	学号
曹阳	20181130211
曹阳	20181110219
姜静	20181110327
姜静	20181080130
姜怡	20181130203
姜怡	20181080301
罗玺	20181080223
罗玺	20181040103

图3-10 用数据表视图显示同名学生的查询结果

3.2.4 查找不匹配项查询向导

如果需要在表中查找与其他记录不相关的记录，可以利用查找不匹配项查询向导来实现。

【例3.5】查找没有选课的学生记录。“学生信息表”中有所有学生的记录，而“选课及成绩表”中的“学号”字段记录了选了课程的学生学号。将“学生信息表”中的“学号”字段值与“选课及成绩表”中的“学号”字段值进行匹配，如果两者不匹配，说明该学生没有选课，具体操作步骤如下。

① 单击“创建”选项卡“查询”组中的“查询向导”按钮，打开“新建查询”对话框。在该对话框中选择“查找不匹配项查询向导”选项，然后单击“确定”按钮。

② 选择包含想要记录的表“学生信息表”，然后单击“下一步”按钮，再选择用来匹配的表“选课及成绩表”，完成后单击“下一步”按钮。

③ 此时自动选择的两张表中都有的字段“学号”就是用于匹配的字段，单击“下一步”按钮。

④ 选择结果需要显示的字段“学号”与“姓名”，然后单击“下一步”按钮。

⑤ 在该对话框中输入查询名称，选中“查看结果”单选按钮，单击“完成”按钮，便可以用数据表视图显示没选课的学生，如图3-11所示。

例3.5查找不匹配项查询向导

学号	姓名
20181010103	吴晓玉
20181010202	伍禧音
20181020211	丁洛
20181040109	彭涛
20181040121	黍亦欣
20181040223	秦伊乐

图 3-11 以数据表视图显示没选课的学生

查找不匹配项查询向导可以找到学号在“学生信息表”中存在而在“选课及成绩表”中不存在的学生记录，这些记录就是没有选课的学生记录，其实就是对这两张表做“求差”运算。

3.3 查询条件

在实际的查询操作中，往往需要设置查询条件。例如，查找成绩不及格的学生记录，“成绩不及格”就是一个条件。如何在Access 中表达该条件是读者了解和学习查询的关键。

查询条件是指将字段值、函数、字段名、属性等运算对象用操作符连接起来的表达式，且表达式能计算出一个结果。在Access中，许多操作都要使用表达式，如创建表中字段的有效性规则、默认值、查询或筛选的条件、报表的计算控件以及宏的条件等。因此，掌握查询条件的书写规则非常重要。

有时，编写表达式可能令人生畏，但使用表达式生成器可以使该操作变得简单一些。使用表达式生成器可快速查找表达式的组成部分并将其准确地插入。可在Access中的多个位置使用表达式生成器。打开查询设计视图，在“查询工具→设计”选项卡的“查询设置”组中有条件表达式的“生成器”按钮，如图3-12所示。在查询设计视图中，在需要设置查询条件的“条件”文本框中单击鼠标右键，在弹出的快捷菜单中可以看到条件表达式的“生成器”命令，如图3-13所示。“表达式生成器”对话框如图3-14所示，其中提供了常量、操作符、函数及数据库对象等，方便用户编写条件表达式。

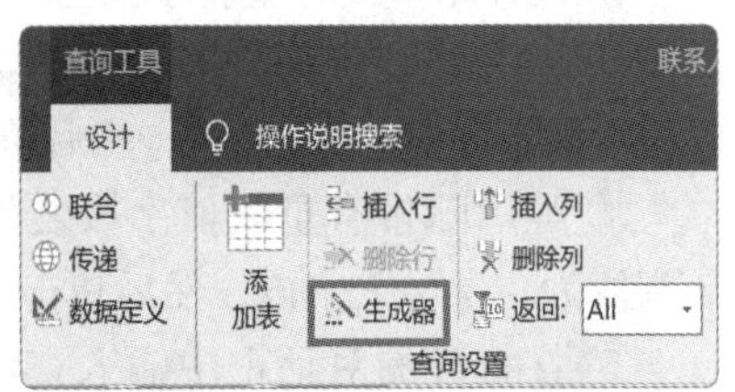

图 3-12 “生成器”按钮

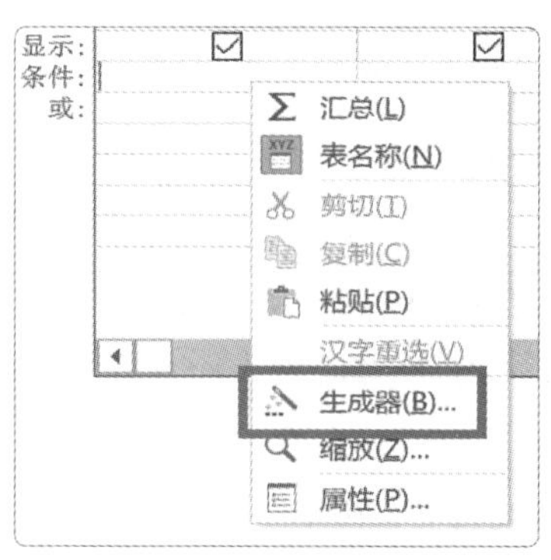

图 3-13 “生成器”命令

图 3-14 “表达式生成器”对话框

3.3.1 常量

在Access的表达式中，除了字符串、数值等常量外，还有空字符串（" "）、空值（Null）、逻辑真（True）、逻辑假（False）等常量。

Null是数据库中经常使用的一个常量，表示空值。Is Null用于确定一个值是否为空值，Is Not Null用于确定一个值是否为非空值。空值是使用Null或空白来表示的值，空字符串（" "）是用半角双引号括起来的字符串，且左右双引号内没有任何字符。在查询时，常常需要使用空值或空字符串作为查询的条件。Null适用于所有类型的字段，而空字符串只适用于文本型字段。

表3-2中列出了一些使用空值和空字符串的查询条件的示例。

表3-2　　使用空值和空字符串的查询条件的示例

字段	查询条件	查询功能
出生日期	Is Null	查询“出生日期”为空值的记录
出生日期	Is Not Null	查询“出生日期”不为空值的记录
家庭住址	=""	查询“家庭住址”为空字符串的记录

说明

在条件表达式中，字段名必须用方括号括起来，而且数据类型应与字段的类型匹配，否则会出现数据类型不匹配的错误。

在Access中，True表示真，False表示假，使用-1表示True，使用0表示False。

3.3.2 操作符

在Access的表达式中使用的操作符包括算术运算符、比较运算符、逻辑运算符和字符串运算符。

1．算术运算符

Access的表达式中常用的算术运算符有+（加）、-（减）、*（乘）、/（除）、\（整除）、Mod（求余）和^（乘方）。这些算术运算符的运算规则和数学中的运算规则相同。其中，求余运算符

Mod的作用是求两个数相除的余数，如5 Mod 3的结果为2。/与\的作用不同，前者用于进行除法运算，后者用于对进行除法运算后的结果取整，如5/2的结果为2.5，而5\2的结果为2。算术运算符运算的优先顺序也和数学中的完全相同，即乘方的优先级最高，然后是乘、除，最后是加、减；同级运算按自左至右的顺序进行。

2．比较运算符

比较运算符用于比较两个量之间的关系，常用的比较运算符包括>（大于）、<（小于）、>=（大于或等于）、<=（小于或等于）、=（等于）和< >（不等于）。除此之外，还有范围、列表、类似等比较运算符，其含义与说明详见表3-3。

表3-3　范围、列表和类似比较运算符的含义与说明

运算符	含义	说明
Between	范围	用于指定一个字段值的范围，包括边界值，指定的范围之间用And连接
In	列表	用于指定一个字段值的列表，列表中的任意一个值都可以与查询的字段相匹配（Or关系）
Like	类似	用于指定查找文本字段的字符模式，如果符合，则结果为True，否则结果为False

比较运算符的表达式返回True（真）、False（假）或Null（空），当无法对表达式进行求值时返回Null。例如，25 > 36，其结果为False；"adf">"adb"，其结果为True。

（1）Between运算法

Between运算符的基本语法格式为：<字段名> Between value1 And value2，用于判断左侧表达式的值是否在指定范围内。如果在指定范围内，则结果为True，否则结果为False。例如，“[成绩] Between 80 And 90”用于查询成绩在80至90分之间的记录。值得注意的是，Between value1 And value2包括边界值value1与value2。如果条件中没有包括边界值，则不能用该运算符。

（2）Like运算符

Like运算符用于判断左侧表达式的值是否符合右侧指定的字符模式。如果符合，则结果为True，否则结果为False。Like运算符的基本语法格式为：<字段名> Like字符串。右侧字符串可以指定完整值，也可以使用通配符查找值的范围。表3-4中列出了可以与Like运算符一起使用的通配符及其示例。

表3-4　可以与Like运算符一起使用的通配符及其示例

通配符	说明	示例
?	匹配任意单个字母字符	“b?ll”将找到ball、bell和bill
*	匹配任意字符，可以在字符串中任何位置使用	“wh*”将找到wh、what、white和why，但找不到awhile或watch
#	匹配任意单个数字（0～9）	“1#3”将找到103、113、123
[ ]	与其他字符配合使用（括在方括号中），可匹配方括号内的任意单个字符	“b[ae]ll”将找到ball和bell，但不是beall
!	在方括号中与其他字符一起使用。匹配不在方括号内的任意字符	“b[!ae]ll”找到bill和bull，但不是到ball或bell
-	在方括号内与其他字符一起使用，可匹配字符范围中的任意一个字符；必须以升序指定该范围（A到Z，而不是Z到A）	“b[a-c]d”将找到bad、bbd和bcd

（3）In运算符

In运算符的基本语法格式为：<字段名> [Not] In (value1, value2, …)，用于判断左侧表达式的值是否在右侧的值中。如果字段的值等于指定列表内若干个值中的任意一个，则返回结果为True，否则返回结果为False。表3-5中列出了一些使用In运算符的查询条件的示例。

表3-5　使用In运算符的查询条件的示例

字段	查询条件	查询功能
家庭住址	In（"长沙", "邵东"）	查询家庭住址是“长沙”或“邵东”的人
家庭住址	Not In（"长沙", "邵东"）	查询家庭住址不是“长沙”也不是“邵东”的人

3．逻辑运算符

使用逻辑运算符可以将逻辑型数据连接起来，以表示复杂的条件，其值是逻辑值。常用的逻辑运算符有Not（逻辑非）、And（逻辑与）、Or（逻辑或）。这3种运算符及其含义与说明如表3-6所示。

表3-6　逻辑运算符及其含义与说明

逻辑运算符	含义	说明
Not	逻辑非	当Not连接的表达式结果为True时，整个表达式的结果为False
And	逻辑与	当And连接的两个表达式结果均为True时，整个表达式的结果为True，否则为False
Or	逻辑或	当Or连接的两个表达式结果均为Flase时，整个表达式的结果为False，否则为True

如果需要查询在2001年1月1日至2001年12月31日出生的学生记录，则使用“出生日期>=#2001-1-1# And 出生日期<=#2001-12-31#”（日期常量应使用英文的“#”括起来）；如果需要查询政治面貌为党员或团员的学生记录，则使用“政治面貌= "党员" Or 政治面貌="团员"”；如果需要查询所有政治面貌为非党员的学生记录，则使用“Not 政治面貌="党员"”。

4．字符串运算符

使用字符串运算符可以将两个字符连接起来，得到一个新的字符。Access中常用的字符串运算符为&，当要连接的两个量为字符时也可以用运算符+，它们的详细说明与示例如表3-7所示。

表3-7　字符串运算符的说明及示例

字符运算符	说明	示例
&	连接的两个量可以是字符、数值、日期/时间或逻辑型数据。当连接的量不是字符时，Access 2016会先把它们转换成字符，再进行连接运算	"Access"&"数据库"的结果是字符" Access数据库"，"Access"&2016的结果是字符"Access2016"，123 & 456的结果是字符"123456"
+	要求连接的两个量必须是字符。如果连接的两个量一个是数字、一个是字符将报错，如果连接的两个量都是数字就是加法运算	"Access"+"数据库"的结果是"Access数据库"，"Access"+2016的结果显示为"#错误"，123+456的结果是579

3.3.3 函数

Access提供了很多内置函数，利用它们可以更好地表示查询条件，更加方便地完成统计计算、数据处理等工作。内置函数包括SQL聚合函数、财务、常规、程序流程、错误处理、检查、日期/时间、数据库、数学、数组、文本、消息、域聚合、转换等。每一类别都包含很多函数，它们都显示在“表达式生成器”对话框中，如图3-15所示。在“表达式生成器”对话框中，在“表达式元素”列表框中选择“内置函数”选项，然后在“表达式类别”列表框中选择“日期/时间”选项，在“表达式值”列表框中可以看到日期/时间类别的所有函数。当选择某一函数时，“表达式生成器”对话框底部将出现该函数带有下划线的函数格式与功能说明，单击函数格式会跳转到该函数的详细说明页面。以DatePart()函数为例，该函数的功能为“返回一个整数类型变量，该变量包含给定日期的指定部分”，单击“DatePart(interval parameter, date,[firstdayofweek],[firstweekofyear])”链接将跳转到DatePart()函数的详细说明页面。详细说明页面中显示DatePart()函数包含的命名参数及说明，如表3-8所示。

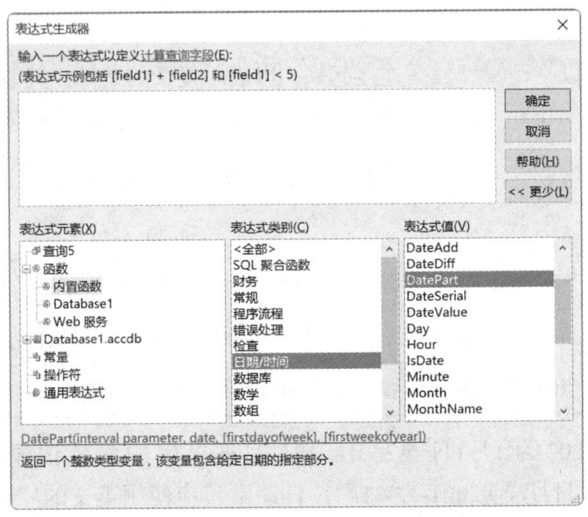

图 3-15 “表达式生成器”对话框

表3-8 DatePart()函数包含的命名参数及说明

命名参数	说明
interval	必需。表示要返回的时间间隔的字符串表达式
date	必需。要计算的Variant(Date)值
firstdayofweek	可选。一个指定一周第一天的常量。如果没指定，则会假定为星期日
firstweekofyear	可选。一个指定一年第一周的常量。如果没指定，则会假定1月1日出现的那一周为第一周

interval参数设置及说明如表3-9所示。

表3-9 interval参数设置及说明

设置	说明	设置	说明
yyyy	年	w	工作日
q	季度	ww	周
m	月	h	小时
y	每年的某一日	n	分钟
d	天	s	秒

DatePart()函数的示例如表3-10所示。

表3-10 **DatePart()函数的示例**

字段	条件表达式	结果说明
时间（假如值为2021/2/27 12:34:26）	DatePart("yyyy",[时间])	结果为2021，获取年份部分
	DatePart("w",[时间])	结果为7，表示当天是星期六，即一周的最后一天
	DatePart("ww",[时间])	结果为9，表示当前周为2021年的第9周
	DatePart("q",[时间])	结果为1，表示当季为第一季度
	DatePart("y",[时间])	结果为58，表示当天为2021年的第58天
	DatePart("n",[时间])	结果为34，表示当时的分钟数是34

其他函数的使用方法请读者参考上面的方式自行查阅，下面列出了常用函数与其功能说明。

1．字符函数

常用的字符函数及其功能如表3-11所示。

表3-11 **常用的字符函数及其功能**

字符函数	功能
Left（字符表达式,数值表达式）	返回从字符表达式左侧第一个字符开始、长度为数值表达式值的字符串
Right（字符表达式,数值表达式）	返回从字符表达式右侧第一个字符开始、长度为数值表达式值的字符串
Len（字符表达式）	返回字符表达式的字符个数
Mid（字符表达式,数值表达式1,[数值表达式2]）	返回从字符表达式中数值表达式1的值开始、长度为数值表达式2值的字符串。数值表达式2可以省略，若省略则表示从数值表达式1的值开始，直到最后一个字符为止

2．日期/时间函数

对于出生日期等日期/时间类型的字段，可以使用日期/时间函数构造查询条件。常用的日期/时间函数及其功能如表3-12所示。

表3-12 **常用的日期/时间函数及其功能**

日期/时间函数	功能
Day(date)	返回给定日期1～31的值，表示给定日期是一个月中的哪一天
Month(date)	返回给定日期1～12的值，表示给定日期是一年中的哪个月
Year(date)	返回给定日期100～9999的值，表示给定日期是哪一年
Weekday(date)	返回给定日期1～7的值，表示给定日期是一周中的哪一天
Hour(date)	返回给定小时0～23的值，表示给定时间是一天中的哪一小时
Date()	返回当前的系统日期

3．统计函数

对费用等数值类型的字段可以使用统计函数构造查询条件。常用的统计函数及其功能如表3-13所示。

表3-13　　常用的统计函数及其功能

统计函数	功能
Sum(表达式)	返回表达式中值的总和。表达式可以是一个字段名或包含字段名的表达式
Avg(表达式)	返回表达式中值的平均值。表达式可以是一个字段名或包含字段名的表达式
Count(表达式)	返回表达式中值的计数值
Max(表达式)	返回表达式中值的最大值。表达式可以是一个字段名或包含字段名的表达式
Min(表达式)	返回表达式中值的最小值。表达式可以是一个字段名或包含字段名的表达式

在对表进行查询时，常常需要设置限制条件，即在对满足条件的记录进行操作时，综合运用Access中数据对象的表示方法，写出表达式。表达式可以针对某一字段，例如，Year(Date())-Year([出生日期])表达式通过“出生日期”字段计算年龄；也可以是逻辑表达式，例如，Sum([金额])>=5000、Year([出生日期])=1995等表达式为逻辑表达式，计算结果为逻辑值。表、查询、窗体、报表和宏等对象都涉及表达式。例如，在进行表的属性设置时，“默认值”属性和“有效性规则”属性中都会使用表达式。在后续介绍的内容中，创建查询时经常使用表达式。此外，在为事件过程或模块编写VBA（Microsoft Visual Basic for Applications）代码时，使用的表达式通常与Access对象（如表或查询）中使用的表达式类似。

3.3.4 使用数值作为查询条件

查询条件中常常出现数值数据，使用数值作为查询条件的示例如表3-14所示。

表3-14　　使用数值作为查询条件的示例

字段	查询条件	查询功能
成绩	<60	查询成绩不及格的记录
	<60 or >90	查询成绩不及格和90分以上的记录
	Between 60 And 90	查询成绩在60~90分的记录(含60与90)
	>=60 And <=90	
	>60 And <90	查询成绩在60~90分的记录(不含60与90)
	Not 60	查询成绩不为60分的记录
	100 Or 99	查询成绩为100或99的记录
	In(100,99)	

3.3.5 使用文本作为查询条件

查询条件中常常出现文本数据，使用文本作为查询条件的示例如表3-15所示。

表3-15 使用文本作为查询条件的示例

字段	查询条件	查询功能
职称	"教授"	查询职称为“教授”的记录
	"教授" Or "副教授"	查询职称为“教授”或“副教授”的记录
	Right([职称],2)= "教授"	
	InStr([职称], "教授")=1 Or InStr([职称], "教授")=2	
	InStr([职称], "教授")>"0"	
	InStr([职称], "教授")<>"0"	
	InStrRev([职称], "教授")<>"0"	
姓名	"王五"	查询姓名为“王五”的记录
	Not "王五"	查询姓名不为“王五”的记录
	In("王五","赵六")	查询姓名为“王五”或“赵六”的记录
	"王五" Or "赵六"	
	Left([姓名],1)= "李"	查找姓“李”的记录
	Like "李*"	
	InStr([姓名], "李")=1	
	Left([姓名],1)<>"李"	查找不姓“李”的记录
	Not Like "李*"	
	InStr([姓名], "李")<>1	
	Len([姓名])=4	查询姓名是4个字的记录
	Like "????"	
	Like "*涵*"	查找姓名中包含“涵”字的记录
	InStr([姓名], "涵")<>"0"	
	Like "*涵"	查找姓名最后一个字是“涵”的记录
学号	InStr([学号], "01")=3	查询学号第3和第4个字符为“01”的记录
	Mid([学号],3,2)= "01"	
	Mid([学号],3)= "012345"	查询学号从第3个开始到结尾的字符串为“012345”的记录

文本类型的常量需要加双引号。如果在输入时没有添加双引号，Access会自动加上双引号。如果查询条件为“="王五"”，可以省去“=”。

3.3.6 使用日期/时间作为查询条件

使用日期/时间作为查询条件的示例如表3-16所示。

表3-16　　使用日期/时间作为查询条件的示例

字段	查询条件	查询功能
出生日期	Year([出生日期])=2001	查询2001年出生的记录
	Between #2001-1-1# And #2001-12-31#	
	Month([出生日期])=10 And Day([出生日期])=1	查询10月1日出生的记录
	Year(date())−Year([出生日期])<4	查询近4年出生的记录
	<Date()−10	查询10天前出生的记录
	Between Date() −5 And Date()	查询近6天内出生的记录
	Year(Date())−Year([出生日期])=35	查询年龄为35岁的记录
	DatePart("yyyy",Date())−DatePart("yyyy",[出生日期])=35	
	Month([出生日期])=6	查询6月出生的记录
	DatePart("m",[出生日期])=6	
	In(#2021-1-1#, #2021-1-2#)	查找2021年1月1日或2021年1月2日出生的记录

注意

日期常量需要使用英文“#”号括起来。

3.4 选择查询

根据指定条件，从一个或多个数据源中获取数据的查询称为选择查询（以下简称查询）。创建查询有两种方法：使用查询向导或设计视图。查询向导能够有效地指导用户顺利创建查询，用户只需根据查询要求在创建过程中进行适当的选择即可。使用设计视图既可以完成新建查询，也可以修改已有的查询。此外，使用设计视图还可以进行各种统计计算，以及根据输入的查询条件值检索记录。3.2.1小节已经介绍了使用查询向导创建查询的方法，本节主要介绍如何在设计视图中创建查询。

3.4.1 在设计视图中创建查询

在设计视图中创建查询

使用查询设计视图是创建和修改查询最主要的方法之一。在设计视图中由用户自主设计查询，比采用查询向导创建查询更加灵活。在查询设计视图中，既可以创建不带条件的查询，也可以创建带条件的查询，还可以对已创建的查询进行修改。

1．创建不带条件的查询

创建不带条件的查询只需要确定查询的数据源，并将查询字段添加到设计视图中即可，不需要设置查询条件。

【例3.6】查询每位学生的课程成绩，显示“学号”“姓名”“课程名称”“成绩”等字段信息，创建的查询名称为“例3.6学生课程成绩”。

需要显示的信息分别来自“学生信息表”“选课及成绩表”“开课情况表”“课程信息表”，所以在创建查询时需要这4张表，而且4张表间应已建立关系。若未建立关系，则在进行多表查询时会出现多条重复记录的混乱情况。如果表与表间已经建立关系，那么这些关系将被自动应用到查询设计视图中。在查询设计视图中创建关系的方法，在第2章中已进行过介绍。例3.6的具体操作步骤如下。

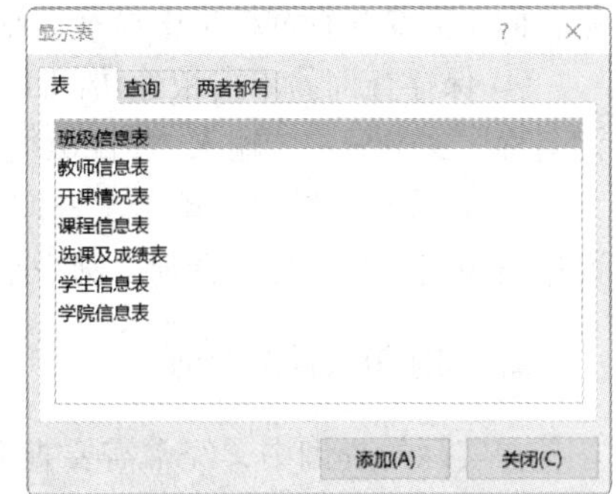

图 3-16 “显示表”对话框

① 在Access中单击“创建”选项卡“查询”组中的“查询设计”按钮，打开查询设计视图，并打开“显示表”对话框，如图3-16所示。

② 选择数据源。双击“学生信息表”选项，将“学生信息表”添加到查询设计视图上半部分的字段列表区。分别双击“选课及成绩表”“开课情况表”“课程信息表”3张表，将它们添加到查询设计视图的字段列表区，添加查询数据源的效果如图3-17所示。单击“关闭”按钮×，关闭“显示表”对话框。

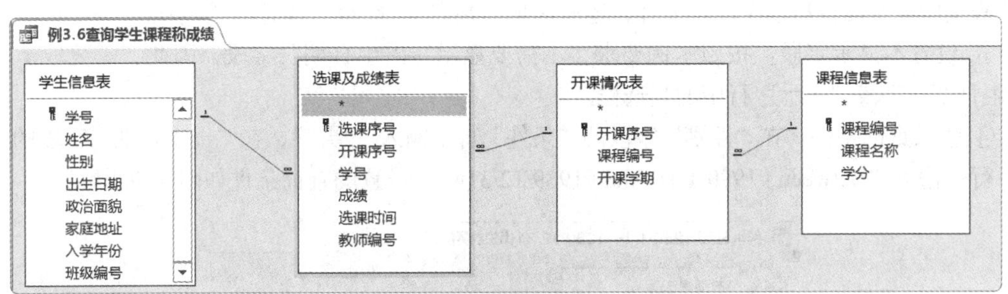

图 3-17 添加查询数据源的效果

③ 选择字段。在设计网格中“表”所在行的下拉列表中选择需要显示字段所在的表，然后在“字段”行的下拉列表中选择所需字段。使用同样的方法选择所有字段，确定查询所需字段的效果如图3-18所示。

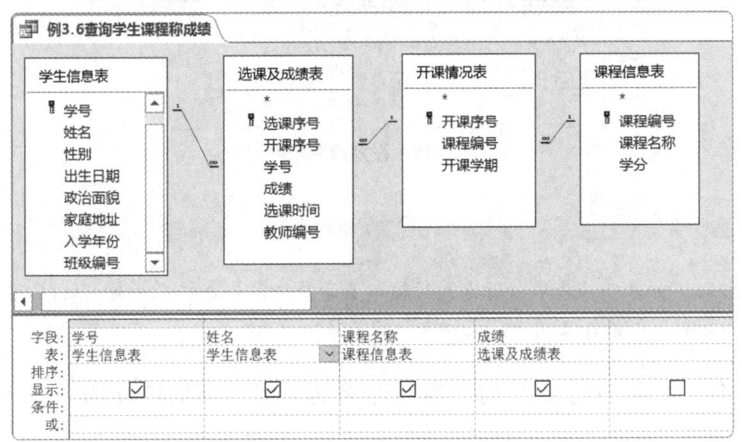

图 3-18 确定查询所需字段的效果

从图3-18可以看到，在设计网格的“显示”行中每列都有一个复选框，它用来确定对应的字段是否在查询结果中显示，勾选复选框表示显示这个字段。按照本例的查询和显示要求，所有字段都需要显示出来，因此将4个字段对应的复选框全部勾选。如果其中有些字段仅作为条件使用，而不需要在查询结果中显示，则应取消勾选对应的复选框。

④ 保存查询。单击快速访问工具栏中的“保存”按钮，在打开的“另存为”对话框的“查询名称”文本框中，输入“例3.6学生课程成绩”，然后单击“确定”按钮。

⑤ 查看查询结果。单击“查询工具→设计”选项卡“结果”组中的“运行”按钮，切换到数据表视图。此时可以看到“例3.6学生课程成绩”查询的运行结果。

2. 创建带条件的查询

在实际的查询中，经常需要查询满足某个条件的记录。创建带条件的查询需要设置查询条件。查询条件是关系表达式，其运算结果是一个逻辑值。查询条件应通过查询定义界面中的“条件”行来设置，即在相应字段的“条件”文本框中输入条件表达式。

【例3.7】查找1980年1月1日至1989年12月31日出生的男教师，并显示“姓名”“性别”“职称”字段，具体操作步骤如下。

① 打开查询设计视图，将“教师信息表”添加到设计视图上半部分中。

② 添加查询字段。查询结果不要求显示“出生日期”字段，但由于查询条件需要该字段，因此查询所需字段包括该字段。另外，还应添加“姓名”“性别”“职称”等字段。

③ 设置不显示字段。按照本例要求，不需要显示“出生日期”字段，因此，需要取消勾选“出生日期”字段“显示”行中的复选框。

④ 输入查询条件。在“性别”字段的“条件”行中输入“"男"”，在“出生日期”字段的“条件”行中输入“Between #1980/1/1# And #1989/12/31#”，设置的查询条件如图3-19所示。

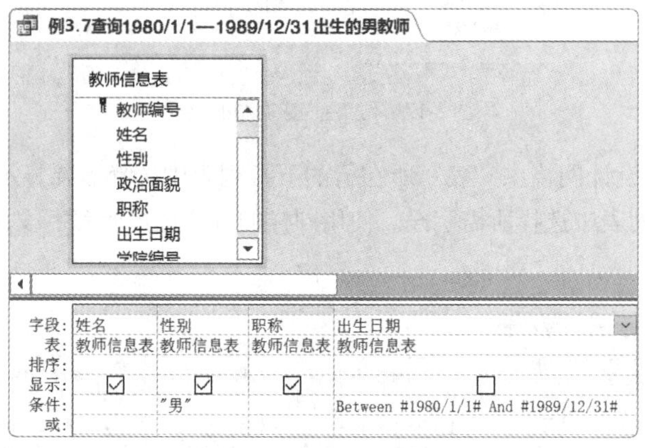

图 3-19　设置查询条件

说明

在设置条件时，如果在“条件”行中同行输入多个条件，则条件之间是“逻辑与”的关系；如果输入的条件在不同行，则条件之间是“逻辑或”的关系。

⑤ 保存查询。保存创建的查询，将其命名为“例3.7查询1980/1/1—1989/12/31出生的男教师”。

⑥ 切换到数据表视图，查询结果如图3-20所示。

【例3.8】查找1990年以后出生的女教师和1970年以前出生的男教师，并显示“姓名”“性别”“出生日期”等字段。方法与例3.7类似，具体操作步骤不再详述，设置的查询条件如图3-21所示。

例3.7查询1980/1/1—1989/12/31出生的男教师

姓名	性别	职称
田磊	男	讲师
于智勇	男	讲师
吉渐清	男	助教
向锐桃	男	讲师
李志豪	男	讲师
周海	男	副教授
于鑫鹏	男	讲师
庞石	男	讲师
姚俊康	男	讲师
向翰宇	男	助教
马璐	男	讲师
罗涛	男	讲师

图 3-20 查询结果

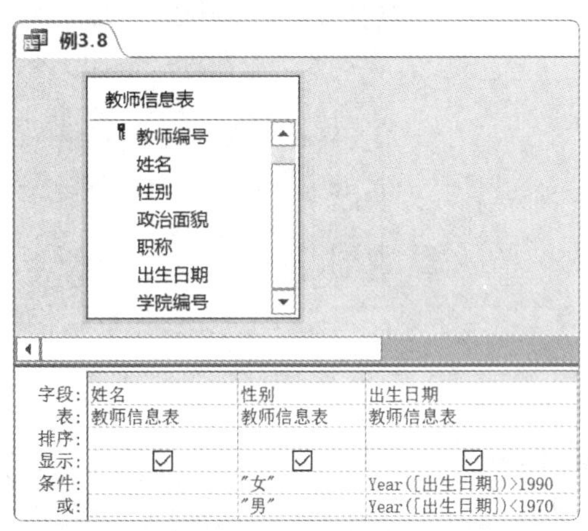

图 3-21 设置的查询条件

说明

本例的两个查询条件是“逻辑或”关系，因此两个条件在不同行中输入。

3．创建用户输入条件值的参数查询

前面创建的查询，其条件都是固定的。如果希望根据某个或某些字段中不同的值来查找记录，就需要不断地在设计视图中更改条件，这显然很麻烦。为了增强查询的灵活性，可以创建要求用户输入条件值的查询，这种查询称为参数查询。参数查询是一种交互式查询，在运行时通过对话框提示用户输入特定值，然后根据提供的值创建查询条件并根据查询条件检索数据。如果经常希望运行特定查询的变体，请考虑使用参数查询。

【例3.9】创建一个参数查询，要求按照学生姓名查询某学生的课程成绩，并显示“学号”“姓名”“课程名称”“成绩”等字段信息。

本例显示结果中的4个字段在例3.6中已经添加，该查询的数据源可以利用已创建的查询“例3.6学生课程成绩”，具体操作步骤如下。

① 打开查询设计视图，将查询“例3.6学生课程成绩”添加到设计视图的上半部分中；将“学号”“姓名”“课程名称”“成绩”4个字段添加到“字段”行的第1～4列；在“姓名”字段的“条件”行中输入“[请输入学生姓名：]”，方括号中的内容为查询运行时出现在“输入参数值”对话框中的提示文本。设置的查询条件如图3-22所示。

② 保存查询，并将其命名为“例3.9学生成绩参数查询”。

③ 单击“查询工具→设计”选项卡“结果”组中的“运行”按钮，弹出“输入参数值”对话框，如图3-23所示，在“请输入学生姓名：”文本框中输入“陈有朋”。该对话框中的提示文本正是在查询字段的“条件”行中输入的内容。按照需要输入查询条件值时，如果条件值有效，则显示所有满足条件的记录，否则不显示任何结果。

④ 单击“确定”按钮，即可看到创建的参数查询的查询结果，如图3-24所示。

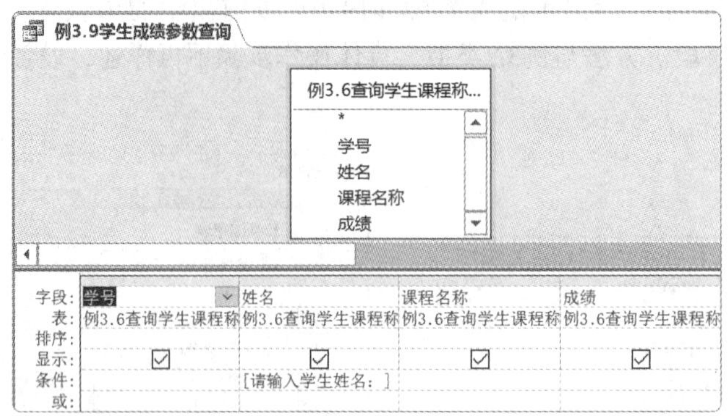

图 3-22 设置的查询条件

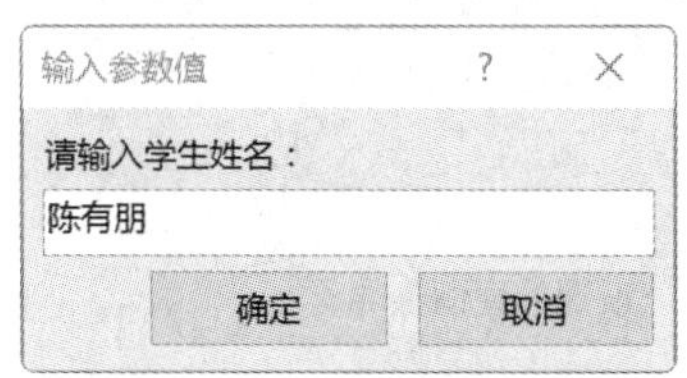

图 3-23 “输入参数值”对话框

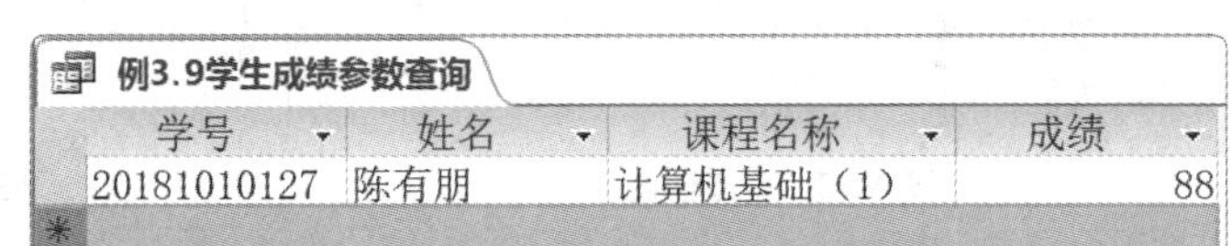

图 3-24 参数查询的查询结果

如果用户需要设置多个条件值，可以在作为参数的多个字段对应的“条件”行中输入多个参数条件表达式，也可以在某一参数字段对应的“条件”行中输入包含多个参数的条件表达式。

【例3.10】创建一个参数查询，要求能查询某班级中成绩在某范围内的学生记录，并显示“班级编号”“姓名”“成绩”3个字段。

要查询的学生班级不确定，可将其作为参数字段；成绩在某个范围内，范围的起始值与结束值不确定，可将“成绩”作为参数字段，范围的起始值与结束值作为参数。具体操作步骤如下。

① 打开查询设计视图，在“显示表”对话框中选择“学生信息表”与“成绩及选课表”选项，将其添加到设计视图上半部分的字段列表区。

② 将“班级编号”“姓名”“成绩”3个字段添加到“字段”的第1～3列。

③ 在“班级编号”字段的“条件”行中输入“[请输入班级编号：]”，在“成绩”字段的“条件”行中输入“Between [请输入范围最小值：] And [请输入范围最大值：]”，如图3-25所示。

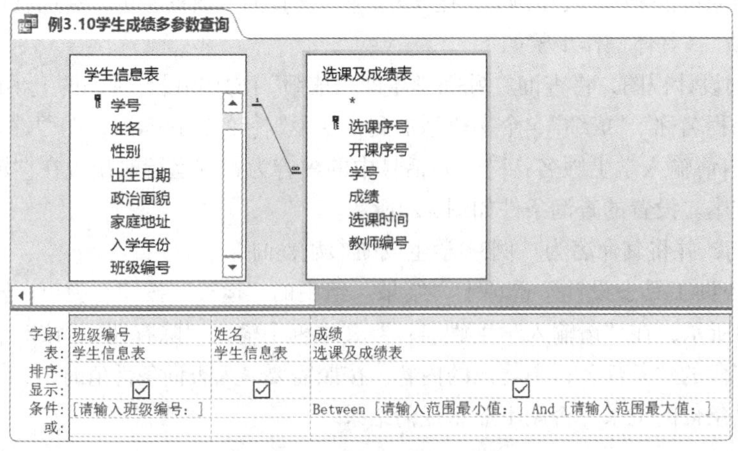

图 3-25 参数查询的条件

④ 单击“查询工具→设计”选项卡中“结果”组中的“运行”按钮，弹出“输入参数值”对话框，在“请输入班级编号：”文本框中输入“201810101”，如图3-26所示。单击“确定”按钮，弹出第2个“输入参数值”对话框，在“请输入范围最小值：”文本框中输入“60”，如图3-27所示。单击“确定”按钮，弹出第3个“输入参数值”对话框，在“请输入范围最大值：”文本框中输入“90”，如图3-28所示。

⑤ 单击“确定”按钮，可以看到多参数查询的部分查询结果如图3-29所示。

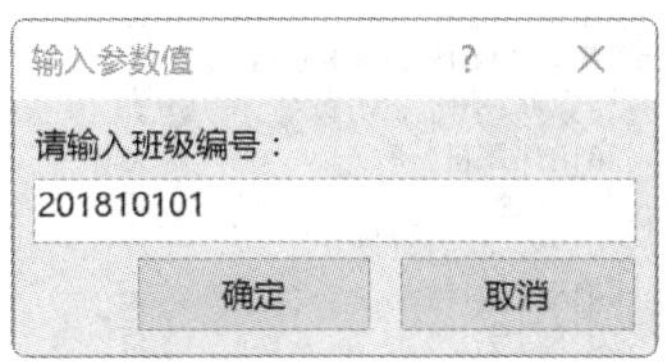

图 3-26 输入班级编号

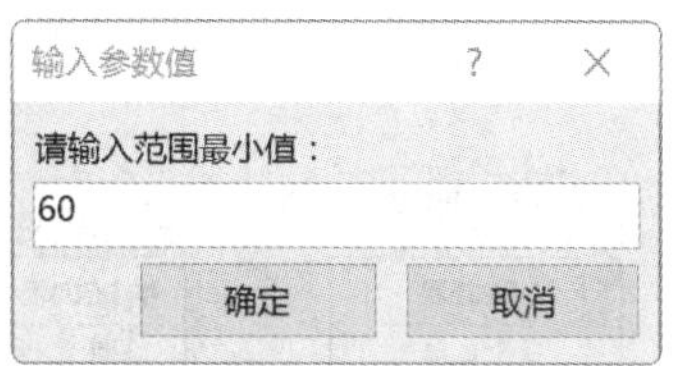

图 3-27 输入范围最小值

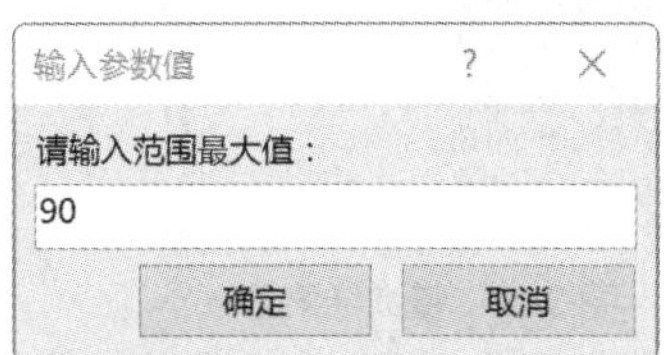

图 3-28 输入范围最大值

例3.10学生成绩多参数查询

班级编号	姓名	成绩
201810101	曹尔乐	87
201810101	谯茹	81
201810101	牛雪瑞	62
201810101	仇新	81
201810101	于宝祥	82
201810101	龚楚琛	82.5
201810101	黍一帆	89.5
201810101	黄蓉	89

图 3-29 多参数查询的部分查询结果

3.4.2 使用查询进行统计计算

使用查询进行统计计算

在实际应用中，常常需要对查询结果进行复杂的分组汇总，或进行求总和、计数、求最大值、求最小值、求平均值等计算。Access允许在查询中利用设计网格中的“总计”行进行计算，也可创建计算字段进行任意类型的计算。Access的查询中有两种基本计算：预定义计算和自定义计算。

1. 预定义计算

预定义计算即总计计算，它用于对查询中的部分记录或全部记录进行求总和、求平均值、计数、求最小值、求最大值、求标准偏差或方差等计算，可根据查询需求选择相应的分组、第一条记录、最后一条记录、表达式、条件等。“总计”行的打开方式为：在“查询工具→设计”选项卡“显示/隐藏”组中单击“汇总”按钮，就会在设计网格中增加“总计”行。

【例3.11】统计各个班级的学生人数，查询结果按人数降序排列。

所有班级的学生信息都在“学生信息表”中，要统计每个班级的学生人数，需要先根据“班级名称”分组，然后统计每组的总人数。具体操作步骤如下。

① 打开“教务管理”数据库，通过设计视图创建一个查询，添加数据源“学生信息表”和“班级信息表”，并确保这两张表已建立关系。

② 添加“班级名称”和“学号”字段到设计网格中。

③ 单击“查询工具→设计”选项卡“显示/隐藏”组中的“汇总”按钮，设计网格中会添加“总计”行。然后选择相应的总计方式：在“班级名称”字段所在列的“总计”行中选择“Group By”选项，在“学号”所在列的“总计”行中选择“计数”选项。统计每个班级学生人数的查询设计结果如图3-30所示。

④ 将“学号”列的排序方式设置为“降序”。

⑤ 运行查询，结果如图3-31所示。

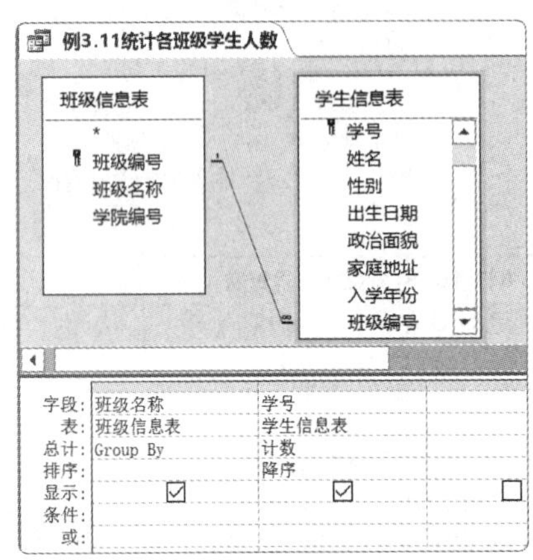

图 3-30 统计每个班级学生人数的查询设计结果

例3.11统计各班级学生人数

班级名称	学号之计数
2018计算机2班	38
2018生物2班	37
2018金属材料2班	37
2018机械1班	36
2018数学2班	35
2018土木工程2班	35
2018化工1班	34
2018生物3班	34
2018土木工程1班	33
2018化工2班	32
2018计算机3班	32
2018生物1班	32
2018金属材料3班	31
2018机械2班	31
2018计算机1班	31
2018金属材料1班	31
2018微电子1班	31
2018微电子2班	30
2018新闻1班	30

图 3-31 查询结果

⑥ 保存查询。

说明

“总计”行下拉列表中部分计算选项的含义如下。

- Group By（分组）：定义要执行计算的组，将记录与指定字段中的相等值组合成单一记录。
- Expression（表达式）：通常在表达式中使用多个函数时，将创建计算字段。
- Where（条件）：指定不用于分组的字段准则。
- First（第一条记录）：求查询结果中第一条记录的字段值。
- Last（最后一条记录）：求查询结果中最后一条记录的字段值。
- Count（计数）：返回无空值的记录总数。

此外，还有其他的计算选项：合计（Sum）、平均值（Avg）、最小值（Min）、最大值（Max）、标准偏差（StDev）等。

【例3.12】创建查询，显示平均成绩排名前5的学生记录，查询结果中显示“学号”“姓名”“成绩之平均值”字段。

所有学生的成绩都在“选课及成绩表”中，先根据“学号”分组，将同一个学生的成绩分到同一组，然后计算每组的平均成绩，按平均成绩由高到低排序，挑选出前5条记录即可。平均成绩排名前5的学生记录的查询设计视图如图3-32所示。数据源为“学生信息表”与“选课及成绩表”两张表，选择“学号”“姓名”“成绩”3个字段，在“学号”与“姓名”字段的“总计”行下拉列表中选择“Group By”选项，在“成绩”字段的“总计”行下拉列表中选择“平均值”选项，在“成绩”字段的“排序”行下拉列表中选择“降序”选项，然后在“查询工具→设计”选项卡“查询设置”组中设置上限值为5，查询结果如图3-33所示。

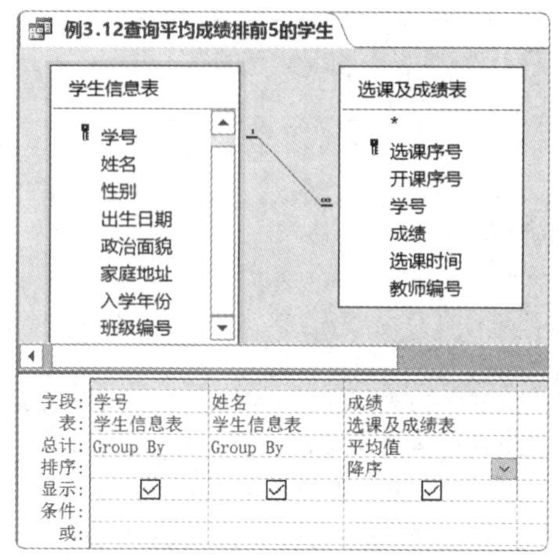

图 3-32　平均成绩排名前 5 的学生记录的查询设计视图

例3.12查询平均成绩排前5的学生

学号	姓名	成绩之平均值
20181070120	陆岚	99
20181080125	饶淼	98
20181050228	伍烨凯	98
20181120223	苏庭	98
20181050211	郑彪	98
20181080115	徐佳倩	98

图 3-33　查询结果

说明

例3.2中已经求出所有学生的平均成绩，把该查询作为数据源，并按平均成绩进行降序排列，在“查询工具→设计”选项卡的“查询设置”组中设置上限值为5，也可实现该查询。

【例3.13】 统计1990年出生的教师人数。此查询的条件是出生日期为1990年，可以用Year()函数或Between…And…语句判断。由于“出生日期”字段只作为条件，并不参与计算或分组，因此在“出生日期”字段的“总计”行下拉列表中选择“Where”选项。Access规定，“Where”选项指定的字段不需要出现在查询结果中，因此结果只显示统计人数。

该查询的数据源为“教师信息表”，查询条件如图3-34所示。保存该查询，并将其命名为“例3.13统计1990年出生的教师总数”，查询结果如图3-35所示。

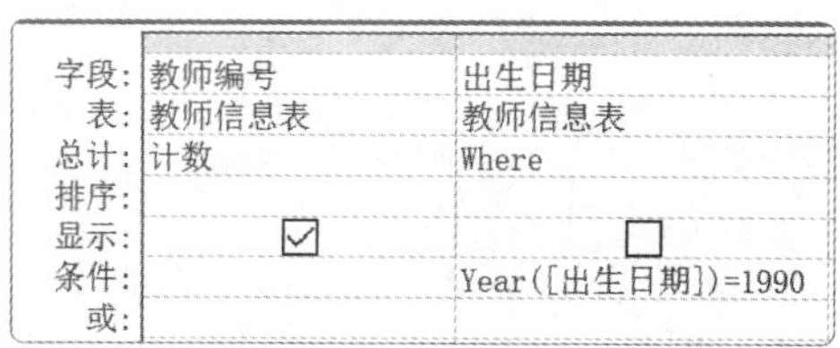

图 3-34　查询条件

图 3-35　查询结果

2．自定义计算

在Access查询中，预定义计算可以对单个字段进行计算。但如果需要计算的数据在表中没有相应的字段，或者用于计算的数据值来源于多个字段，应在查询中使用自定义计算，该字段称为计算字段。计算字段是指根据一个或多个字段使用表达式创建的新字段（查询中的显示字段）。创建计算字段是在查询设计视图的“字段”行文本框中直接输入计算表达式来实现的。

【例3.14】 创建查询，计算每位教师的年龄，查询结果中显示“教师编号”“姓名”“年龄”，其中“年龄”为计算字段。

“教师信息表”中只有“出生日期”字段，没有“年龄”字段，应当使用自定义计算来查询年龄，只要在设计网格中“字段”行的文本框中输入“年龄: Year(Date())−Year([出生日期])”即可。计算年龄的查询设计如图3-36所示。

字段:	教师编号	姓名	年龄: Year(Date())-Year([出生日期])
表:	教师信息表	教师信息表	
排序:			
显示:	☑	☑	☑
条件:			
或:			

图 3-36　计算年龄的查询设计

说明

在进行统计计算时，默认显示的字段标题往往不太直观。例如，在例3.12中，其查询结果显示的字段标题为“成绩之平均值”；在例3.13中，其查询结果中统计字段标题为“教师编号之计数”等，都不符合习惯的表达方法。此时，可以用“标题名:<表达式>”（其中的冒号是半角冒号）形式定义一个新的标题，使显示结果清晰明了。在本例中就是用此方法，即“年龄: Year(Date())−Year([出生日期])”。

自定义的字段可以在“字段”行中输入计算公式，也可以使用“表达式生成器”对话框输入。在设计网格中需要显示自定义字段的那一列的“字段”行，单击鼠标右键，从弹出的快捷菜单中执行“生成器”命令，即可打开“表达式生成器”对话框，如图3-37所示。

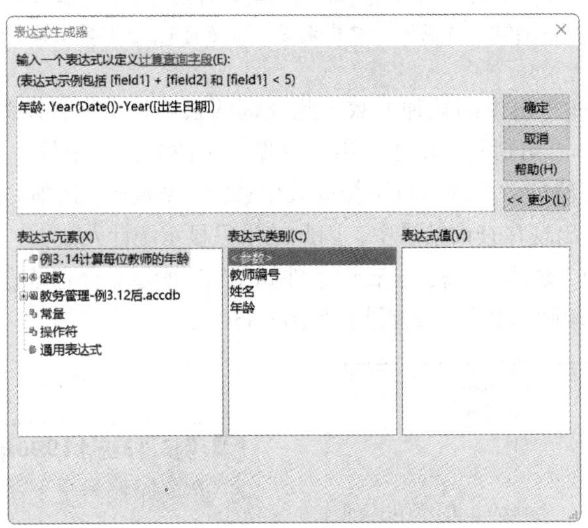

图 3-37　“表达式生成器”对话框

3.5 交叉表查询

交叉表查询是一种常用的统计表格，用于显示来自表中某个字段的计算值（包括总计、计数、平均值或其他类型的计算值）。该种查询最终以分组形式呈现：一组为行标题，显示在数据表左侧；另一组为列标题，显示在数据表的顶端，而在表格行和列的交叉处会显示表中某个字段的某种计算结果。

交叉表查询

创建交叉表查询可以使用交叉表查询向导，也可以使用查询设计视图。在

3.2.2小节已介绍过使用交叉表查询向导创建交叉表查询，统计各班级男女学生人数的实例，下面介绍使用设计视图创建该查询的方法。

【例3.15】使用设计视图创建交叉表查询，统计每个班级男女学生的人数。

在使用交叉表查询向导创建的交叉表实例中，数据源是“学生信息表”，行标题为“班级编号”。在该实例中使用多张表作为数据源，增加“班级信息表”，将行标题改为“班级名称”。

创建交叉表查询的关键是要在“查询工具→设计”选项卡的“查询类型”组中单击“交叉表查询”按钮，在设计视图的设计网格中就会出现“总计”和“交叉表”两行；根据具体情况设置分类字段和总计字段，在“班级名称”和“性别”字段的“总计”行下拉列表中选择“Group By”选项，在“学号”字段的“总计”行下拉列表中选择“计数”选项；最后设置查询的显示格式，在“班级名称”和“性别”字段的“交叉表”行下拉列表中分别选择“行标题”选项和“列标题”选项，班级名称将显示在查询结果的左侧，性别将显示在查询结果的顶端；在“学号”字段的“交叉表”行下拉列表中选择“值”选项，对学号的计数值将显示在行、列交叉处。交叉表查询的设计及查询结果如图3-38所示。

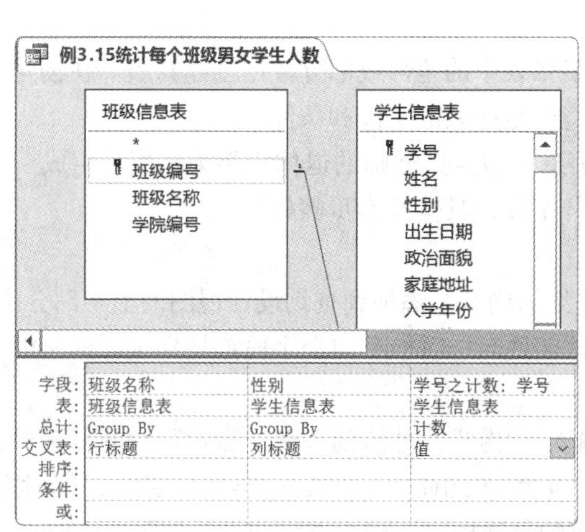

例3.15统计每个班级男女学生人数

班级名称	男	女
2018工商管理1班	8	16
2018工商管理2班	7	15
2018化工1班	10	24
2018化工2班	15	17
2018机械1班	10	26
2018机械2班	13	18
2018计算机1班	12	19
2018计算机2班	13	25
2018计算机3班	17	15
2018金属材料1班	16	15
2018金属材料2班	12	25
2018金属材料3班	15	16
2018生物1班	16	16
2018生物2班	15	22
2018生物3班	12	22
2018数学1班	8	16
2018数学2班	12	23
2018土木工程1班	20	13
2018土木工程2班	13	22

图3-38 交叉表查询的设计及查询结果

说明

如果需要分类的字段有多个，能否使用该方法实现？答案是可以实现，因为使用交叉表查询在设计视图中可以设置多个行标题。

3.6 操作查询

在数据库实际应用中，经常需要大量地修改数据。例如在“教务管理”数据库中，当教师退休时，需要把已退休教师的信息追加到“已退休教师信息表”中，并且将这些信息从“教师信息表”中删除。完成这些操作既需要检索记录，也需要更新记录。根据功能的不同，操作查询可分为生成表查询、追加查询、删除查询和更新查询。

操作查询的运行与选择查询、交叉表查询的运行有很大不同。选择查询、交叉表查询的运行结果是从数据源中生成的动态记录集合，并没有进行物理存储，也没有修改数据源中的记录，用户可以直接在数据表视图中查看查询结果。而操作查询的运行结果是对数据源进行创建或更新，无法直接在数据表视图中查看结果，只能打开操作的表对象浏览。由于操作查询可能对数据源中的数据进行大量的修改或删除，因此为了避免误操作带来的损失，在查询对象窗口中，每个操作查询图标上都有一个感叹号，以提醒用户注意。

3.6.1 备份数据

操作查询会更改或删除表中的数据，所以在创建或运行这类查询前，需要先对要操作的表进行备份。在备份表时，先选中要备份的表进行复制，再进行粘贴，在图3-39所示的“粘贴表方式”对话框中选中“结构和数据”单选按钮即可。

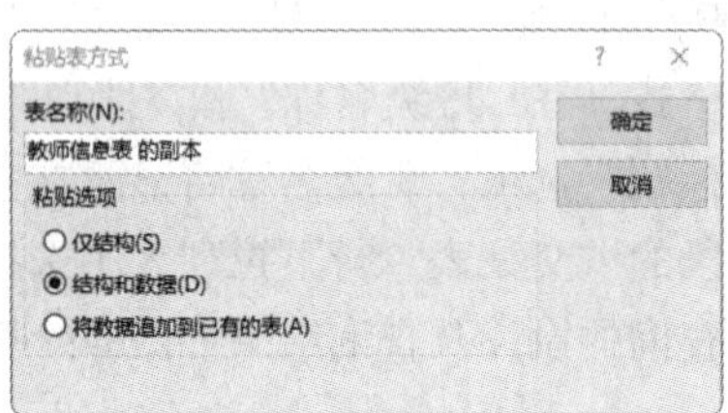

图 3-39 “粘贴表方式”对话框

3.6.2 生成表查询

通过生成表查询，用户可利用一张或多张表中的全部或部分数据创建新表。在创建生成表查询时，关键是要在查询设计视图中设计好将要生成表的字段和条件。

【例3.16】将符合退休条件的男教师信息（假定男教师的退休年龄为60岁）生成一张独立的数据表，表中包含“教师编号”和“姓名”字段，具体操作步骤如下。

① 创建“教师信息表 的副本”。

② 打开查询设计视图，将“教师信息表 的副本”添加到查询设计视图的上半部分中。

③ 在查询设计视图中，将“教师编号”“姓名”“性别”3个字段添加到设计网格的“字段”行中。

④ 在“性别”字段的“条件”行中输入“"男"”，并取消勾选“显示”行的复选框；在空白列的“字段”行中输入计算年龄的表达式“年龄: Year(Date())−Year([出生日期])”，同时在“条件”行中输入“>=60”，并取消勾选“显示”行的复选框。生成表查询的设计如图3-40所示。

字段:	教师编号	姓名	性别	年龄: Year(Date())-Year([出生日期])
表:	教师信息表 的副本	教师信息表 的副本	教师信息表 的副本	
排序:				
显示:	☑	☑	☐	☐
条件:			"男"	>=60
或:				

图 3-40 生成表查询的设计

⑤ 在“查询工具→设计”选项卡的“查询类型”组中单击“生成表”按钮，打开“生成表”对话框，将要生成的表命名为“退休教师信息表”。

⑥ 在运行查询时，会出现一个提示对话框，让用户确认是否要向新创建的表中粘贴记录，单击“是”按钮，即可生成“退休教师信息表”。

3.6.3 追加查询

如果需要把符合退休条件的女教师信息（假定女教师的退休年龄为55岁）添加到新生成的

“退休教师信息表”中，就可以利用追加查询来实现。通过追加查询，用户可以将查询的结果追加到其他已经存在的表（可以有数据，也可以无数据）中，通过查询条件筛选需要追加的数据。

【例3.17】创建一个追加查询，将退休女教师的信息追加到在例3.16中创建的“退休教师信息表”中，具体操作步骤如下。

① 打开查询设计视图，将“教师信息表 的副本”添加到查询设计视图的上半部分中。将“教师编号”“姓名”“性别”3个字段添加到设计网格的“字段”行中，在“性别”字段的“条件”行中输入“"女"”，并取消勾选“显示”行中的复选框；在空白列的“字段”行中输入计算年龄的表达式“年龄: Year(Date())-Year([出生日期])”，同时在“条件”行中输入“>=55”，并取消勾选“显示”行中的复选框。追加查询的设计如图3-41所示。

字段:	教师编号	姓名	性别	年龄: Year(Date())-Year([出生日期])
表:	教师信息表 的副本	教师信息表 的副本	教师信息表 的副本	
排序:				
追加到:	教师编号	姓名		
条件:			"女"	>=55
或:				

图 3-41 追加查询的设计

② 在“查询工具→设计”选项卡的“查询类型”组中单击“追加”按钮，打开“追加”对话框，如图3-42所示，提示用户选择将查询结果追加到哪张表中。在“表名称”下拉列表中选择“退休教师信息表”选项。

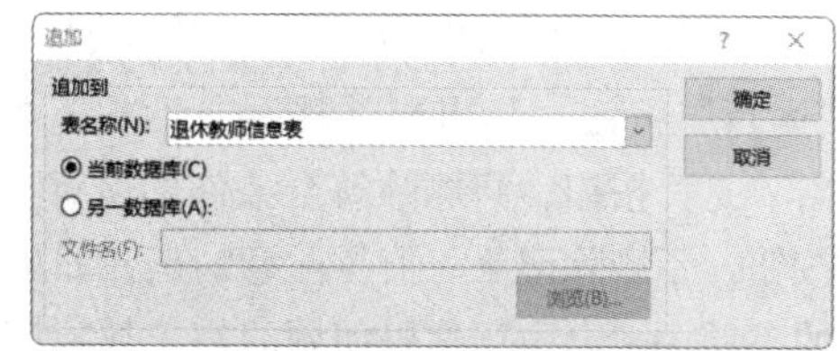

图 3-42 “追加”对话框

③ 这时设计网格中增加了“追加到”行。由于查询的字段名与目标表的字段名完全相同，所以“追加到”行中自动填充了“教师编号”与“姓名”两个字段。

④ 运行查询，会弹出追加确认对话框，单击“是”按钮，即可将女退休教师记录追加到“退休教师信息表”中。

3.6.4 删除查询

在例3.16和例3.17中已经将退休教师的记录存储到一张新表中。为了降低数据冗余度，确保数据的唯一性，还应将“教师信息表 的副本”中相应的记录删除。另外，随着时间的推移，表中的数据可能会越来越多，其中有些数据无任何用途，这样的数据应及时从表中删除。

1．删除查询的含义

通过删除查询能够从一张或多张表中删除指定的记录。如果删除的记录来自多张表，则必须满足以下几点要求。

① 在“关系”界面中已经定义相关表之间的关系。

② 在“编辑关系”对话框中勾选“实施参照完整性”复选框。

③ 在“编辑关系”对话框中勾选“级联删除相关记录”复选框。

2．创建删除查询

【例3.18】创建一个删除查询，删除“教师信息表 的副本”中所有满足退休条件的男女教师记录，具体操作步骤如下。

① 打开查询设计视图，将“教师信息表 的副本”添加到查询设计视图的上半部分中。

② 将“性别”字段添加到查询设计网格中，在该字段的“条件”行中输入“"男"”，在“或”行中输入“"女"”；在空白列的“字段”行中输入计算年龄的表达式“年龄: Year(Date())-Year([出生日期])”，同时在“条件”行中输入“>=60”，在“或”行中输入“>=55”。设置的删除查询条件如图3-43所示。

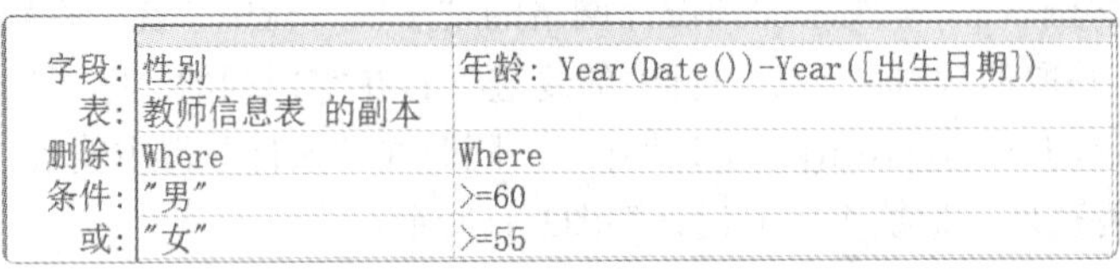

图 3-43　设置的删除查询条件

③ 单击“查询工具→设计”选项卡“查询类型”组中的“删除”按钮，查询设计网格中会显示“删除”行，同时在“性别”字段与“年龄”字段对应的“删除”行中自动填入“Where”。

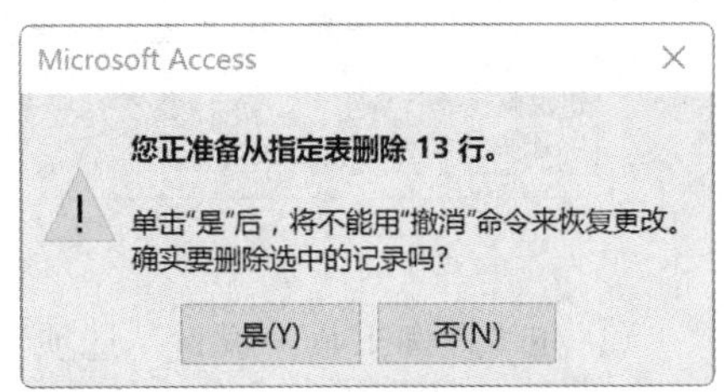

图 3-44　删除提示对话框

④ 在设计视图中单击“查询工具→设计”选项卡的“运行”按钮，弹出删除提示对话框，如图3-44所示。单击“是”按钮，将删除符合条件的所有记录；单击“否”按钮，不删除记录。值得注意的是，如果单击“是”按钮，将破坏“教师信息表”与其他表之间的参照关系。由于这里使用的是“教师信息表 的副本”，因此不会破坏其参照关系。

⑤ 打开“教师信息表 的副本”，可以看到满足退休条件的教师记录已经成功删除。

3.6.5 更新查询

在对数据库进行数据维护时，经常需要更新大量数据，例如将某药品的价格上调5%。对于此类信息的修改操作，如果逐条修改记录，不但费时费力，而且容易造成疏漏。更新查询是完成此类操作最简单、最有效的方法之一，能对一张或多张表中记录的某字段值进行全部更新。更新查询与Word中的替换功能相似，但其功能更强大。与替换功能相似的是，更新查询允许指定要被替换的值和要用作替代的值；与替换功能不同的是，更新查询允许设置与替换的值无关的条件，一次可以更新一张或多张表中的大量数据。

【例3.19】 创建一个更新查询，将所有不及格的成绩加5分。

为了不影响原数据，先创建“选课及成绩表 的副本”，然后以“选课及成绩表 的副本”为数据源创建更新查询，具体操作步骤如下。

① 打开查询设计视图，将“选课及成绩表 的副本”添加到查询的字段列表区，双击“成绩”字段将其添加到设计网格中。

② 单击“查询工具→设计”选项卡“查询类型”组中的“更新”按钮，设计网格中会增加“更新为”行。在“成绩”列的“更新为”行中输入“[成绩]+5”，在“条件”行中输入“<60”，更新查询的设计如图3-45所示。

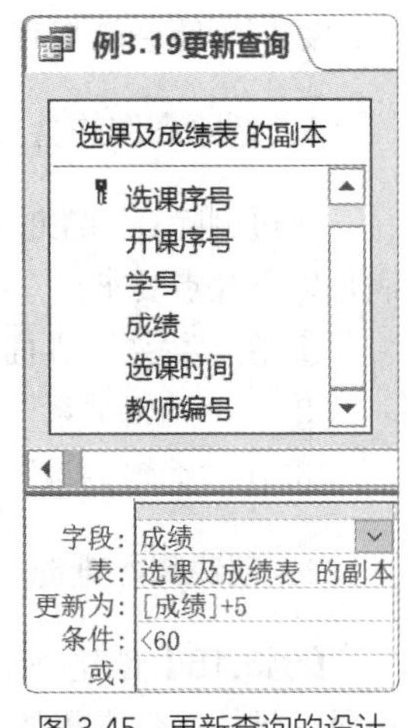

图 3-45　更新查询的设计

③ 单击“查询工具→设计”选项卡的“运行”按钮，会出现一个提示对话框，让用户确认是否更新记录。单击“是”按钮，将执行更新查询。

说明

在“成绩”字段的“条件”行中输入“<60”，用于查出不及格的成绩。当前的成绩值用“[成绩]”表示，“[成绩]+5”就表示在当前值的基础上加5分。

3.7 SQL查询

在Access中，查询本质上是用SQL语句来实现的。当使用查询设计视图的可视化方式创建一个查询对象后，Access便自动把它转换成相应的SQL语句保存起来。运行查询对象实质上就是执行查询对应的SQL语句。

3.7.1 SQL语句简介

1. SQL的含义

SQL是一种功能齐全的数据库语言。最早的SQL标准是1986年由美国国家标准学会（American National Standards Institute，ANSI）制定的，国际标准化组织于1987年6月正式将其确定为国际标准，并在此基础上进行了补充。ISO于1992年公布了SQL新标准，从而确定了SQL在数据库领域中的核心地位。SQL的主要特点可以概括为以下几个方面。

① SQL是一种一体化的语言，包括数据定义、数据查询、数据操纵和数据控制等功能。

② SQL是一种高度非过程化的语言，只需要描述“做什么”，而不需要说明“怎么做”。

③ SQL是一种简单的语言，使用的语句很接近自然语言，易于学习和掌握。

④ SQL是一种共享语言，全面支持客户端/服务器模式。

SQL设计巧妙，语言简单，其完成数据定义、数据操纵、数据查询和数据控制的核心功能只需要通过9个动词，如表3-17所示。

表3-17　　SQL完成核心功能需要的9个动词

SQL功能	动词	SQL功能	动词
数据定义	Create、Drop、Alter	数据查询	Select
数据操纵	Insert、Update、Delete	数据控制	Grant、Revote

目前很多数据库应用开发工具都将SQL直接融入自身语言中，Access也不例外。根据实际应用需要，后面几节将主要介绍数据查询、数据定义和数据操纵等的基本语句。

2. SQL查询的类型及创建方法

SQL查询包括基本查询、多表查询、联合查询、传递查询、数据定义和数据操纵。

联合查询可以将两张或多张表（或查询）中的字段合并到查询结果的一个字段中；还可以合并两张表中的数据，并根据联合查询创建生成表查询，以生成一张新表。

通过数据定义可以创建、删除或更改表，也可以在数据表中创建索引。在数据定义中要输入

SQL语句，每个数据定义只能由一个数据定义语句组成。

创建SQL查询的具体操作步骤如下。

① 打开需要创建SQL查询的数据库，单击“创建”选项卡“查询”组中的“查询设计”按钮，打开查询设计视图，在“显示表”对话框中单击“关闭”按钮，不添加任何表或查询，进入空白的查询设计视图。

② 在“查询工具→设计”选项卡的“结果”组中单击“视图”按钮，在其下拉列表中选择“SQL视图”选项，进入SQL视图并输入SQL语句。也可以在“查询工具→设计”选项卡的“查询类型”组中单击“联合”按钮、“传递”按钮或“数据定义”按钮，打开相应的特定查询界面，在界面中输入合适的SQL语句。

③ 保存创建的查询并运行。

3.7.2 SQL数据查询

SQL数据查询通过Select语句实现。Select语句中包含的子句很多，其语法格式如下：

```
Select [All|Distinct|TOP n] <目标列表达式1> [, <目标列表达式2>…]
From <表名1> [, <表名2>…]
[Where <查询条件>]
[Group By <分组选项1>][,<分组选项2>…][Having <查询条件>]
[Union [All] Select语句]
[Order By <排序选项1> [Asc|Desc] [,<排序选项2>] [Asc|Desc] …]
```

在以上语法格式中，“< >”中的内容是必选的，“[]”中的内容是可选的，“|”表示多个选项中只能选择其中之一。为了更好地理解Select语句的含义，下面按照先简单后复杂、逐步细化的原则介绍Select语句的用法。

1．基本查询

Select语句的基本框架是Select…From…Where，各子句分别用于指定输出字段、数据来源和查询条件。Where子句是可选的，Select子句和From子句是必选的。

（1）简单的查询语句

简单的Select语句只包含Select子句和From子句。

【例3.20】查询所有学生的信息，SQL语句实现如下：

```
Select * FROM 学生信息表
```

【例3.21】查询前5位教师的姓名和年龄，SQL语句实现如下：

```
Select TOP 5 姓名,Year(Date())-Year([出生日期]) AS 年龄
FROM 教师信息表
```

上述Select语句中的参数可以是字段名，也可以是表达式，还可以是函数，常用来计算Select语句查询结果集的统计值。例如，求一个结果集的平均值、最大值、最小值或全部元素之和等，使用的相关函数称为统计函数。表3-18列出了Select语句中常用的统计函数，其中除Count(*)函数外，其他函数在计算过程中均忽略空值。

表3-18 Select语句中常用的统计函数

函数	功能	函数	功能
Avg(<字段名>)	求字段的平均值	Min(<字段名>)	求字段的最小值
Sum(<字段名>)	求字段的和	Count(<字段名>)	统计字段值的个数
Max(<字段名>)	求字段的最大值	Count(*)	统计记录个数

【例3.22】统计学生总人数，SQL语句实现如下：

```
Select Count(*) AS 总人数 FROM 学生信息表
```

该语句使用Count(*)函数求“学生信息表”中所有记录的个数，也就求出了学生的总人数。

（2）带条件的查询语句

Where子句用于指定查询条件，其语法格式为：Where <条件表达式>。其中“条件表达式”是指查询的结果集应满足的条件。如果某条记录使条件表达式的结果为真，在查询结果中就包括该条记录；如果某条记录使条件表达式的结果为假，在查询结果中就不包括该条记录。

【例3.23】查询年龄在60岁及以上的教师信息，SQL语句实现如下：

```
Select * From 教师信息表
Where Year(Date())-Year([出生日期])>=60
```

该语句的执行过程为：从“教师信息表”中取出一条记录，通过“出生日期”字段的值计算教师的年龄，判断年龄是否大于60。如果大于，就取出该记录的全部字段值，即在查询结果中输出该记录；否则跳过该记录。

在3.3节中已经介绍过条件表达式及其使用方法，在使用SQL语句实现查询时，经常会用到条件表达式。

【例3.24】查询年龄在40～50岁的教师信息，SQL语句实现如下：

```
Select * From 教师信息表
Where Year(Date())-Year([出生日期])>=40 And Year(Date())-Year([出生日期])<=50
```

也可以用以下SQL语句实现：

```
Select * From 教师信息表
Where  Year(Date())-Year([出生日期]) Between 40 And 50
```

【例3.25】查询所有姓“李”的学生的学号和姓名，SQL语句实现如下：

```
Select 学号,姓名
From 学生信息表
Where 姓名 Like “李*”
```

上述语句的Where子句还有如下等价的形式：Where Left(姓名,1)= "李"或Where Mid(姓名,1,1) = "李"。

（3）查询结果处理语句

在使用Select语句完成查询后，查询的结果默认显示在界面中。若要对查询结果进行处理，则需要用到Select语句的其他子句。

① 排序输出（Order By）。Select语句的查询结果是按查询过程中的自然顺序输出的，因此

查询结果通常是无序的。如果希望查询结果有序输出，需要配合使用Order By子句，其语法格式为：Order By <排序选项1> [Asc|Desc] [,<排序选项2>] [Asc|Desc]…。其中，“排序选项”是字段名，字段名必须是Select语句的输出选项，即操作的表中的字段；Asc表示按升序排列；Desc表示按降序排列。

【例3.26】 查询所有教师的教师编号、姓名、职称等信息，并按性别顺序输出；若性别相同，则按年龄由大到小排列。SQL语句实现如下：

```
Select 教师编号,姓名,职称
From 教师信息表
Order By 性别,Year(Date())-Year([出生日期]) DESC
```

② 分组统计（Group By）与筛选（Having）。Group By子句可以对查询结果进行分组，其语法格式为：Group By <分组选项1>][,<分组选项2>…]。其中，<分组选项>是分组依据的字段名。Group By子句可以将查询结果按指定列进行分组，每组在指定列中具有相同的值。要注意的是，如果使用了Group By子句，则查询输出选项要么是分组选项，要么是统计函数，因为分组后每个组只返回一行结果。

如果在分组后还要按照一定的条件进行筛选，可使用Having子句，其语法格式为：Having <查询条件>，用于指定群组或汇总的条件。

Having子句与Where子句一样，均可以按条件选择记录，但是两个子句作用的对象不一样。Where子句作用于表；而Having子句作用于组，且必须与Group By子句连用，用来指定每一个分组应满足的条件。在实际应用中，两个子句并不矛盾，在查询语句中可以先用Where子句选择记录，然后进行分组，最后用Having子句选择组。

【例3.27】 分别统计男女学生的人数，SQL语句实现如下：

```
Select 性别,Count(*) AS 人数
From 学生信息表
Group By 性别
```

【例3.28】 找出班级人数在35人及以上的班级，并显示班级编号与人数，SQL语句实现如下：

```
Select 班级编号,Count(学号) AS 人数
From 学生信息表
Group By 班级编号
Having Count(学号)>=35
```

2. 多表查询

在前面的SQL查询实例中，所有查询的数据源均为一张表。而在实际应用中，许多查询需要将多张表的数据组合起来。也就是说，查询的数据来自多张表。使用Select语句能够完成此类查询操作。

【例3.29】 输出所有学生的课程及成绩信息，要求显示学号、姓名、课程名称和成绩等信息。SQL语句实现如下：

```
Select 学生信息表.学号, 姓名, 课程名称, 成绩
From 学生信息表,课程信息表,选课及成绩表,开课情况表
Where 学生信息表.学号 = 选课及成绩表.学号 And 开课情况表.开课序号 = 选课及成绩表.开课序号 And 课程信息表.课程编号 = 开课情况表.课程编号;
```

上述语句执行后，多表查询的部分结果如图3-46所示。由于此查询的数据来自4张表，首先要确认4张表之间已建立关系。在From子句中列出4张表，同时使用Where子句指定连接表的条件。还需注意的是，当使用多表查询时，如果字段名在两张表中都有出现，应在所用字段的字段名前加上表名。如果字段名是唯一的，可以不用加表名，该实例中的“姓名”“课程名称”“成绩”都是唯一的字段，所以不用加表名；而“学号”字段在“学生信息表”和“选课及成绩信息表”中都出现了，所以在该字段名前必须加上表名。

学号	姓名	课程名称	成绩
20181040221	江一帆	计算机基础（1）	70.5
20181020229	凌达	计算机基础（1）	74
20181010223	曹乐昊	计算机基础（1）	86.5
20181110126	姜景麟	计算机基础（1）	83
20181010222	陈进利	计算机基础（1）	91
20181020101	武鸾凤	计算机基础（1）	86
20181110212	罗灿	计算机基础（1）	53
20181110302	龚子崴	计算机基础（1）	84
20181010108	仇新	计算机基础（1）	81
20181100110	黍回归	计算机基础（1）	82.5
20181090113	汪成钰	计算机基础（1）	85
20181010127	陈有朋	计算机基础（1）	88
20181030211	汪乐	计算机基础（1）	93.5

图 3-46　多表查询的部分结果

【例3.30】输出所有55岁及以上的教师信息，要求显示教师编号、姓名、职称及所在学院名称，SQL语句实现如下：

```
Select 教师信息表.教师编号, 姓名, 职称, 学院名称
From 教师信息表,学院信息表
Where 学院信息表.学院编号 = 教师信息表.学院编号
And  Year(Date())-Year([出生日期])>=55;
```

3．联合查询

联合查询实际上是将两张表或查询中的记录纵向合并成为一个查询结果。Union（数据合并）子句的语法格式为：Union [All] Select语句。其中，All表示结果全部合并。若没有All，则重复的记录会被自动去掉。合并的规则如下。

① 不能合并子查询的结果。

② 两个Select语句的输出内容的列数必须相同。

③ 两张表相应列的数据类型必须相同，数字和字符不能合并。

④ 仅最后一个Select语句可以用Order By子句，且<排序选项>必须用数字区分。

【例3.31】查询“政治面貌”为“党员”的人员（教师和学生）信息，显示“姓名”“性别”“出生日期”“政治面貌”等字段，要求创建联合查询，SQL语句实现如下：

```
Select 姓名, 性别, 出生日期, 政治面貌
From 学生信息表
Where 政治面貌=”党员”;
Union
Select 姓名, 性别, 出生日期, 政治面貌
From 教师信息表
Where 政治面貌=”党员”;
```

该查询中Union前面的Select语句用于从“学生信息表”中查询出学生党员信息，Union后面的Select语句用于从“教师信息表”中查询出教师党员信息，然后将两个查询结果合并成一个查询结果。联合查询的部分结果如图3-47所示。

姓名	性别	出生日期	政治面貌
卞海峰	男	2001/8/23	党员
曹勇涛	女	2001/7/17	党员
常迎	女	1963/12/25	党员
单廷拓	男	2001/3/1	党员
邓庭	女	2002/2/21	党员
丁震庭	男	2001/6/5	党员
伏书玥	女	2001/5/2	党员
顾潇雅	女	2002/1/21	党员
郭胜豪	男	1983/2/9	党员
胡鹏	男	1961/5/7	党员
黄敏	女	2001/3/31	党员
贾晓敏	女	1975/2/22	党员
姜敬玉	女	2001/1/12	党员

图 3-47　联合查询的部分结果

4．传递查询

传递查询使用服务器能接收的命令直接将命令发送到ODBC数据库，如Microsoft SQL Server。传递查询专用于远程

数据处理。Access作为前端应用程序，可链接到后端服务器，后端服务器的处理能力比计算机的处理能力更强。传递查询的优势在于分析和处理实际上是在后端服务器完成的，而不是在Access中完成的。这就使它比从链接表提取数据的查询快得多，特别是在链接表文件非常大时，速度差别更加明显。

传递查询与一般的Access查询类似，但是在传递查询中只能使用事务SQL（Transact-SQL，TSQL），所以在Access中不能图形化地创建传递查询，而只能手动输入所有的SQL语句。

传递查询由两部分组成：以SQL编写的命令字符串和ODBC连接字符串。

SQL字符串包含一个或多个事务SQL语句，或者包含一个SQL程序流程控制语句的复杂过程，还可调用存在于SQL服务器上的存储过程。

ODBC连接字符串用来标识命令字符串将要发送的数据源，可包括指定的SQL服务器的用户登录信息。

下面通过一个实例来讲解传递查询的创建方法，先了解SQL服务器的相关信息。

在名为“DESKTOP-COC7HUJ”的SQL服务器中有一个名为“xhndb”的数据库，其中有一个名为“dbo.student”的表，表里有两条记录；数据库服务器的身份验证方式为“Windows 身份验证”，验证的用户名为“xhn”，密码为空。相关信息如图3-48所示。

下面在Access中创建一个传递查询，查询SQL服务器中“student”表的所有数据，具体操作步骤如下。

① 进入SQL视图，输入如下的SQL语句，如图3-49所示。

```
Select *
From student;
```

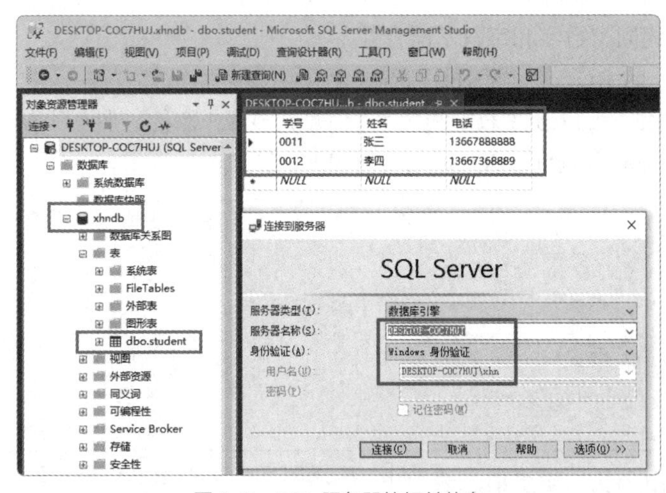

图 3-48 SQL 服务器的相关信息

图 3-49 输入 SQL 语句

② 单击“查询工具→设计”选项卡“查询类型”组中的“传递”按钮，然后单击“查询工具→设计”选项卡“显示/隐藏”组中的“属性表”按钮，在打开的“属性表”对话框中单击“ODBC连接字符串”右侧的按钮，进入选择数据源界面配置SQL服务器信息。设置好的“属性表”对话框如图3-50所示。

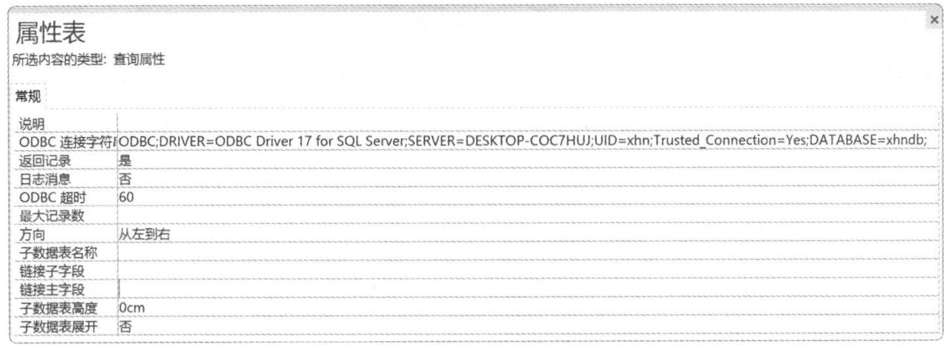

图 3-50 设置好的“属性表”对话框

③ 切换到数据表视图或者单击“查询工具→设计”选项卡“结果”组中的“运行”按钮，传递查询结果如图3-51所示。

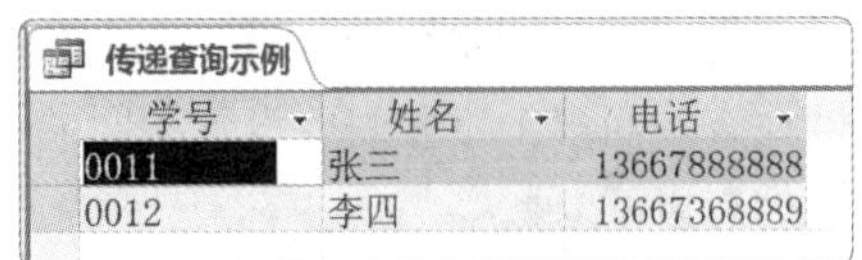

传递查询示例

学号	姓名	电话
0011	张三	13667888888
0012	李四	13667368889

图 3-51 传递查询结果

在使用传递查询时需要注意以下4点。

① 必须自己构建后端服务器能接收的SQL语句，Access不能提供太多帮助。

② 只能使用选择查询，查询中不能包含动态参数，不能使用动作类的查询，如更新查询、删除查询等。

③ 不能编辑或更新查询结果，查询结果是只读的。

④ 如果ODBC连接字符串发生了变化，需要更改“ODBC连接字符串”的属性值。

3.7.3 SQL数据定义

有关数据定义的SQL语句有3个：Create Table、Alter Table和Drop Table，分别用来创建数据库对象、修改数据库对象和删除数据库对象。本小节以表对象为例介绍SQL的数据定义功能。

1. 创建表结构

在SQL中可以通过Create Table语句创建表结构，其语法格式如下：

```
Create Table <表名>
(<字段名1> <数据类型1> [字段级完整性约束1]
[,<字段名2> <数据类型2> [字段级完整性约束2]]
[,…]
[,<字段名n> <数据类型n [字段级完整性约n]]
[,<表级完整性约束>])
```

上述语法格式中部分参数的含义如下。

① <表名> 表示要创建的表的名称。

② <字段名1>、<字段名2>、<字段名*n*>表示要创建的表的字段名。在其语法格式中，每个字段名后的语法成分都是对相应字段的属性说明，其中字段的数据类型是必须有的。

表3-19中列出了SQL中常用的数据类型。

表3-19　　SQL中常用的数据类型

数据类型	说明	数据类型	说明
Smallint	短整型，按2个字节存储	Char(n)	字符型（存储0～255个字符）
Integer	长整型，按4个字节存储	Text(n)	备注型
Real	单精度浮点型，按4个字节存储	Bit	是/否型，按一个字节存储
Float	双精度浮点型，按8个字节存储	Datetime	日期/时间型，按8个字节存储
Money	货币型，按8个字节存储	Image	用于存储OLE对象型数据

③ 在定义表时，可以根据需要定义字段的完整性约束，用于在输入数据时对字段进行有效性检查。当多个字段需要设置相同的约束条件时，可以使用表级完整性约束。约束有很多种，常用的有以下3种。

- 空值约束（Null或Not Null）：指定字段是否允许为空值，其默认值为Null，即允许为空值。
- 主键约束（Primary Key）：指定字段为主键。
- 唯一性约束（Unique）：指定字段的取值唯一，即每条记录的某字段的值不能重复。

【例3.32】 在"教务管理"数据库中创建"学生信息表1"（包含"学号""姓名""性别""家庭地址""政治面貌""入学年份""班级编号"等字段），具体操作步骤如下。

① 打开"教务管理"数据库，单击"创建"选项卡"查询"组中的"查询设计"按钮，打开查询设计视图，在"显示表"对话框中单击"关闭"按钮，不添加任何表或查询，进入空白的查询设计视图。

② 在"查询工具→设计"选项卡的"查询类型"组中单击"数据定义"按钮，在数据定义查询窗口中输入如下SQL语句：

```
Create Table 学生信息表1
(学号 Char(20),
姓名 Char(20),
性别 Char(2),
家庭地址 Char(200),
政治面貌 Char(10),
入学年份 Char(10),
班级编号 Char(20));
```

说明

数据库中已经存在在"学生信息表"，为了不破坏原来的数据，在这里创建的表为"学生信息表1"。

③ 在"查询工具→设计"选项卡的"结果"组中单击"运行"按钮，在"教务管理"数据库中创建表"学生信息表1"。利用数据定义查询窗口创建的表如图3-52所示。

图 3-52　利用数据定义查询窗口创建的表

④ 保存该数据定义查询。

2．修改表结构

如果创建的表结构不能满足用户的要求，可以对其进行修改。使用Alter Table语句可修改已创建的表结构，其语法格式如下：

```
Alter Table <表名>
[Add <字段名> <数据类型> [字段级完整性约束条件]]
[Drop [<字段名>]…]
[Alter <字段名> <数据类型>];
```

上述语法格式可以用来添加新的字段、删除指定字段或修改已有的字段，其中部分参数的用法基本与Create Table语句的用法相似。

【例3.33】在“学生信息表1”中增加日期/时间型的“出生日期”字段，SQL语句实现如下：

```
Alter Table 学生信息表1 Add 出生日期 Datetime
```

【例3.34】删除“学生信息表1”中的“家庭地址”字段，SQL语句实现如下：

```
Alter Table 学生信息表1 Drop 家庭地址
```

3．删除表

如果要删除某张不再需要的表，可以使用Drop Table语句实现，其语法格式为：Drop Table <表名>。其中，<表名>是指需要删除的表的名称。

【例3.35】在“教务管理”数据库中删除“学生信息表1”，SQL语句实现如下：

```
Drop Table 学生信息表1
```

表一旦被删除，表中的数据也会自动被删除，并且无法恢复。因此，用户在执行删除表的操作时一定要慎重。

3.7.4 SQL数据操纵

数据操纵是通过Insert Into、Update、Delete 3种语句实现的。

1．插入记录

Insert Into语句用于实现数据的插入功能。可以将一条新记录插入指定的表中，其语法格式如下：

```
Insert Into <表名>
[(<字段名1>[,<字段名2>…])]
Values (<字段值1>[,<字段值2>…])
```

其中，<表名>是指要插入记录的表的名称；<字段名>是指要添加字段值的字段名称；<字段值>是指具体的字段值。

当需要插入表中所有字段的值时，表名后面的字段名可以省略，但插入字段值的数据类型及顺序必须与表结构定义的完全一致。若只需要插入表中某些字段的值，则需要列出插入的字段名，当然，相应字段值的数据类型也应与其对应。

【例3.36】 向“课程信息表”中添加一条记录，SQL语句实现如下：

```
Insert Into 课程信息表(课程编号,课程名称,学分)Values("C001","Access数据库应用
基础", 2)
```

说明

文本数据应用单引号或双引号括起来，日期数据应用“#”括起来，数值数据不需要加任何符号。

2. 更新记录

使用Update语句可对表中某些记录的某些字段进行修改，以实现记录的更新，其语法格式如下：

```
Update <表名>
Set <字段名1>=<表达式1> [,<字段名2>=<表达式2>…]
[Where <条件表达式>]
```

其中，<表名>是指要更新数据的表的名称；<字段名>=<表达式>是指用表达式的值替代对应字段的值，并且一次可以修改多个字段的值。一般使用Where子句来指定被更新字段值需满足的条件；如果不使用Where子句，则更新所有记录。

【例3.37】 对“课程信息表”中“课程编号”为“C001”的记录进行修改，将其“学分”字段值改为“3”，SQL语句实现如下：

```
Update 课程信息表
Set 学分=3
Where 课程编号="C001"
```

3. 删除记录

使用Delete语句可以删除表中的记录，其语法格式如下：

```
Delete From <表名> [Where <条件表达式>]
```

其中，From子句指定从哪个表中删除数据；Where子句指定被删除的记录需满足的条件。如果不使用Where子句，则删除表中的全部记录。

【例3.38】 删除“课程信息表”中“课程名称”字段值包含“Access”的课程记录，SQL语句实现如下：

```
Delete From 课程信息表
Where 课程名称 Like "*Access*"
```

在运行SQL查询后，“课程信息表”中“课程名称”为“Access数据库应用基础”的课程记录都会被删除。

3.8 编辑和使用查询

在创建查询时，需要运行查询并检查结果是否符合预期，当查询结果不满足预期时需要修改查询。在创建查询后，若已经创建的查询不能满足需求，需要对查询进行修改，包括修改数据源、修改字段及字段的条件等。有时也需要运行已创建的查询或对查询进行一些相关操作，例如依据某一字段对查询结果记录进行排序等。

3.8.1 运行查询

在创建查询时，在查询设计视图中有以下两种方法查看运行结果。

① 单击“查询工具→设计”选项卡“结果”组中的“运行”按钮，即可查看运行结果。

② 切换到数据表视图。在“查询工具→设计”选项卡的“结果”组中单击“视图”按钮，在弹出的快捷菜单中执行“数据表视图”命令；或者单击界面右下角的数据表视图图标，切换到数据表视图；或者在字段列表区中单击鼠标右键，从弹出的快捷菜单中执行“数据表视图”命令。

对于已经创建的查询，可以通过以下两种方法运行。

① 在导航窗格中，在要运行的查询上单击鼠标右键，然后从弹出的快捷菜单中执行“打开”命令。

② 在导航窗格中直接双击要运行的查询。

3.8.2 编辑查询中的数据源

在编辑查询时，有时需要改变查询的数据源。如果涉及新的表或查询，需要将新表或查询添加到设计视图中。多余的表或查询一定要删除，否则会影响查询结果。

1．添加表或查询

若需要完成添加表或查询操作，首先要了解怎样打开“显示表”对话框。可以在设计视图中单击“查询工具→设计”选项卡“查询设置”组中的“添加表”按钮；或者在设计视图上半部分的字段列表区中单击鼠标右键，在弹出的快捷菜单中执行“显示表”命令，打开“显示表”对话框。

添加表或查询的具体操作步骤如下。

① 在设计视图下打开需要编辑的查询。

② 打开“显示表”对话框。

③ 在“显示表”对话框中选择要添加的表或查询，然后单击“添加”按钮；或者直接双击需要添加的表或查询。添加完后关闭“显示表”对话框。

2．删除表或查询

要删除表或查询，需要在设计视图下打开需要的表或查询，首先选中需要删除的表或查询，然后按Delete键；或在表或查询上单击鼠标右键，在弹出的快捷菜单中执行“删除表”命令。

3.8.3 编辑查询中的字段

编辑字段操作包括添加字段、删除字段、更改字段和移动字段等。

1．添加字段

在设计视图中打开需要添加字段的查询，添加字段的常用方式如下。

① 在设计网格的空白列添加单个字段，有3种方法：一是在字段列表区中双击要添加的字段；二是在字段列表区中选择要添加的字段并按住鼠标左键不放，将其拖到空白字段；三是先在设计网格空白列的“表”行下拉列表中选择字段所在的表或查询，然后在该列的“字段”行下拉列表中选择要添加的字段。

② 在某字段前添加单个字段，有两种方法：一是在字段列表区中选择要添加的字段并按住鼠标左键不放，将其拖到该字段的位置上，会自动在该字段的前面插入新字段。二是先单击该字段的任意一行，然后单击“查询工具→设计”选项卡“查询设置”组中的“插入列”按钮，在该字段的前面将出现空白列；在空白列的“表”行下拉列表中选择字段所在的表或查询，在空白列的“字段”行下拉列表中选择要添加的字段。

③ 在设计网格的空白列或某字段前添加多个字段，方法为：按住Ctrl键并单击要添加的字段，然后将其拖到设计网格的空白列或该字段前。

④ 在设计网格的空白列或某字段前添加某表的所有字段，方法有两种：一是在设计视图的字段列表区中双击相应表的标题栏，选中所有字段；在任意字段处按下鼠标左键不放，将其拖到空白列或某字段。二是将该表字段最上方的“*”拖到设计网格的空白列或某字段。“*”虽然只占一列，但是代表将该表的所有字段都添加到设计网格中。

2．删除字段

在设计视图中打开需要删除字段的查询，删除字段的常用方式如下。

① 通过字段选定器选中需要删除的字段，方法有3种：一是将鼠标指针放在相应列的“字段”行上方的字段选定器位置，会出现向下的箭头；单击该箭头，该列区域变成黑色即被选中，然后按Delete键进行删除。二是单击“查询工具→设计”选项卡“查询设置”组中的“删除列”按钮。三是单击鼠标右键，在弹出的菜单列表中执行“剪切”命令。

② 单击需要删除的字段的任意一行，然后单击“查询工具→设计”选项卡“查询设置”组中的“删除列”按钮。

3．更改字段

在设计视图中打开需要更改字段的查询，更改字段的常用方式如下。

① 若新字段与需要更改的字段在同一表或查询中，首先在设计网格中找到需要更改的字段列，然后在该列的“字段”行右侧下拉列表中选择新字段。

② 若新字段与需要更改的字段在不同表或查询中，首先在设计网格中找到需要更改的字段列，然后在该列的“表”行右侧下拉列表中选择新字段所在的表或查询，最后在该列的“字段”行右侧下拉列表中选择新字段。

当然，也可以通过先删除字段再添加字段的方式达到更改字段的效果。

4．移动字段

在设计查询时，字段的顺序非常重要，会影响数据的排序与分组。有时需要移动字段，改变其先后顺序。以将A字段移动到B字段的左侧为例，首先通过字段选定器选中A字段；然后在A列的字段选定器位置处按住鼠标左键不放，将其拖到B字段上，则B字段的左侧将出现粗黑线；此时松开鼠标，A字段会移动到B字段的左侧。

本章小结

查询的主要目的是设置某些条件，从表中选择需要的数据。Access支持5种查询方式：选择查询、参数查询、交叉表查询、操作查询和SQL查询。

在使用查询前，需要了解查询和数据表之间的关系。查询实际上就是将分散存储在数据表中的数据按照一定的条件重新组织起来，形成一个动态的数据记录集合。而这个记录集合在数据库中并不是真正存在的，只在查询运行时根据查询条件从查询源表数据中抽取出来显示，数据库中只保存查询的方式。当关闭查询时，查询得到的记录集合会自动消失。

查询条件表达式在本书多次用到，熟练掌握查询条件表达式的编写与使用方法是创建查询的基础，也是学习使用Access的基础。

① 选择查询是常见的查询类型，可从一张或多张表中检索数据，也可以使用选择查询对记录进行分组，并且对记录进行总计、计数、求平均值或其他类型的计算。选择查询包含参数查询，其查询条件可以更换。

② 使用交叉表查询可以计算并重新组织数据的结构，这样可以更加方便地分析数据。交叉表查询允许计算数据的总计值、平均值、计数值或其他类型的数值。

③ 操作查询是指执行查询对数据表中的记录进行更改。操作查询分为4种：生成表查询、更新查询、追加查询和删除查询。

④ SQL查询是指使用SQL语句创建的查询。通过SQL可以实现查询、创建和管理数据库。

使用查询向导可创建选择查询和交叉表查询，虽然方便快捷，但缺乏灵活性。使用查询设计视图可以创建带复杂条件和需求的查询设计。该部分是本章需要掌握的重点。

熟练掌握编辑与使用查询的常用操作方法，有助于提高创建与维护查询的效率。

习题 3

一、单选题

1. Access查询的结果总是与数据源中的数据保持（　　）。

   A. 不一致　　B. 同步　　C. 无关　　D. 不同步

2. 在Access查询准则中，日期型数据应该用（　　）括起来。

   A. %　　B. &　　C. $　　D. #

3. 在查询设计视图中，可以作为查询数据源的是（　　）。

   A. 只有数据表　　B. 只有查询

C. 既可以是数据表，也可以是查询　　D. 以上都不对

4. 特殊运算符“Is Null”用于判断一个字段是否为（　　）。

A. 0　　B. 空格　　C. 空值　　D. False

5. 数据表中有一个“姓名”字段，查找姓名为“张三”或“李四”的记录的查询条件是（　　）。

A. Like("张三","李四")　　B. Like("张三"和"李四")

C. In("张三和李四")　　D. In("张三","李四")

6. 在查询设计视图中，设置（　　）行可以让某个字段只用于设定条件，而不出现在查询结果中。

A. “显示”　　B. “排序”　　C. “字段”　　D. “条件”

7. 若需统计“学生信息表”中各班级学生总人数，则应在查询设计视图中将“学号”字段对应的“总计”行设置为（　　）。

A. Sum　　B. Count　　C. Where　　D. Total

8. 下列查询不属于操作查询的是（　　）。

A. 追加查询　　B. 交叉表查询　　C. 删除查询　　D. 生成表查询

9. 利用提示对话框提示用户输入查询条件进行查询的是（　　）。

A. 参数查询　　B. 选择查询　　C. 操作查询　　D. 子查询

10. 查找姓“王”的教师的查询条件为（　　）。

A. "王"　　B. Like "王"　　C. Like "王?"　　D. Like "王*"

11. 在“学生信息表”中查找“学号”字段第5位、第6位字符是“13”的查询条件为（　　）。

A. Mid([学号],5,6)= "13"　　B. Mid("学号",5,6)="13"

C. Mid([学号],5,2)= "13"　　D. Mid("学号",5,2)="13"

12. 在SQL查询的Select语句中，用来按照指定字段名排序的子句是（　　）。

A. Where　　B. Having　　C. Order By　　D. Group By

13. 创建Access查询可以用（　　）。

A. 查询向导　　B. 查询设计视图　　C. SQL查询　　D. 以上均可

14. 下列关于查询的叙述中，不正确的是（　　）。

A. 查询结果随记录源中数据的变化而变化

B. 查询与表的名称不能相同

C. 一个查询不能作为另一个查询的记录源

D. 在查询设计视图中设置多个排序字段时，最左边的排序字段的优先级最高

15. 在SQL语句中，创建表的语句是（　　）。

A. Drop　　B. Create　　C. Update　　D. Define

16. 在SQL语句中，删除表的语句是（　　）。

A. Delete　　B. Drop　　C. Update　　D. Define

17. 在使用Select语句进行分组检索时，为了去掉不满足条件的分组，应当（　　）。

A. 使用Where子句

B. 先使用Group By子句，再使用Having子句

C. 先使用Where子句，再使用Having子句

D. 先使用Having子句，再使用Where子句

18. 下列SQL语句中，与表达式“课程编号 Not In("438"，"219")”功能相同的表达式是（　　）。

A. 课程编号="438" AND课程编号="219"

B. 课程编号<>"438" OR课程编号<>"219"

C. 课程编号<>"438" OR课程编号="219"

D. 课程编号<>"438" AND课程编号<>"219"

19. 在Access中，如果想要查询所有姓名为两个汉字的学生记录，则查询条件应为(　　)。

A. Like **　　B. Like ##　　C. Like ??　　D. Like"??"

20. 创建一个交叉表查询，在“交叉表”行上，有且只能有一个的是（　　）。

A. 行标题和值　　B. 行标题和列标题

C. 列标题和值　　D. 行标题、列标题和值

21. 若要查询成绩为60～80分（包括60和80）的学生信息，以下查询条件中正确的是（　　）。

A. >=60 Or <=80　　B. Between 60 And 80

C. >60 Or <80　　D. In (60,80)

22. 若要查询学生信息表中“简历”字段为空的记录，在“简历”字段对应的“条件”文本框中应输入(　　)。

A. Is Not Null　　B. Is Null　　C. 0　　D. −1

23. 下列关于SQL语句的叙述中，正确的是（　　）。

A. Delete语句不能与Group By子句一起使用

B. Select语句不能与Group By子句一起使用

C. Insert语句与Group By子句一起使用可以按分组将新记录插入表中

D. Update语句与Group By子句一起使用可以按分组更新表中原有的记录

24. 下列运算结果中，值最大的是(　　)。

A. 3\4　　B. 3/4　　C. 4 Mod 3　　D. 3 Mod 4

25. 在Access中，与Like一起使用时，代表任一数字的是(　　)。

A. *　　B. ?　　C. #　　D. $

26. 存在关系模型Students(学号,姓名,性别,专业)，下列SQL语句中错误的是（　　）。

A. Select * From Students

B. Select Count(*) 人数 From Students

C. Select Distinct 专业 From Students

D. Select 专业 From Students

27. 在Access中，能够对数据表进行统计的查询是(　　)。

A. 汇总查询　　B. 更新查询　　C. 选择查询　　D. 删除查询

28. 关键字（　　）主要用于模糊查询。

A. Like　　B. In　　C. Is Null　　D. Not Null

29. 查找条件Like "*ch?"可能的查找结果为（　　）。

A. abccha　　B. achaa　　C. abcde　　D. ghcc

30. wh（　　）可以找到what、white和why。

A. #　　B. *　　C. ?　　D. [ ]

二、思考题

1. 简述查询和数据表的关系。
2. Access中的查询有几种类型？
3. 操作查询分为哪几种？
4. 如何为一个查询添加一个计算字段？
5. 如何改变查询结果中的字段标题？
6. 参数查询有什么特点？

三、操作题

假设一个数据库中有如下4张表：

“书店”（包括书店号，书店名，地址）。

“图书”（包括书号，书名，定价）。

“图书馆”（包括馆号，馆名，城市，电话）。

“图书发行”（包括馆号，书号，书店号，数量）。

试回答下列问题。

（1）用SQL语句定义“图书”表。

（2）用SQL语句插入一本图书的信息（A0001，Access 数据库应用基础，32）。

（3）用SQL语句检索已发行的图书中最贵和最便宜图书的定价。

第4章 窗体

窗体是Access中的一种对象，它提供管理数据库的窗口，用来接收输入的数据或显示数据库中的数据，在程序运行时提供用户与系统交互的界面。通过窗体，用户可进行浏览、输入、查询、修改、删除数据等操作。利用窗体可以将数据库中的对象组织起来，形成一个功能完整、风格统一、界面友好的数据库应用系统。本章主要介绍窗体的功能、类型和视图，窗体的创建和设计方法，以及运用属性对窗体和控件进行设置的方法。为加强窗体的灵活性和美观性，本章将重点介绍高级窗体的设计方法，包括窗体中的控件设计、子窗体的设计、控件的格式设置等。

本章的学习目标如下。

① 了解窗体的功能、类型、视图和节。

② 熟练掌握创建窗体的方法和窗体的设计视图。

③ 掌握窗体控件的使用方法，能够进行窗体设计。

4.1 窗体基础知识

窗体是联系数据库与用户的桥梁，它本身并不存储数据，用户通过窗体可以直观、方便地对数据库中的数据进行输入、编辑、显示、查询以及排序或筛选等操作，从而实现人机交互。窗体具有可视化的设计风格，将数据库与窗体捆绑，可以使对窗体的操作和对数据库中数据的维护操作同步进行。

4.1.1 窗体的功能

窗体是应用程序和用户之间的接口，是创建数据库应用系统所需的最基本的对象。窗体中可以包含多种控件，通过这些控件可以打开报表或其他窗体、执行宏或VBA代码。例如，窗体中可以显示标题、日期、页码、图形和文本等元素，还可以显示来自报表中表达式的计算结果。在数据库应用系统开发完成后，对数据库的所有操作都可以通过窗体来实现。窗体主要有以下几项基本功能。

1．输入和编辑数据

为数据库中的数据表设计相应的窗体，利用窗体可对数据表中的相关数据进行添加、删除和修改操作。窗体作为输入和编辑数据的界面，可以帮助用户直观、友好地实现数据的输入和编辑。

2．显示和打印数据

在窗体中可以显示和打印来自一个或多个数据表（或查询）中的数据，也可以显示警告或解释信息。窗体中的数据来源于Access中的表或查询，但数据的显示形式比数据表或查询更灵活。窗体可以将数据直观地表达出来，使数据的可分析性更强。

3．控制应用程序的执行流程

窗体能够与函数、过程结合。在每个窗体中，用户都可编写宏或VBA代码实现复杂的处理功能，控制程序的执行流程。

4.1.2 窗体的类型

窗体的功能不同，其对应的类型也不同。Access中的窗体有多种分类方法，通常可按数据的显示方法及显示关系或功能进行分类。按数据的显示方法及显示关系的不同，窗体可以分为单个窗体、连续窗体、数据表窗体、分割窗体、主窗体、子窗体等；按功能的不同，窗体可以分为数据操作窗体、应用控制窗体、信息显示窗体和信息交互窗体4类。

1．数据操作窗体

数据操作窗体主要用来对表或查询进行显示、浏览、输入、修改等操作，如图4-1所示。根据数据组织和表现形式的不同，数据操作窗体可以分为单个窗体、数据表窗体、分割窗体、多项目窗体、数据透视表窗体和数据透视图窗体。

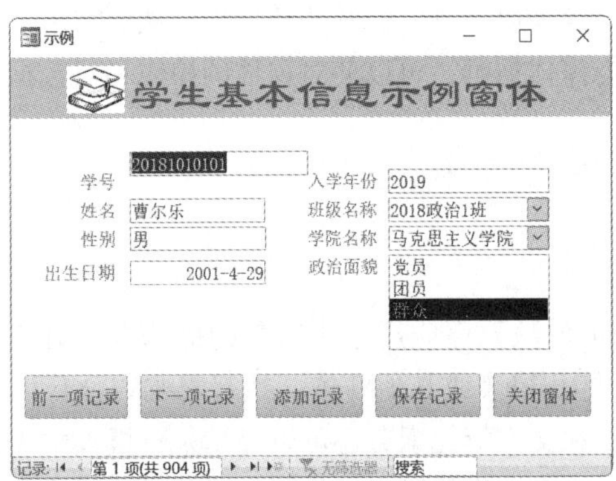

图 4-1 数据操作窗体

2．应用控制窗体

应用控制窗体主要用来操作、控制程序的运行，它是通过选项卡、按钮等控件来响应用户请求的。应用控制窗体示例如图4-2所示。

3．信息显示窗体

信息显示窗体主要用来显示信息，通常以数值或者图表的形式来显示。信息显示窗体示例如图4-3所示。

4．信息交互窗体

信息交互窗体主要用来接收用户输入的数据并显示系统运行的结果等。信息交互窗体示例如图4-4所示。

图 4-2 应用控制窗体示例

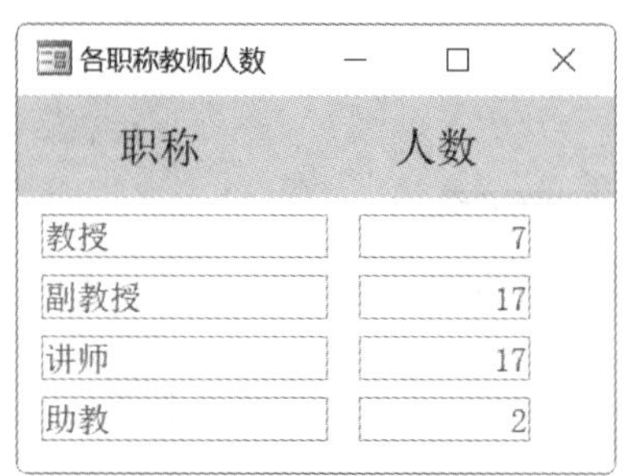

图 4-3 信息显示窗体示例

图 4-4 信息交互窗体示例

4.1.3 窗体的视图

为了让用户可以从不同的角度和层面来设计、查看和使用窗体，Access提供了4种显示窗体的视图。其中较常用的是窗体视图、布局视图和设计视图。不同类型的窗体具有不同的视图，窗体在不同视图中可完成不同的任务，也可以在不同的视图之间进行切换。切换方法为：打开任一窗体，在该窗体的标题栏上单击鼠标右键，在弹出的快捷菜单中即可选择不同的视图；或者切换至“开始”选项卡或“窗体设计工具→设计”选项卡，单击最左侧的“视图”按钮，在弹出的下拉列表中选择窗体的视图；或者通过状态栏右侧的按钮切换视图，如图4-5所示。

窗体的视图

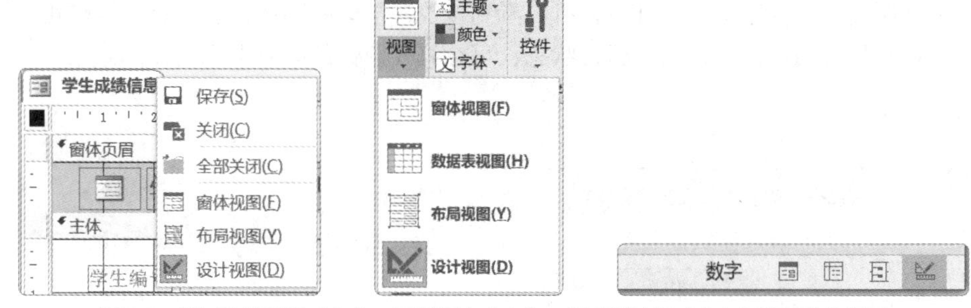

图 4-5 通过快捷菜单（左）、下拉列表（中）、状态栏按钮（右）切换窗体的视图

1．窗体视图

窗体视图是窗体运行时显示的视图，是最终面向用户的视图，是用于输入、修改或查看数据的视图。在该视图下可浏览窗体捆绑的数据源的数据，如图4-6所示。

2. 数据表视图

数据表视图是显示数据的视图，其中有完成窗体设计后，面向最终用户显示的记录。

数据表视图以行和列的形式显示窗体中的数据，在其中可以编辑字段，添加、删除、查找数据等，如图4-7所示。在窗体的数据表视图中，可使用滚动条或导航按钮浏览记录，其显示效果和浏览方法与表和查询对象的数据表视图的方法相同。

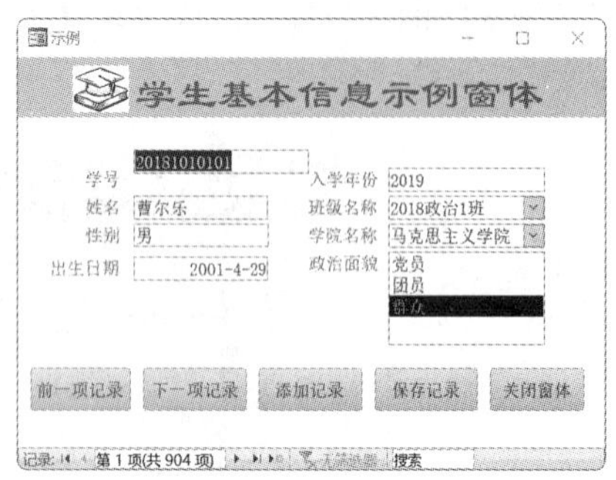

图4-6 窗体视图

图4-7 数据表视图

3. 设计视图

设计视图是用于创建和修改窗体的视图，如图4-8所示。在设计视图中不仅可以创建窗体，还可以调整窗体的版面布局以及在窗体中添加控件、设置数据来源等，但设计视图中并不显示数据源的数据。一般来说，窗体中的数据是数据和控件相互绑定的结果，即利用控件显示记录或字段。在设计视图中创建窗体后，其显示效果可在窗体视图中查看。

4. 布局视图

布局视图主要用于调整和修改窗体设计，如图4-9所示。在该视图中，可以在窗体中调整现有控件或放置新的控件，并设置窗体及其控件的属性、调整控件的位置和宽度等。窗体的布局视图与窗体视图的界面外观类似，两者的区别如下：布局视图中的窗体处于运行状态，可显示数据，同时又能对控件属性进行设置；窗体视图中可以显示数据，但是不能对控件属性进行设置。切换到布局视图后，当选定某个控件时，可以看到该控件被框线围住，表示这个控件可以调整位置和大小。在布局视图中，窗体处于运行状态，可在修改窗体的同时看到窗体的效果。

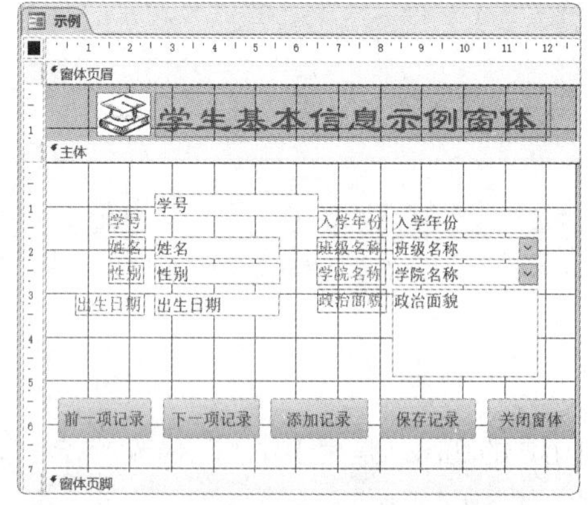

图4-8 设计视图

图4-9 布局视图

4.2 创建窗体

创建窗体有两种途径：一种是在窗体的设计视图中手动创建；另一种是使用Access提供的向导快速创建。数据操作窗体一般都能由向导创建，但这类窗体的版式是固定的，因此经常需要切换到设计视图中手动调整和修改窗体的版式。应用控制窗体和信息交互窗体只能在设计视图中手动创建。

在Access中，“创建”选项卡的“窗体”组中提供了多个创建窗体的按钮，其中包括“窗体”“窗体设计”“空白窗体”3个主要按钮，以及“窗体向导”按钮和“导航”“其他窗体”两个下拉列表，如图4-10至图4-12所示。

图 4-10 “窗体”组

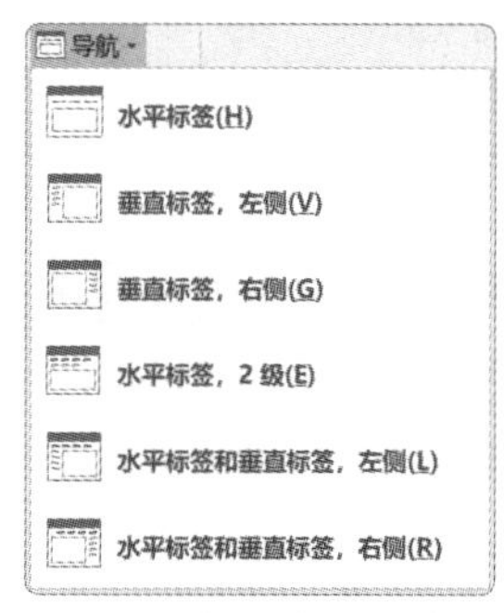

图 4-11 “导航”下拉列表

图 4-12 “其他窗体”下拉列表

“窗体”组中各按钮的功能如下。

1. 窗体

“窗体”按钮用于快速创建窗体。只需要单击该按钮，便可以利用当前打开（或选定）的数据源（表或查询）自动创建窗体。

2. 窗体设计

单击“窗体设计”按钮，可以进入窗体的设计视图。

3. 空白窗体

“空白窗体”按钮用于快捷地构建窗体。单击该按钮，能够以布局视图的方式设计和修改窗体。在创建的空白窗体中，能够直接从“字段列表”窗格中拖动来添加绑定型控件。当只需要在窗体中放置很少几个字段时，可以使用此方法。

4. 窗体向导

“窗体向导”按钮用于辅助创建窗体。通过提供的向导，用户可以创建基于一个或多个数据源的不同布局的窗体。

5. 导航

“导航”用于创建具有导航按钮的窗体，该类窗体称为导航窗体。导航窗体有6种不同的布局格式，其创建方式是相同的。“导航”按钮适用于创建Web形式的数据库窗体。

6．其他窗体

“其他窗体”下拉列表中提供了不同选项，用于快速创建特定类型的窗体，包括“多个项目”“数据表”“分割窗体”“模式对话框”选项。各选项的作用如下。

① 多个项目：利用当前打开（或选定）的数据源创建表格式窗体，并在窗体中显示多条记录。

② 数据表：利用当前打开（或选定）的数据源创建数据表形式的窗体。

③ 分割窗体：同时提供数据的两种视图（窗体视图和数据表视图），两种视图链接到同一数据源，并且总是相互保持同步。如果在窗体的某个视图中选择了一个字段，则会在该窗体的另一个视图中选择相同的字段。

④ 模式对话框：创建带有命令按钮的对话框窗体。该窗体总是保持在Access的顶层。如果没有关闭该窗体，则不能进行其他操作。用户登录校验所用的窗体通常属于该类窗体。

4.2.1 快速创建窗体

Access中提供了多种快速创建窗体的方法。创建窗体的基本步骤是先打开（或选定）一个表或者查询，即选择表或查询对象作为窗体的数据来源；然后选用某种快速创建窗体的工具创建窗体。但是在使用快速创建窗体工具创建窗体时，无法进行一些具体的设置，例如选择窗体的背景图像、排列窗体中的字段等。

1．使用“窗体”按钮

使用“窗体”按钮创建的窗体，其数据源为某个表或某个查询，其窗体布局结构简单、整齐。使用这种工具创建的是一种显示单条记录的窗体。

【例4.1】使用“窗体”按钮创建“学生信息表-窗体”，具体操作步骤如下。

① 打开“教务管理”数据库，在导航窗格中选中“学生信息表”作为数据源。

② 在“创建”选项卡的“窗体”组中单击“窗体”按钮，Access便会自动创建如图4-13所示的“学生信息表-窗体”。

③ 在该窗体的选项卡标题栏上单击鼠标右键，在弹出的快捷菜单中执行“保存”命令；在“另存为”对话框中，输入窗体名称“学生信息表-窗体”；单击“确定”按钮，保存窗体。

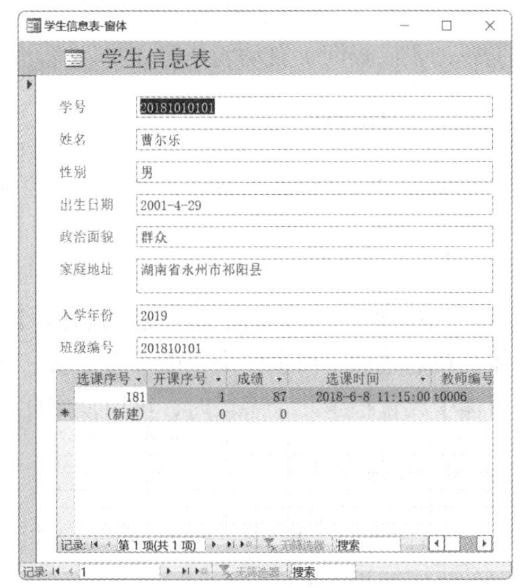

图 4-13 创建“学生信息表 - 窗体”

从图4-13中可以看到，在生成的主窗体下方有一个子窗体，其中显示了与“学生信息表”关联的该学生的“选课及成绩表”的数据，它是与主窗体中当前记录关联的表中的相关记录。其原理是“学生信息表”中的主键“学号”与“选课及成绩表”中的字段“学号”具有一对多的关系，所以系统会自动创建一个带有子窗体的主窗体。主窗体是基于数据源“学生信息表”创建的，子窗体中显示“选课及成绩表”中对应学生的课程及成绩信息。

2．选择“多个项目”选项

所谓多个项目，即在单个窗体中显示多条记录的窗体布局形式。若要创建这种窗体，可以选择“多个项目”选项。

【例4.2】通过“多个项目”选项，创建“学生信息表-多个项目”窗体，具体操作步骤如下。

① 打开“教务管理”数据库，在导航窗格中选中“学生信息表”。

② 在“创建”选项卡的“窗体”组中单击“其他窗体”按钮，在弹出的下拉列表中选择“多个项目”选项，Access会自动创建如图4-14所示的“学生信息表-多个项目”窗体并打开其布局视图。

③ 在该窗体的标题栏上单击鼠标右键，在弹出的快捷菜单中执行“保存”命令；在打开的“另存为”对话框中输入窗体名称“学生信息表-多个项目”；单击“确定”按钮，保存窗体。

图4-14　创建“学生信息表-多个项目”窗体

3．选择“分割窗体”选项

“分割窗体”选项用于创建具有两种布局形式的窗体。该类窗体上方采用单一记录纵栏式布局方式，下方采用多条记录数据表布局方式。这种分割窗体为浏览记录提供了方便，通过分割窗体，既可快速浏览多条记录，又可细致浏览记录明细。因此，这种窗体特别适用于数据表中的记录和字段都很多，需要快速定位特定记录并浏览某条记录明细的情况。

【例4.3】通过“分割窗体”选项，创建“学生信息表-分割窗体”窗体，具体操作步骤如下。

① 打开“教务管理”数据库，在导航窗格中选中“学生信息表”。

② 在“创建”选项卡的“窗体”组中单击“其他窗体”按钮，在弹出的下拉列表中选择“分割窗体”选项，Access便会自动创建图4-15所示的“学生信息表”窗体。

③ 在该窗体的标题栏上单击鼠标右键，在弹出的快捷菜单中执行“保存”命令；在“另存为”对话框中，输入窗体名称“学生信息表-分割窗体”；单击“确定”按钮，保存窗体。

在窗体的下半部分单击导航条，可以改变窗体上半部分的显示信息。

图 4-15　创建“学生信息表 - 分割窗体”窗体

4．选择“模式对话框”选项

选择“模式对话框”选项可以创建模式对话框窗体。这种窗体是一种信息交互窗体，其中包含“确定”和“取消”两个命令按钮。这类窗体的特点是其运行方式是独占式的，在退出窗体前不能操作其他数据库对象。

【例4.4】创建一个图4-16所示的“模式对话框”窗体，具体操作步骤如下。

① 在“创建”选项卡的“窗体”组中单击“其他窗体”按钮。

② 在打开的下拉列表中选择“模式对话框”选项，Access便会自动生成模式对话框窗体并以设计视图方式打开。可根据需要对控件位置、显示区域、窗体大小等进行调整，完成后切换至窗体视图，即可看到创建的“模式对话框”窗体的效果。

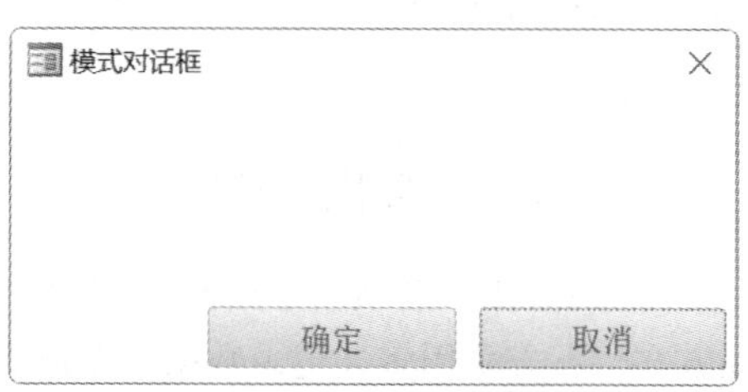

图 4-16　创建“模式对话框”窗体

4.2.2 使用“空白窗体”按钮创建窗体

使用“空白窗体”按钮可在布局视图中创建数据表窗体。在使用“空白窗体”按钮创建窗体的同时，Access会打开用于创建窗体的字段列表，用户可以根据需要将表中的字段拖到窗体对应区域，从而完成创建窗体的工作。

【例4.5】以“学生信息表”为数据源，使用“空白窗体”按钮创建显示“学号”“姓名”“性别”“出生日期”“政治面貌”“入学年份”字段的窗体，具体操作步骤如下。

① 在导航窗格中选中“学生信息表”作为数据源，单击“创建”选项卡“窗体”组中的“空

白窗体”按钮，打开空白窗体，同时打开“字段列表”窗格。

② 单击“字段列表”窗格中的“显示所有表”链接，单击“学生信息表”左侧的⊞按钮，展开该表包含的字段，如图4-17所示。

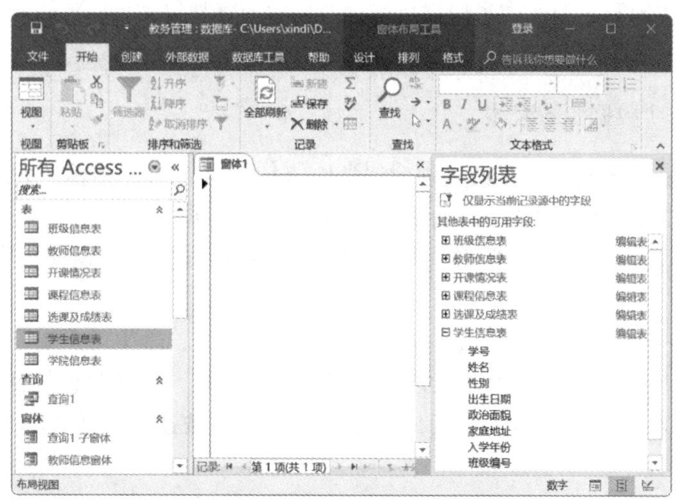

图 4-17　展开“学生信息表”包含的字段

③ 依次双击“学生信息表”中的“学号”“姓名”“性别”“出生日期”“政治面貌”“入学年份”字段，将这些字段添加到空白窗体中。在布局视图下，窗体中会显示该表中的第一条记录。同时，“字段列表”窗格的布局从一个窗格变为两个小窗格，即“可用于此视图的字段”窗格和“相关表中的可用字段”窗格，如图4-18所示。

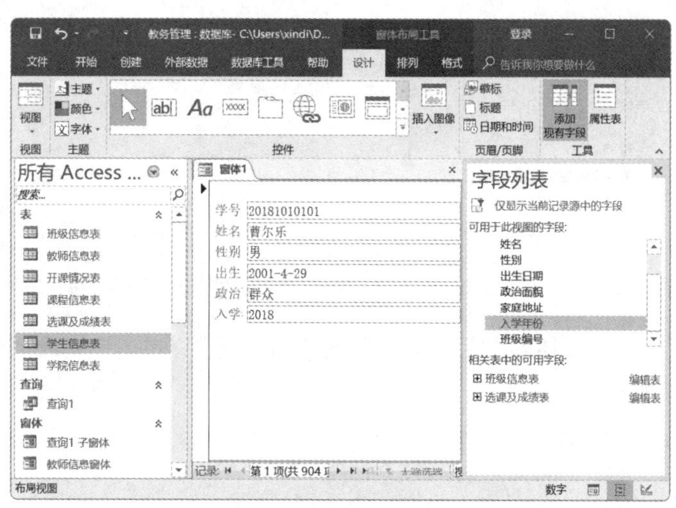

图 4-18　“字段列表”窗格变为两个小窗格

④ 关闭“字段列表”窗格，调整各控件至合适的大小，调整控件布局，保存该窗体并将其命名为“学生信息表-空白窗体”，如图4-19所示。

一般来说，当要创建的窗体只需要显示数据表中的某些字段时，使用“空白窗体”按钮创建窗体很方便。

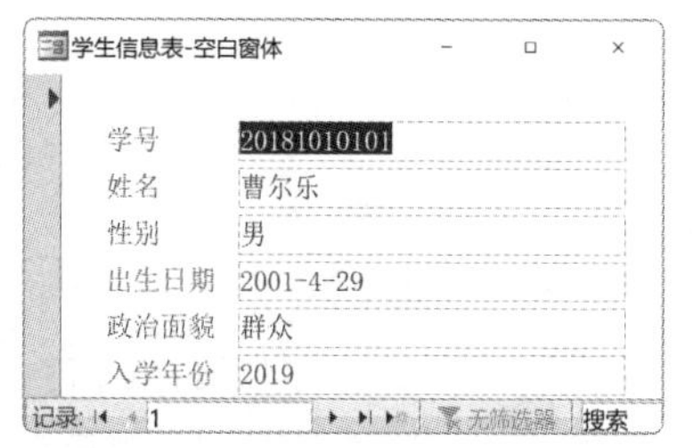

图 4-19　创建“学生信息表 - 空白窗体”

4.2.3 使用“窗体向导”对话框创建窗体

虽然使用“窗体”按钮、“其他窗体”按钮创建窗体非常方便快捷，但是创建的窗体在内容和形式上均受到很大限制，不能满足用户自主选择显示内容和显示方式的需求。因此，可以使用“窗体向导”对话框创建内容更丰富、样式更美观的窗体。

1．创建基于单个数据源的窗体

【例4.6】使用“窗体向导”对话框创建“学生信息-窗体向导”窗体，要求窗体布局为纵栏表，窗体显示“学生信息表”中的所有字段，具体操作步骤如下。

① 打开“教务管理”数据库，单击“创建”选项卡“窗体”组中的“窗体向导”按钮，打开“窗体向导”对话框。

② 选择窗体数据源。在“表/查询”下拉列表中选择“表：学生信息表”选项，依次双击左侧“可用字段”列表框中的所有字段名称或单击 >> 按钮，将“学生信息”表中的所有字段添加到“选定字段”列表框中，如图4-20所示。单击“下一步”按钮，打开“窗体向导”的第2个对话框。

③ 确定窗体使用的布局。在对话框右侧选中“纵栏表”单选按钮，如图4-21所示。单击“下一步”按钮，打开“窗体向导”的最后一个对话框。

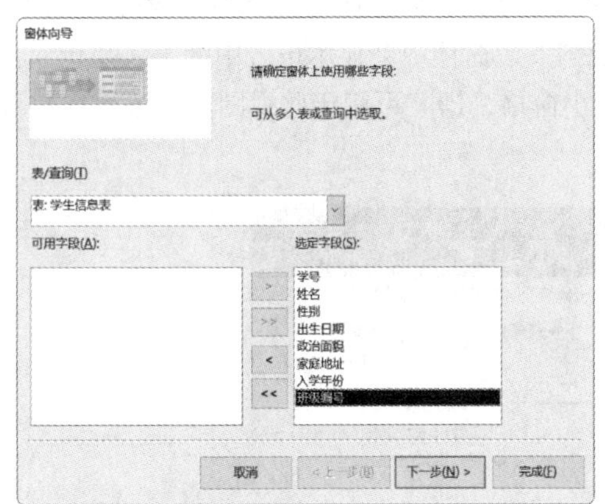

图 4-20　将所有字段添加到列表框中

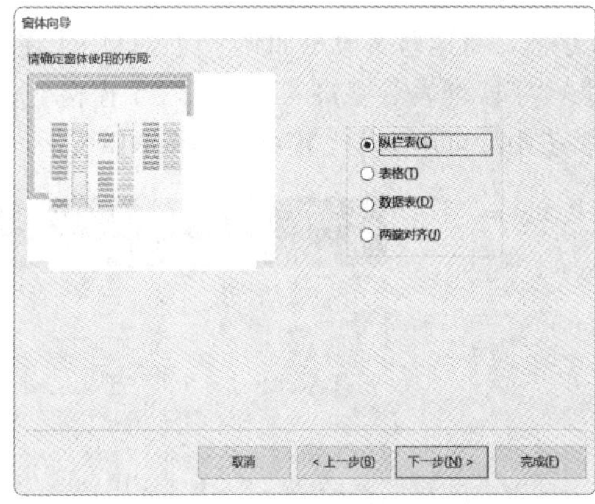

图 4-21　选中“纵栏表”单选按钮

④ 在该对话框中指定窗体名称为“学生信息-窗体向导”，单击“完成”按钮，可以看到创建的窗体，如图4-22所示。

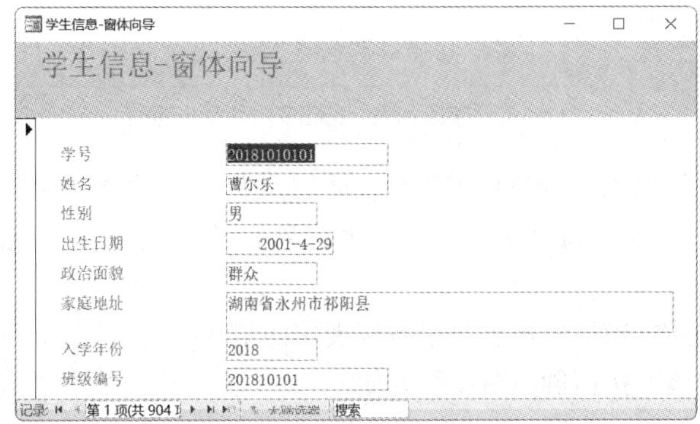

图 4-22　创建的“学生信息 - 窗体向导”窗体

在使用“窗体向导”创建窗体后，若没有自定义窗体名称，则Access会自动为窗体命名。用户可以关闭窗体后在导航窗格中对窗体进行重命名。

2．创建基于多个数据源的窗体

使用“窗体向导”对话框可以创建基于多个数据源的窗体，创建的窗体为带有子窗体的主窗体。

【例4.7】 使用“窗体向导”按钮创建窗体，其中显示所有学生的“学号”“姓名”“性别”“出生日期”“入学年份”“课程名称”“学分”“成绩”字段，具体操作步骤如下。

① 打开“教务管理”数据库，单击“创建”选项卡“窗体”组中的“窗体向导”按钮，打开“窗体向导”对话框。

② 选择窗体的数据源。在“表/查询”下拉列表框中选择“表:学生信息表”选项，依次双击“学号”“姓名”“性别”“出生日期”“入学年份”字段，将它们添加到“选定字段”列表框中；选择“表:课程信息表”选项，使用相同的方法将该表中的“课程名称”“学分”字段添加到“选定字段”列表框中；选择“表:选课及成绩表”选项，使用相同的方法将该表中的“成绩”字段添加到“选定字段”列表框中，如图4-23所示。单击“下一步”按钮，打开“窗体向导”的第2个对话框。

③ 确定查看数据的方式。在该对话框的左侧选择“通过 学生信息表”这一查看数据的方式（即以“学生信息表”的字段作为主窗体字段进行显示，主窗体中为单条记录，子窗体中为该记录所对应该学生的多条成绩信息），然后选中“带有子窗体的窗体”单选按钮，如图4-24所示。单击“下一步”按钮，打开“窗体向导”的第3个对话框。

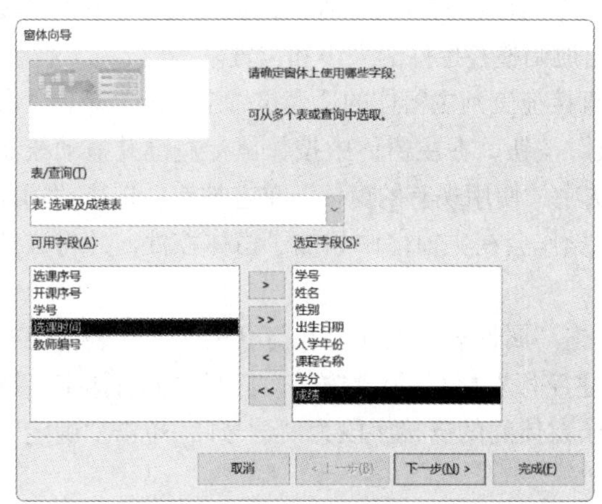

图 4-23 添加选定字段

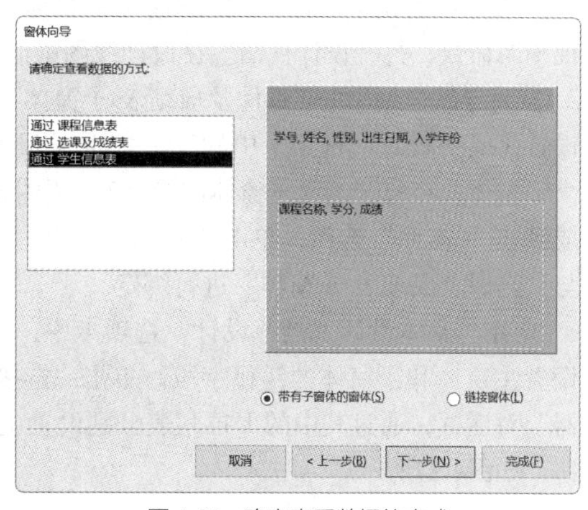

图 4-24 确定查看数据的方式

④ 指定子窗体所用布局。选中“数据表”单选按钮，如图4-25所示。单击“下一步”按钮，在“窗体向导”的最后一个对话框中，输入主窗体名称“学生信息-多个数据源”及子窗体名称“选课及成绩表 子窗体”。

⑤ 单击“完成”按钮，创建的带有子窗体的主窗体如图4-26所示。在窗体的设计视图中，可以根据需要修改各控件的布局及大小。

在此例中，数据来源于3个表，且这3个表之间存在主从关系。“学生信息表”通过“学号”字段与“选课及成绩表”的“学号”字段创建表间的一对多关系，所以这两个表之间存在主从关系。“课程信息表”通过“开课情况表”与“选课及成绩表”产生关联，也具有主从关系。选择不同的查看数据方式，会创建不同结构的窗体，例如，步骤③中选择了“通过 学生信息表”查看数据，因此创建的主窗体中显示“学生信息表”的记录，子窗体中显示“选课及成绩表”的记录。如果选择“通过 选课及成绩表”查看数据，则将创建单一窗体，该窗体将显示链接3个数据源后产生的所有记录。如果存在一对多关系的两个表已经分别创建了窗体，则可以将“多”对应的窗体添加到“一”对应的窗体中，使其成为子窗体。

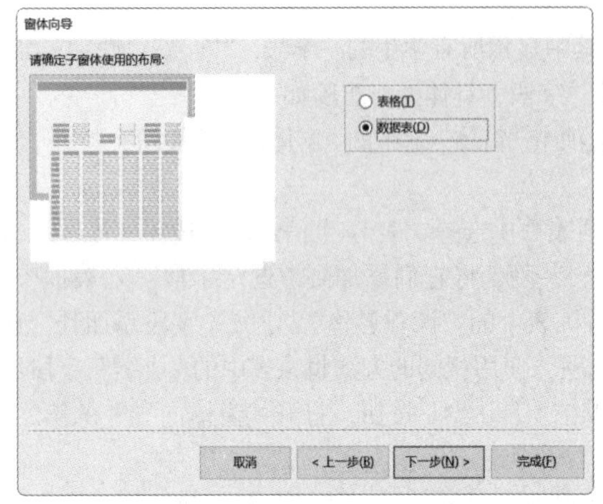

图4-25　选中“数据表”单选按钮

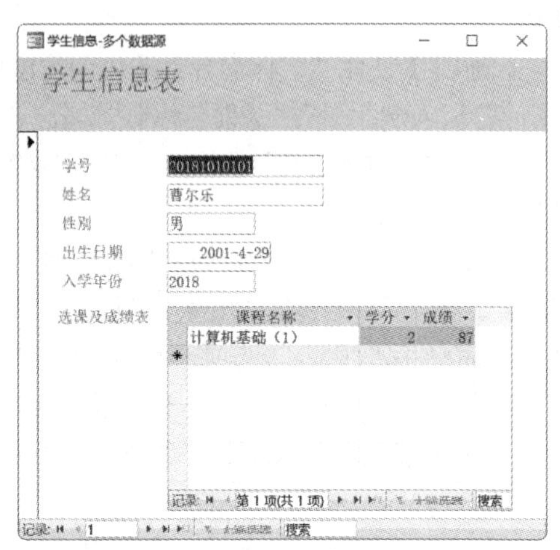

图4-26　创建带有子窗体的主窗体

【例4.8】将在例4.7中生成的“选课及成绩表 子窗体”（即包含课程名称、学分、成绩信息的数据表窗体）设置为例4.5中的子窗体，具体操作步骤如下。

① 在导航窗格中，在“学生信息-空白窗体”上单击鼠标右键，在弹出的快捷菜单中执行“设计视图”命令，打开设计视图。在设计视图中适当地调整各控件的大小和位置。

② 将导航窗格中的“选课及成绩表 子窗体”直接拖曳到主窗体的适当位置上。或者单击“窗体设计工具→设计”选项卡中的“子窗体/子报表”按钮，在主窗体中按住鼠标左键并拖动绘制一个子窗体；在打开的“子窗体向导”对话框中选中“使用现有的窗体”单选按钮；选择“选课及成绩表 子窗体”选项，单击“完成”按钮。此操作会在主窗体中添加子窗体控件，并将该控件与“选课及成绩表 子窗体”进行绑定。

③ 在“窗体设计工具→设计”选项卡中，单击“属性表”按钮，在打开的“属性表”窗格中设置主窗体和子窗体的链接字段。单击“链接主字段”之后的 按钮，打开“子窗体字段链接器”对话框，通过其中的下拉列表分别设置主子窗体间的链接字段为“学号”，单击“确定”按钮，如图4-27所示。

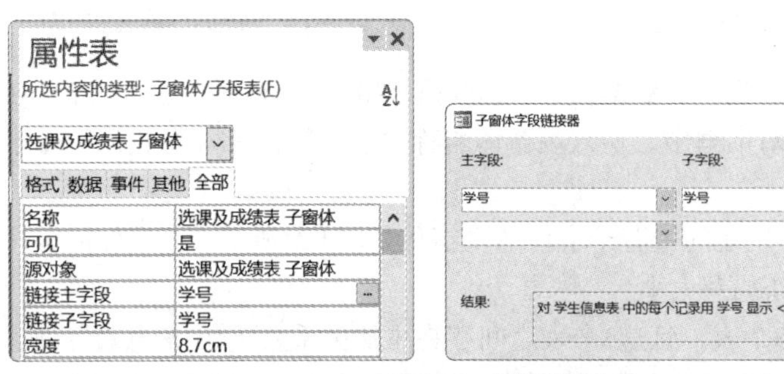

图4-27　设置链接字段

④ 切换到窗体视图，可以看到图4-28所示的“学生信息-空白窗体加子窗体”。

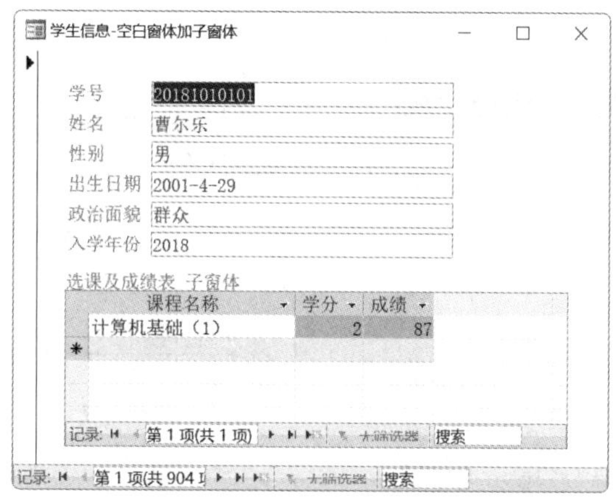

图 4-28 创建“学生信息 - 空白窗体加子窗体”

4.3 设计窗体

在创建窗体的各种方法中，较常用的是使用窗体设计视图，这种方法更灵活。利用窗体设计视图，用户可以根据实际需要创建相应类别的窗体，也可以完全控制窗体的布局和外观，如准确地将控件放在合适的位置并设置格式，从而取得满意的效果。

4.3.1 窗体的设计视图

在菜单栏中单击“插入”选项卡“窗体”组中的“窗体设计”按钮，打开窗体的设计视图。

1．设计视图的组成

窗体的设计视图由5部分组成，分别是“主体”“窗体页眉”“页面页眉”“页面页脚”“窗体页脚”，这些部分也称为节。

①“窗体页眉”节：位于窗体顶部，一般用于设置窗体的标题、窗体使用说明，打开相关窗体及执行某种功能的按钮等。

②“窗体页脚”节：位于窗体底部，一般用于显示对所有记录都要显示的内容、命令的操作说明等，也可以设置按钮，以便进行必要的控制。

③“页面页眉”节：一般用来设置窗体在打印时的页头信息，例如标题、要在每一页上方显示的内容等。

④“页面页脚”节：一般用来设置窗体在打印时的页脚信息，例如日期、页码或要在每页下方显示的内容。

⑤“主体”节：通常用来显示记录，可以只显示一条记录，也可以显示多条记录。

默认情况下，窗体的设计视图中只显示“主体”节，如图4-29所示。若要显示其他4个节，需要在“主体”节的空白区域中单击鼠标右键，在弹出的快捷菜单中执行“窗体页眉/页脚”命令和“页面页眉/页脚”命令，效果如图4-30所示。

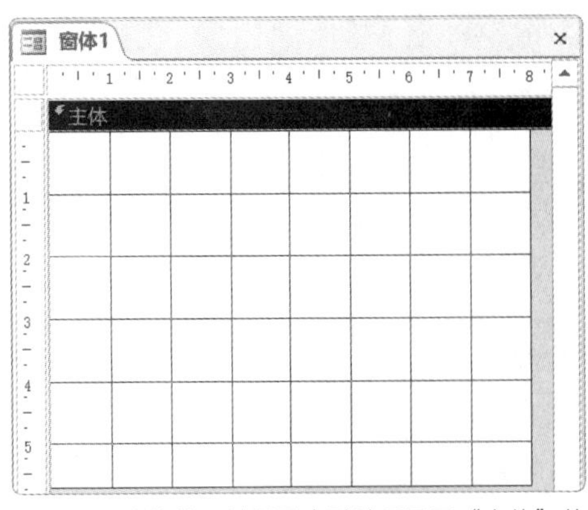

图 4-29　窗体的设计视图中默认只显示“主体”节

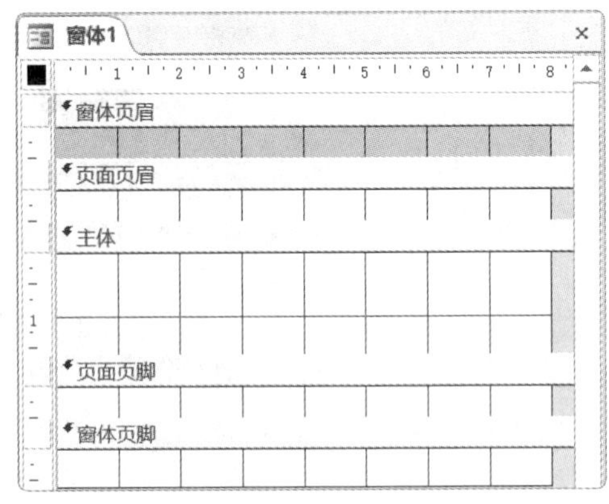

图 4-30　显示其他 4 个节的效果

2. “窗体设计工具”选项卡

打开窗体的设计视图后，在功能区中会出现“窗体设计工具”选项卡。该选项卡由“设计”“排列”“格式”3个子选项卡组成。其中，“设计”选项卡提供了设计窗体时会使用的主要工具，包括“视图”“主题”“控件”“页眉/页脚”“工具”5个组，如图4-31所示。这5个组的基本功能如表4-1所示。

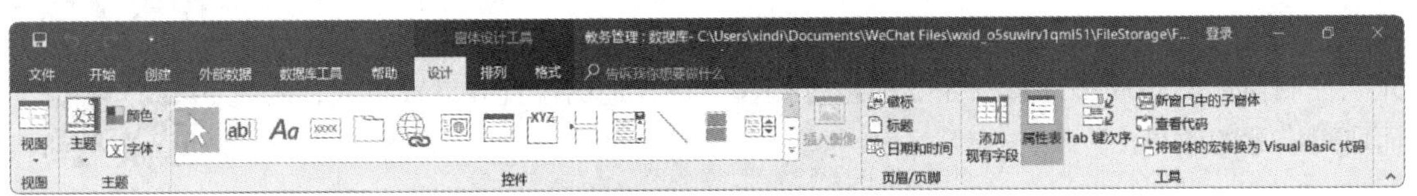

图 4-31　“窗体设计工具→设计”选项卡

表4-1　“窗体设计工具→设计”选项卡中5个组的基本功能

组名称	功能
视图	该组中只有一个带有下拉列表的“视图”按钮。直接单击该按钮，可切换窗体视图和布局视图；通过其下拉列表，可以切换其他视图
主题	可设置整个界面的视觉外观，包括“主题”“颜色”“字体”3个按钮。单击每一个按钮，均可以打开相应的下拉列表，在下拉列表中选择某一选项进行相应的格式设置
控件	控件是设计窗体的主要工具，由多类控件组成。限于显示区域大小，“控件”组中不能显示出所有控件。单击“控件”组右下方的“其他”按钮▼，可以打开“控件”对话框
页眉/页脚	用于设置窗体页眉/页脚和页面页眉/页脚，包括“徽标”“标题”“日期和时间”3个按钮。单击每个按钮，均可以在窗体中插入相应的内容
工具	提供设置窗体及控件属性等的相关工具，包括“添加现有字段”“属性表”“Tab键次序”等按钮。单击“添加现有字段”“属性表”按钮可分别打开或关闭“字段列表”窗格、“属性表”窗格

3. “字段列表”窗格

在多数情况下，窗体都是基于某些表或查询创建的，因此窗体内控件通常显示的是表或查询中的字段值。单击“窗体设计工具→设计”选项卡“工具”组中的“添加现有字段”按钮，可以打开“字段列表”窗格，如图4-32所示。单击表名称左侧的⊞按钮，可以展开该表包含的字段。

在创建窗体时，如果需要在窗体内使用控件来显示“字段列表”窗格中的某个字段值，可以在“字段列表”窗格中双击该字段或按住鼠标左键将其拖至窗体内，窗体会根据字段的数据类型自动创建相应类型的控件，并与此字段关联。例如，拖到窗体内的字段是文本型，将创建一个文本框来显示此字段值。注意：只有当窗体绑定了数据源后，窗体内的字段值才能正确显示。

图 4-32 “字段列表”窗格

4.3.2 常用控件概述

控件是构成窗体和报表的基础，是窗体和报表中的对象。由于窗体和报表具有许多共同的特征，所以不少控件既可以在窗体中使用，也可以在报表中使用。控件在窗体中起着显示数据、操作数据、执行操作及修饰窗体的作用，是构成用户界面的主要元素。“窗体设计工具→设计”选项卡“控件”组提供了窗体设计中会用到的控件，常用的控件包括标签、文本框、选项组、列表框、组合框、按钮、复选框、切换按钮、选项按钮、选项卡、图像等。常用控件按钮的基本功能如表4-2所示。

表4-2　　常用控件按钮的基本功能

按钮	名称	功能
	选择	用于选取控件、节或窗体。单击该按钮可以解锁以前锁定的按钮
	使用“控件向导”	用于打开或关闭“控件向导”。使用“控件向导”可以创建列表框、组合框、选项组、按钮、图表、子窗体或子报表。要使用向导来创建这些控件，必须单击“使用‘控件向导’”按钮
Aa	标签	用于显示说明文本的控件，如窗体的标题或指示文字。Access会自动为创建的控件附加标签
ab|	文本框	用于显示、输入或编辑窗体的基础记录源，显示计算结果，或接收用户输入的数据
XYZ	选项组	与复选框、单选按钮或切换按钮搭配使用，可以显示一组可选值
	切换按钮	可作为绑定到是/否型字段的独立控件，也可作为未绑定控件用来接收用户在自定义对话框中输入的数据，还可作为选项组的一部分
	选项按钮	可作为绑定到是/否型字段的独立控件，也可作为未绑定控件用于接收用户在自定义对话框中输入的数据，还可作为选项组的一部分
	复选框	可作为绑定到是/否型字段的独立控件，也可作为未绑定控件用于接收用户在自定义对话框中输入的数据，还可作为选项组的一部分
	组合框	具有列表框和文本框的特性，既可以在文本框中输入文字，也可以在列表框中选择选项，然后将值添加到字段中
	列表框	显示可滚动的数值列表。在窗体视图中，可以从列表框中选择值输入新记录中，或者更改现有记录中的值

续表

按钮	名称	功能
	按钮	单击可执行多种操作，如查找记录、打印记录或应用窗体筛选等
	图像	用于在窗体中显示静态图片。由于静态图片并非OLE对象，所以一旦将图片添加到窗体或报表中，便不能在Access 2016内进行图片编辑
	未绑定对象框	用于在窗体中显示未绑定的OLE对象（如Excel电子表格）。当在记录间移动时，该对象保持不变
	绑定对象框	用于在窗体或报表中显示绑定的OLE对象，例如一系列的图片。该控件针对的是保存在窗体或报表基础记录源字段中的对象。当在记录间移动时，不同的对象将显示在窗体或报表上
	插入分页符	用于在窗体中插入一个新的界面，或在打印窗体中插入一个新页
	选项卡控件	用于创建一个多页的选项卡窗体或选项卡对话框。在选项卡中可以复制或添加其他控件
	子窗体/子报表	用于显示来自多个表的数据
	直线	用于突出相关的或特别重要的信息
	矩形	用于添加矩形效果。例如，要在窗体中将一组相关的控件组织在一起以增强美观性时便可以使用该控件
	ActiveX控件	是由Access提供的可重用的控件。使用ActiveX控件可以很快地在窗体中创建具有特殊功能的控件
	超链接	用于在窗体中创建指向网页、图片、电子邮件地址或程序的链接
	Web浏览器控件	用于创建一个区域，该区域可以指向网页、图片、电子邮件地址或程序的链接目标内容
	导航控件	是Access 2016提供的新控件，用于向数据库应用程序中快速添加基本导航功能。它的界面类似于网站界面，其中包含用于导航的按钮和选项卡。如果创建Web数据库，此控件非常有用
	图表	用于在窗体中创建图表

窗体是由窗体主体和控件组合而成的，可以理解为在窗体中添加的每一个对象都是控件。例如，用户可以在窗体中使用文本框显示或者输入数据、单击按钮打开另一个窗体，以及使用直线或矩形来分隔与组织控件，以增强它们的可读性等。灵活地运用窗体控件，可以创建出功能强大、界面美观的窗体。

控件的类型分为绑定型、未绑定型和计算型3种。

① 绑定型控件。数据源是表或查询中的字段的控件称为绑定型控件。这种控件主要用于显示、输入、更新数据表中字段的值，值可以是文本、日期、数字、是/否值、图片或图形。

② 未绑定型控件。未绑定型控件没有数据源，可以用来显示信息、图片、图形等，常用于

美化窗体。

③ 计算型控件。计算型控件以表达式作为数据源，通过表达式指定控件数据源的值。表达式使用的数据可以来自窗体、报表的基础表或查询中的字段，也可以来自窗体中的其他控件。表达式可以是运算符、控件名称、字段名称、返回单个值的函数及常数的组合。

4.3.3 常用控件的功能

Access中的部分常用控件如图4-33所示。

图 4-33 Access 中的部分常用控件

1. 标签控件

标签控件主要用来在窗体或报表中显示说明性文本。例如，图4-33所示窗体左上角的“学号”“姓名”等文本都应用了标签控件。标签控件不显示字段或表达式的值，没有数据源。当从一条记录移到另一条记录时，标签控件的值不会改变。在实际应用中，可以将标签控件附加到其他控件上（这种标签控件被称为关联标签控件），也可以创建独立的标签控件（这种标签控件被称为单独的标签控件），单独的标签控件在数据表视图中并不显示。

2. 文本框控件

文本框控件主要用来输入或编辑数据，是一种交互式控件。文本框控件分为3种类型：绑定型控件、未绑定型控件和计算型控件。绑定型文本框控件能够通过表、查询或SQL语句获取需要的内容；未绑定型文本框控件并没有链接某一字段，一般用来显示提示信息或接收用户输入的数据等；计算型文本框控件可以显示表达式的结果，当表达式发生变化时，它会被重新计算。

3. 选项组控件

选项组控件是由一个组框架及一组复选框、单选按钮或切换按钮组成的。选项组控件能够简化输入操作，用户只要选择选项组中需要的值，就可以为字段选定数据。在选项组控件中每次只能选择一个选项。

如果选项组控件绑定了某个字段，则只有组框架本身绑定此字段，而不是组框架内的复选框、单选按钮或切换按钮。选项组控件可以设置为未绑定选项组，在自定义对话框中可以使用未绑定选项组来接收用户输入的数据，然后根据输入的数据执行相应的操作。

4．列表框与组合框控件

如果在窗体中输入的数据总是某一个表或查询中的数据，或者某一固定的数据，那么可以使用组合框或列表框控件来显示此类数据。这样既可以保证输入数据的正确性，也可以提高输入数据的效率。例如，以组合框或列表框控件形式输入“政治面貌”字段值，其中包括“党员”“团员”“群众”选项。将这些值放在组合框或列表框中，用户只须选择相应选项即可完成数据输入，如图4-33所示。

窗体中的列表框控件可以包含一列或多列数据，用户只能从列表框中选择值，而不能输入新值。

组合框的列表是由多行数据组成的，如图4-33中的“班级名称”和“学院名称”字段。当需要选择其他数据时，可以单击相应的下拉按钮。使用组合框既可以选择数据，也可以输入数据，这也是组合框控件和列表框控件的区别。

5．按钮控件

在窗体中可以使用按钮控件来执行某项操作或某些操作。例如，图4-33所示的“上一条记录”“添加记录”“保存记录”等都是命令按钮。使用Access提供的“命令按钮向导”对话框可以创建30多种不同类型的按钮。

6．复选框、切换按钮和单选按钮控件

复选框、切换按钮和单选按钮可作为单独的控件来显示表或查询中“是”或“否”的值。当勾选复选框或选中单选按钮时，表示值为“是”，反之为“否”。对于切换按钮，如果按下切换按钮，其值为“是”，否则其值为“否”。这3种控件如图4-34所示。

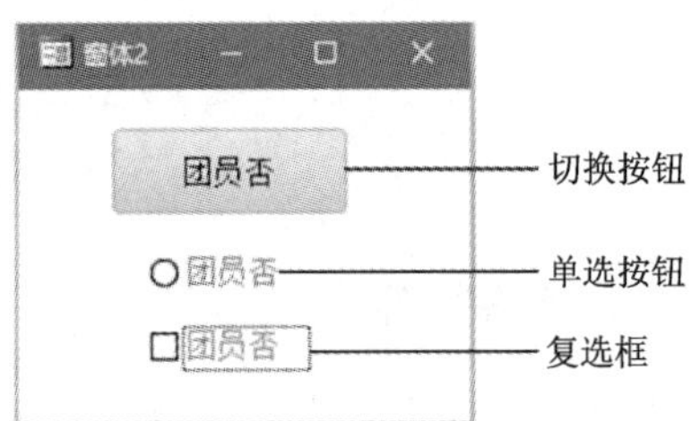

图 4-34　复选框、切换按钮和单选按钮

7．选项卡控件

当窗体中的内容较多且无法在一页内全部显示时，可以使用选项卡控件进行分页。在操作时只需单击选项卡上的标签名，就可以在多个选项卡间进行切换。选项卡控件主要用于对多个不同格式的数据操作窗体进行封装。也就是说，它能够使选项卡中包含多个数据操作窗体，且每个窗体中又可以包含若干个控件。选项卡控件和图像控件如图4-35所示。

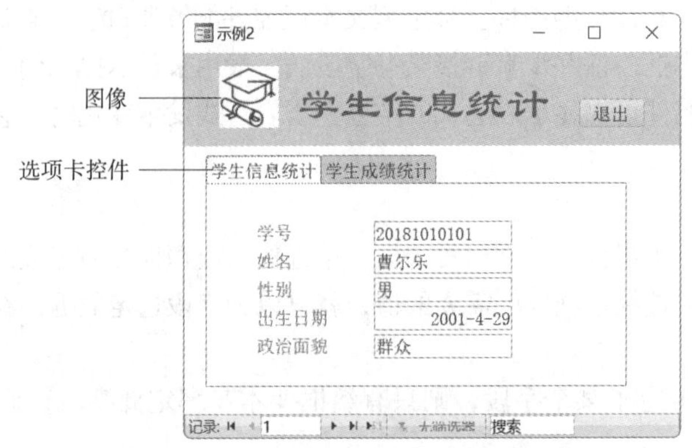

图 4-35　选项卡控件和图像控件

8．图像控件

在窗体中，用图像控件显示图片可以使窗体更加美观。图像控件具有图片、图片类型、超链接地址、可见性、位置及大小等属性，用户可以根据需要进行调整。

4.3.4 窗体与控件的属性

1．控件的选择

窗体的布局主要取决于窗体中的控件。在Access中，窗体中的每个控件都被看作一个独立的对象，用户可以单击控件进行选择，被选中的控件四周会出现小方块状的控制柄。此时，可以拖曳控制柄以调整控件的大小，也可以拖曳左上角的移动控制柄来移动控件。如果要改变控件的类型，则需要先选中控件，然后单击鼠标右键，在弹出的快捷菜单中执行“更改为”级联菜单中的新控件类型命令。如果希望删除不需要的控件，可以选中要删除的控件，单击鼠标右键，在弹出的快捷菜单中执行“删除”命令，或者选中控件后直接按Delete键。

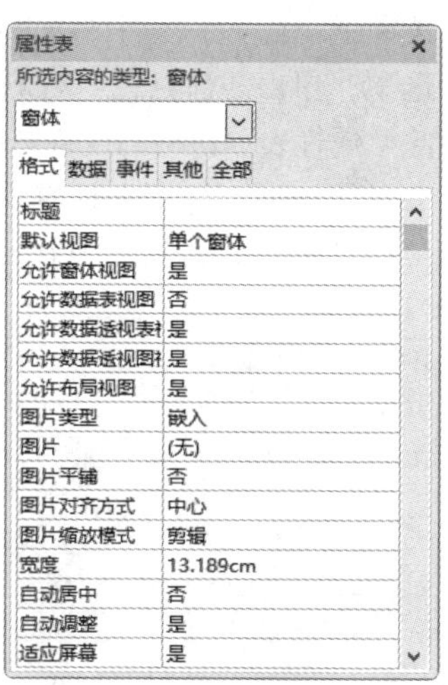

图 4-36 “属性表”窗格

2．显示“属性表”窗格

属性是控件、字段或数据库对象的特征，典型的特性包括对象的大小、颜色、外观、名称等。属性用于决定表、查询、字段、窗体及报表的特性。窗体本身及窗体中的每一个控件都具有各自的属性，这些属性可决定窗体和控件的外观、包含的数据，以及对鼠标或键盘事件的响应。报表本身也有属性，每个报表部分及单个控件也都有属性。

在窗体设计视图中，窗体和控件的属性可以在“属性表”窗格中进行设置。单击“窗体设计工具→设计”选项卡“工具”组中的“属性表”按钮，或单击鼠标右键，从弹出的快捷菜单中执行“属性”命令，打开“属性表”窗格，如图4-36所示。

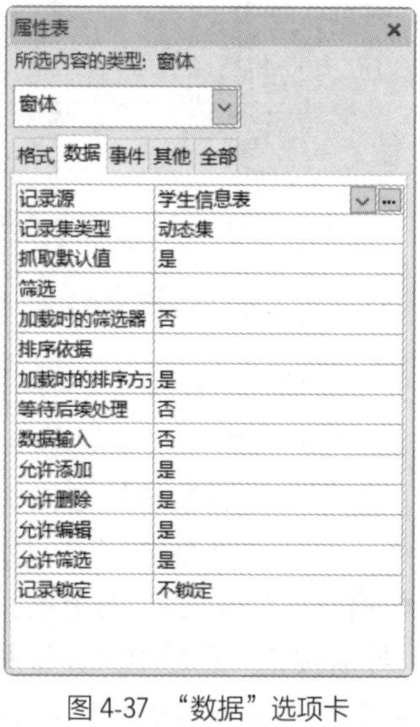

“属性表”窗格上方的下拉列表中包含当前窗体中的所有对象，可以从中选择要设置属性的对象，也可以直接在窗体中选中对象，该下拉列表中将显示被选中对象的名称。“属性表”窗格包含5个选项卡，分别是“格式”“数据”“事件”“其他”“全部”，其中“数据”选项卡如图4-37所示。在“属性表”窗格中设置某一属性时，先单击要设置属性的文本框，然后在文本框中输入值或表达式。如果文本框右侧有下拉按钮，可单击下拉按钮，从下拉列表中选择一个选项；如果文本框右侧有“生成器”按钮[...]，单击该按钮，会打开“表达式生成器”对话框，在其中可以设置其属性。

图 4-37 “数据”选项卡

3．“格式”选项卡中的属性

在“属性表”窗格中，“格式”“数据”等选项卡的属性较多，下面仅简单介绍几种常用的属性。“格式”选项卡中的属性主要用于设置窗体和控件的外观或显示格式。

控件“格式”选项卡中的属性包括“标题”“可见”“字体名称”“字号”“字体粗细”“倾斜字体”“前景色”“背景色”“特殊效果”等。“标题”属性用于设置控件中显示的文字；“前景色”和“背景色”属性分别用于设置控件中要显示文字的颜色和控件的底色；“字体名称”“字号”“字体粗细”“倾斜字体”等属性用于设置控件中要显示文字的相应格式效果。

【例4.9】设置例4.7中创建的“学生信息-多个数据源”窗体中的标题标签和“学号”标签的格式属性。其中，设置标题标签的“字体名称”为“隶书”，“字号”为“16”，“前景色”为“#/F49TD”；设置“学号”标签的“背景色”为“#ED/C24”，“前景色”为“#FFFFFF”，具体操作步骤如下。

① 用设计视图的方式打开“学生信息-多个数据源”窗体。如果此时没有打开“属性表”窗格，则单击“窗体设计工具→设计”选项卡“工具”组中的“属性表”按钮，打开“属性表”窗格。

② 选择“窗体页眉”节中的“学生信息-多个数据源”标题标签。本例中标签的默认名称为Label8，可根据需要的标题标签名称在“属性表”窗格中进行选择。单击“属性表”中的“格式”选项卡，在“字体名称”下拉列表框中选择“隶书”选项，在“字号”下拉列表框中选择“16”选项；单击“前景色”右侧的 ··· 按钮，从打开的“颜色”对话框中选择“深蓝”选项。标题标签“属性表”窗格的设置结果如图4-38所示。

③ 选中“学号”标签，使用相同方法设置标签的“前景色”“背景色”。“属性表”窗格的设置结果如图4-39所示。从中可以看到，“前景色”“背景色”的属性值是字符串，代表设置的颜色。

属性表

所选内容的类型: 标签

Label8

格式 数据 事件 其他 全部

标题	教师信息-多个数据源
可见	是
宽度	8.148cm
高度	1.004cm
上边距	0.101cm
左边距	0.101cm
背景样式	透明
背景色	背景 1
边框样式	透明
边框宽度	Hairline
边框颜色	文字 1, 淡色 50%
特殊效果	平面
字体名称	隶书
字号	16
文本对齐	常规
字体粗细	正常
下划线	否
倾斜字体	否
前景色	#1F497D
行距	0cm

图 4-38 设置标题标签的“属性表”窗格

属性表

所选内容的类型: 标签

学生编号

格式 数据 事件 其他 全部

标题	学号
可见	是
宽度	2.504cm
高度	0.511cm
上边距	0.603cm
左边距	0.603cm
背景样式	常规
背景色	#ED1C24
边框样式	透明
边框宽度	Hairline
边框颜色	文字 1, 淡色 50%
特殊效果	平面
字体名称	宋体 (主体)
字号	11
文本对齐	常规
字体粗细	正常
下划线	否
倾斜字体	否
前景色	#FFFFFF
行距	0cm

图 4-39 设置“学号”标签的“属性表”窗格

窗体“格式”选项卡中的属性包括“标题”“默认视图”“滚动条”“记录选择器”“导航按钮”“分隔线”“自动居中”“最大最小化按钮”“关闭按钮”“边框样式”等。窗体中的“标题”属性用于设置窗体标题栏中要显示的文字；“滚动条”属性值决定窗体显示时是否有窗体滚动条，可从“两者均无”“只水平”“只垂直”“两者都有”4个选项中选择一个；“记录选择器”属性有“是”和“否”两个值，决定窗体显示时是否有记录选择器，即数据表最左端是否有标志块；“导航按钮”属性有“是”和“否”两个值，决定窗体运行时是否有导航按钮，一般不需要数据导航或在窗体本身设置了数据浏览按钮时，该属性的值应设置为“否”，这样可以增强窗体的可读性；“分隔线”属性有“是”和“否”两个值，决定窗体显示时是否显示窗体各节间的分隔线；“最大最小化按钮”属性决定是否使用Windows标准的最大化按钮和最小化按钮。

【例4.10】设置例4.9中创建的窗体的格式属性，属性名称及属性值如表4-3所示。

表4-3 窗体格式属性的属性名称及属性值

属性名称	属性值	属性名称	属性值	属性名称	属性值
标题	例4.10学生信息-属性修改	记录选择器	否	导航按钮	否
滚动条	两者均无	分隔线	否	最大最小化按钮	无

具体操作步骤如下。

① 在例4.9创建的窗体的设计视图中单击窗体选择器，即窗体设计视图左上角的小方块，或在“属性表”窗格上方的下拉列表中选择“窗体”对象。

② 单击“属性表”窗格的“格式”选项卡，并按照表4-3所示的内容设置窗体的格式属性。设置结果如图4-40所示。适当调整各控件的位置和大小，使窗体控件排列整齐。切换到窗体视图，显示结果如图4-41所示。

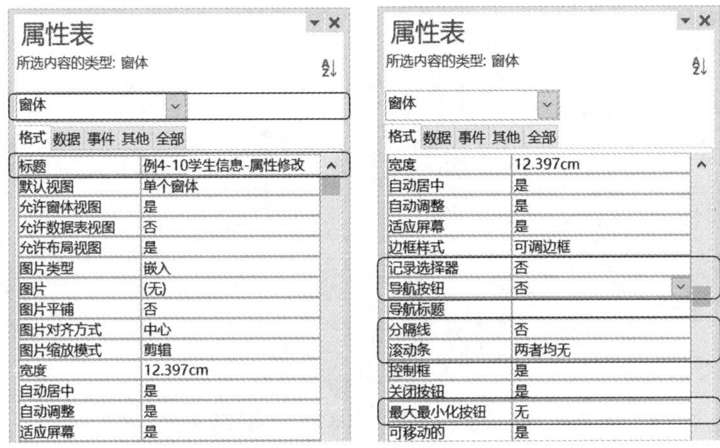

图 4-40 窗体的格式属性设置结果

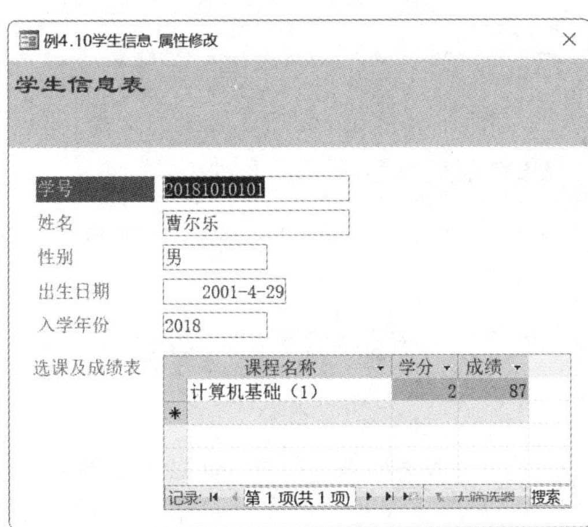

图 4-41 切换到窗体视图后的显示结果

4. “数据”选项卡中的属性

“数据”选项卡中的属性决定控件或窗体的数据源以及操作数据的规则，这些数据均为绑定在控件上的数据。控件“数据”选项卡中的属性包括“控件来源”“输入掩码”“验证规则”“验证文本”“默认值”“可用”“是否锁定”等。

“控件来源”属性用来告知Access如何检索或保存窗体中要显示的数据。如果控件来源中包含一个字段名，那么在控件中显示的就是数据表中该字段的值，对控件中的数据进行的任何修改都会被写入该字段中；如果设置该属性值为空，除非编写程序，否则在窗体控件中显示的数据不会写入数据表中的该字段中。如果该控件含有一个计算表达式，那么这个控件中会显示计算结果。

【例4.11】 在例4.10中创建的窗体中添加一个文本框，用于显示“年龄”字段值，它由出生日期计算得到（要求保留至整数），具体操作步骤如下。

① 打开例4.10创建的窗体的设计视图。

② 创建一个文本框，将标签改为“年龄”。

③ 选中该文本框，单击“属性表”窗格中“数据”选项卡下的“控件来源”文本框，输入计算年龄的公式“=Year(Date()) - Year([出生日期])”，如图4-42所示。

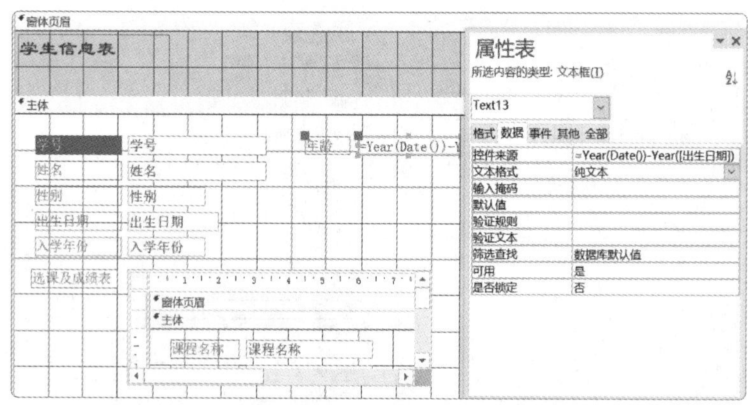

图 4-42　在“控件来源”文本框中输入计算年龄的公式

④ 切换到窗体视图，将该窗体名称设置为“例4.11计算年龄”，如图4-43所示。

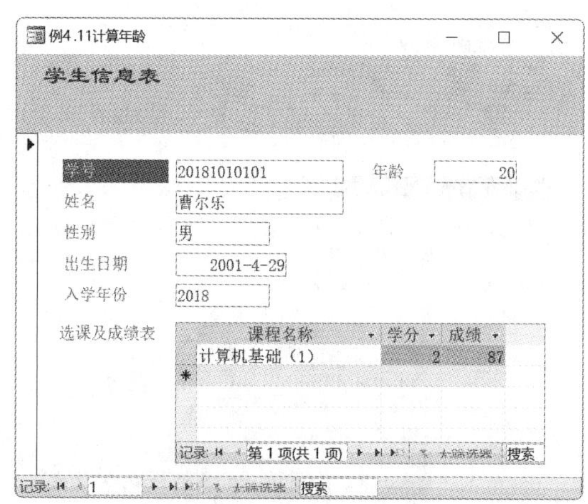

图 4-43　在窗体视图中设置窗体名称

控件的“输入掩码”属性用于设置控件的输入格式，仅对文本型或日期型数据有效。“默认值”属性用于设置计算型控件或未绑定型控件的初始值，可以使用“表达式生成器”对话框来确定默认值。“验证规则”属性用于设置在控件中输入数据的合法性检查表达式，可以使用“表达式生成器”对话框来创建合法性检查表达式。在窗体运行时，如果在控件中输入的数据违背了验证规则，那么为了给出明确提示，可以设置“验证文本”属性。“验证文本”属性用于指定当违背了验证规则时显示的提示信息。“是否锁定”属性用于指定控件是否允许在窗体视图中接收编辑控件中显示的数据。“可用”属性用于决定鼠标是否能够单击控件。如果该属性设置为“否”，则控件虽然一直在窗体视图中显示，但不能用Tab键选中它或使用鼠标单击它，同时在窗体中控件显示为灰色。

窗体的“数据”属性包括“记录源”“排序依据”“允许编辑”“数据输入”等。“数据输入”属性值需在“是”或“否”两个选项中选择。如果选择“是”选项，则在窗体打开时，只显示一个空记录，否则显示已有记录。

【例4.12】完成相关设置，使例4.11创建的窗体显示空记录，具体操作步骤如下。

① 用设计视图打开例4.11创建的窗体。

② 在“属性表”窗格上方的下拉列表中选择“窗体”对象，单击“属性表”窗格的“数据”选项卡，设置“数据输入”属性为“是”，如图4-44所示。

③ 切换到窗体视图，显示结果如图4-45所示。

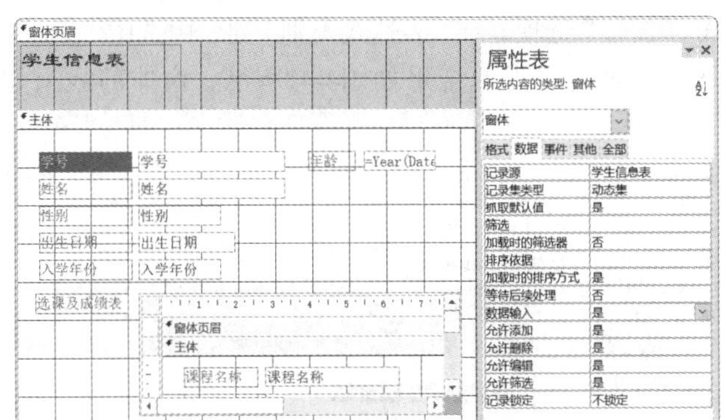

图 4-44　设置“数据输入”属性为“是”

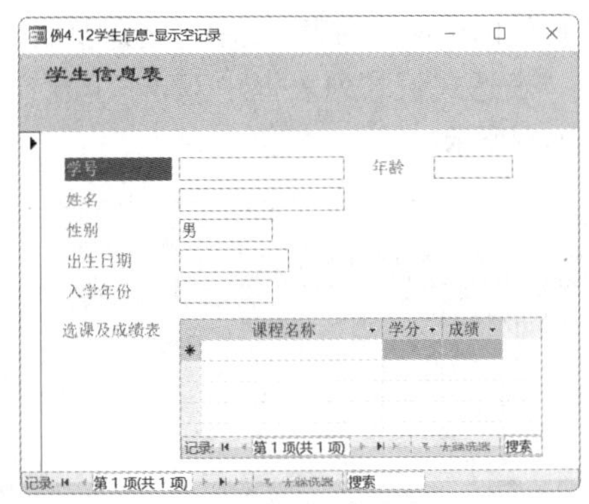

图 4-45　窗体视图中的显示结果

5．“其他”选项卡中的属性

“其他”选项卡中的属性表示控件的附加特征。控件“其他”选项卡中的属性包括“名称”“状态栏文字”“Tab键索引”“控件提示文本”等。窗体的每一个对象都有名称，由“名称”属性定义。若在程序中指定或使用某个对象，可以使用名称进行选择。控件的名称必须是唯一的。

【例4.13】在例4.11中创建的窗体下方显示学生的总选课数，具体操作步骤如下。

① 用设计视图的方式打开“选课及成绩表 子窗体”，在“窗体页脚”节添加一个文本框。

② 选中该文本框，在“属性表”窗格的“其他”选项卡中单击“名称”文本框，在该文本框中输入“txtC”；单击“数据”选项卡中的“控件来源”文本框，在该文本框中输入“=Count(*)”，如图4-46所示。

③ 关闭并保存“选课及成绩表 子窗体”。

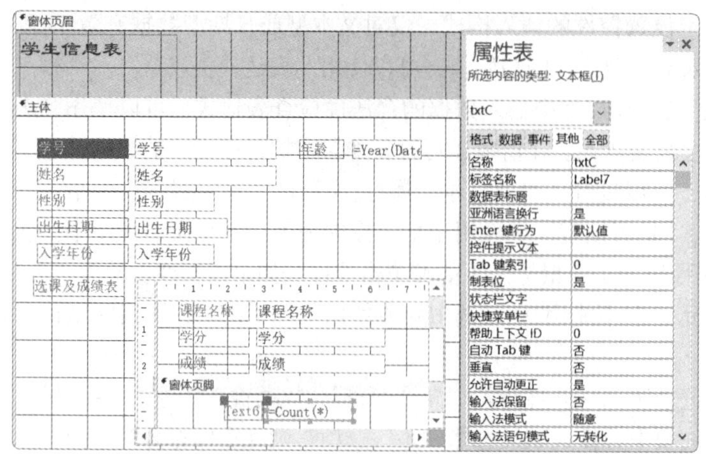

图 4-46　设置“其他”和“数据”选项卡

④ 在导航窗格中复制“例4.11计算年龄”窗体，并将复制的窗体命名为“例4.13计算学生人数”。用设计视图打开“例4.13计算学生人数”窗体，并在主窗体的“主体”节下方添加一个文本框，将该文本框的附加标签改为“人数”。

⑤ 选中该文本框，在“属性表”窗格中，单击“数据”选项卡中“控件来源”右侧的 ··· 按钮，打开“表达式生成器”对话框。单击对话框左下方“例4.13计算学生人数”前的 ⊞ 按钮，展开该窗体的子窗体列表，选择“选课及成绩表 子窗体”选项，在“表达式类别”列表中选中“txtC”；在“表达式值”列表框中双击“<值>”选项。表达式设置结果如图4-47所示。窗体的效果如图4-48所示。

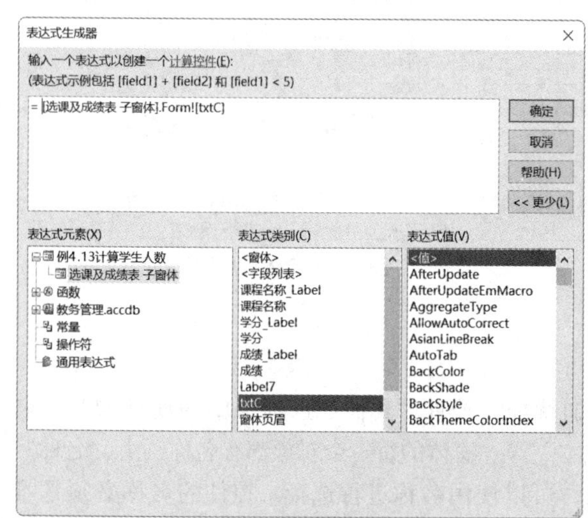

图 4-47　表达式设置结果

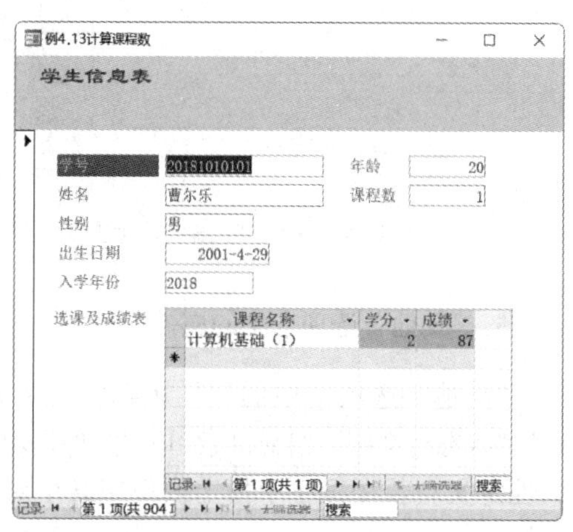

图 4-48　窗体效果

【例4.14】创建一个图4-49所示的体形测试窗体，当用户输入身高、体重和性别的数据后，系统会自动给出测试结果。

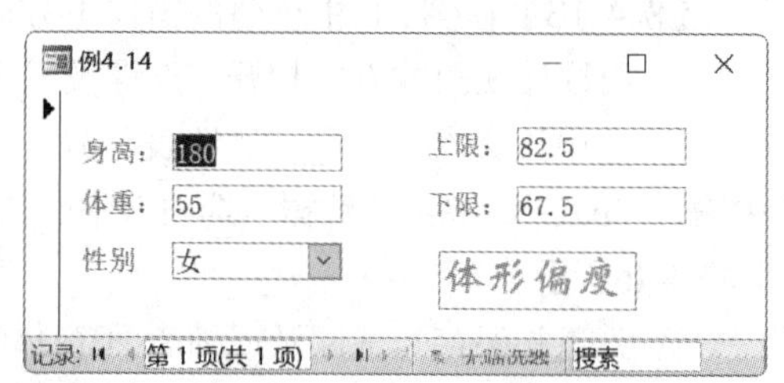

图 4-49　体形测试窗体

假设测试结果的计算规则如下：对于男性，身高（cm）减去100的差乘以1.1为体重的上限值，身高减去100的差乘以0.9为体重的下限值；对于女性，身高减去105的差乘以1.1为体重的上限值，身高减去105的差乘以0.9为体重的下限值。如果体重在上限、下限范围内，则测试结果为体形适中；高于上限值为体形偏胖；低于下限值为体形偏瘦。创建该窗体的具体操作步骤如下。

① 创建一个空白窗体，并切换至设计视图。在窗体的适当位置添加5个文本框控件，其中两个用于保存用户输入的身高和体重，两个用于显示计算得到的体重上限值和下限值，一个用于显示测试结果。将其中4个文本框标签的“标题”属性分别设置为“身高：”“体重：”“上限：”“下限：”；将其“名称”属性分别设置为“txtH”“txtW”“txtMax”“txtTMin”。删除第5个文本框的关联标签，将其“名称”属性设置为“txtT”。

② 在窗体的适当位置创建一个组合框，自行输入所需的值，输入“男”和“女”，指定组合框的标签为“性别：”，输入组合框的标题“性别”，则组合框下拉列表中的选项为“男”和“女”，如图4-50所示。设置组合框的“名称”属性为“ComS”。

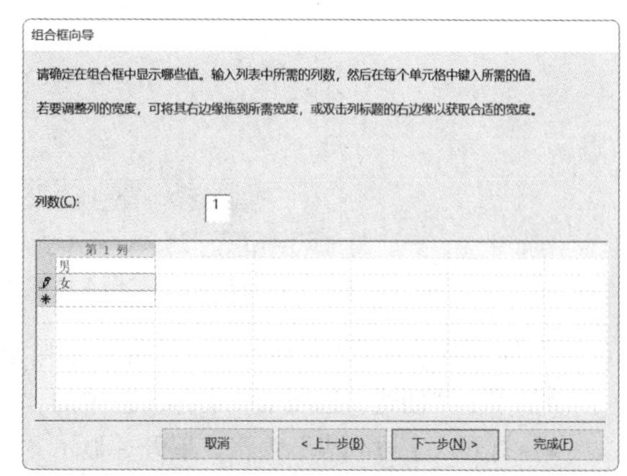

图 4-50 组合框下拉列表中的选项为“男”和“女”

③ 名称为“txtMax”的文本框是计算型控件，显示计算得到的体重上限值。将该文本框的“控件来源”属性设置为“=IIF([comS]="男" , ([txtH] -100) *1.1 , IIF([comS]="女", ([txtH]-105) * 1.1, ""))”。

④ 名称为“txtMin”的文本框是计算型控件，显示计算得到的体重下限值。将该文本框的“控件来源”属性设置为“=IIF([comS]="男" , ([txtH] -100) *0.9, IIF([comS]="女", ([txtH]-105) * 0.9, ""))”。

⑤ 名称为“txT”的文本框是计算型控件，显示测试结果。将该文本框的“默认值”属性设置为“""”(空字符串)，“字体名称”属性设置为“华文新魏”，“字号”属性设置为“18”，“前景色”属性设置为“绿色”，“控件来源”属性设置为“= IIf([txtW]>[txtMax],"体形偏胖", IIf([txtW]<[txtMin], "体形偏瘦", "体形适中"))”。

⑥ 在窗体的适当位置添加两个矩形控件，按照图4-49所示的大小和位置进行调整。

⑦ 将窗体“标题”属性值改为“体形测试”，并按照表4-3所示的内容设置窗体的其他属性。切换到窗体视图，显示结果如图4-49所示。

如果在组合框和文本框控件中使用“自动校正”属性，将会更正控件中的拼写错误。“控件提示文本”属性用于在运行窗体时，将鼠标指针放置在一个对象上后，显示提示信息。

窗体“其他”选项卡中的属性包括“模式”“弹出方式”“循环”等。如果将“模式”属性设置为“是”，则保证在应用系统窗口中仅有该窗体处于打开状态，即该窗体打开后，无法打开其他窗体或Access的其他对象。“循环”属性可以选择“所有记录”“当前记录”“当前页”中的一个，表示移动控制点时控制点的循环规律。其中，“所有记录”表示从某个记录的最后一个字段移到下一个记录；“当前记录”表示从某个记录的最后一个字段移到该记录的第一个字段；“当前页”表示从某个记录的最后一个字段移到当前页中的第一个记录。

4.3.5 控件的综合应用

在设计视图中，可以运用多种控件创建窗体，下面结合实例详细介绍。

【例4.15】基于“教务管理”数据库，运用设计视图创建图4-51所示的窗体，窗体名为“例4.15教师信息窗体-新增”。该窗体包含文本框、标签、选项组、组合框、列表框和按钮等类型的控件。

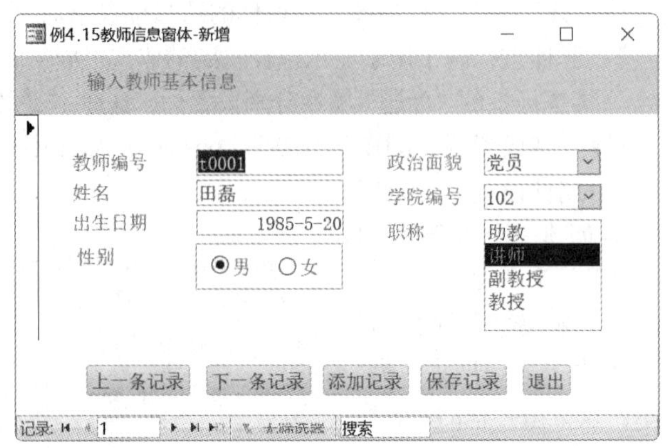

图 4-51　“例 4.15 教师信息窗体 - 新增”窗体

① 创建绑定型文本框控件，具体操作步骤如下。

- 单击“创建”选项卡“窗体”组中的“窗体设计”按钮，打开窗体设计视图。
- 打开“字段列表”窗格，展开并显示“教师信息表”中的所有字段。
- 将“教师编号”“姓名”“出生日期”等字段依次拖到窗体内的适当位置，在该窗体中创建绑定型文本框控件，如图4-52所示。

② 创建标签控件。在图4-52所示的设计视图中创建标签控件，具体操作步骤如下。

- 在“主体”节的空白区域中单击鼠标右键，在弹出的快捷菜单中执行“窗体页眉/页脚”命令，在窗体的设计视图中添加“窗体页眉”节和“窗体页脚”节。
- 单击“控件”组中的“标签”按钮*Aa*。在“窗体页眉”节单击要放置标签的位置，然后在标签内输入“输入教师基本信息”，在该窗体中创建标签控件，如图4-53所示。

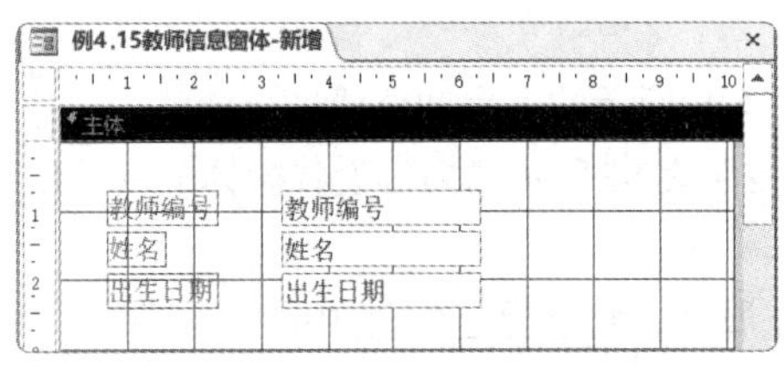

图 4-52　创建绑定型文本框控件

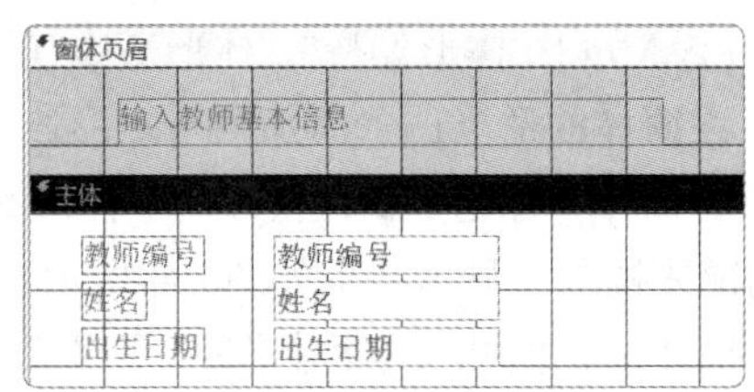

图 4-53　创建标签控件

③ 创建选项组控件。在窗体的设计视图中创建“性别”选项组。为“性别”字段设置选项组时，应先确保窗体记录源中包含“性别”字段。另外，还应打开“选项组向导”对话框，以便可以使用向导进行创建。具体操作步骤如下。

- 将“性别”字段从“字段列表”窗格中拖至窗体的设计视图中，窗体中将自动创建一个绑定型文本框控件，并将该字段加入窗体数据源。单击“窗体设计工具→设计”选项卡“控件”组中的“选项组”按钮[XYZ]；在窗体中单击要放置选项组的左上角位置，打开“选项组向导”对话框；在该对话框的“标签名称”文本框中分别输入“男”“女”，如图4-54所示。每输入完一个值就按Tab键。

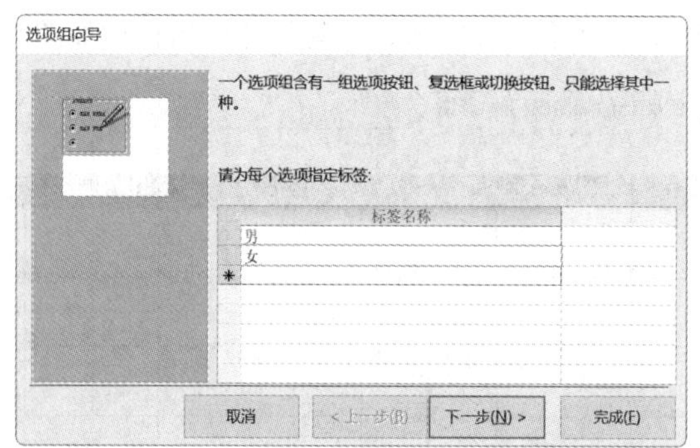

图 4-54　在“标签名称”文本框中分别输入“男”“女”

- 单击“下一步”按钮，打开“选项组向导”的第2个对话框。在该对话框中确定是否需要设置默认选项，选中“是，默认值选项是”单选按钮，并指定“男”选项为默认选项，如图4-55所示。
- 单击“下一步”按钮，打开“选项组向导”的第3个对话框。此处设置“男”选项值为“0”，“女”选项值为“1”，如图4-56所示。

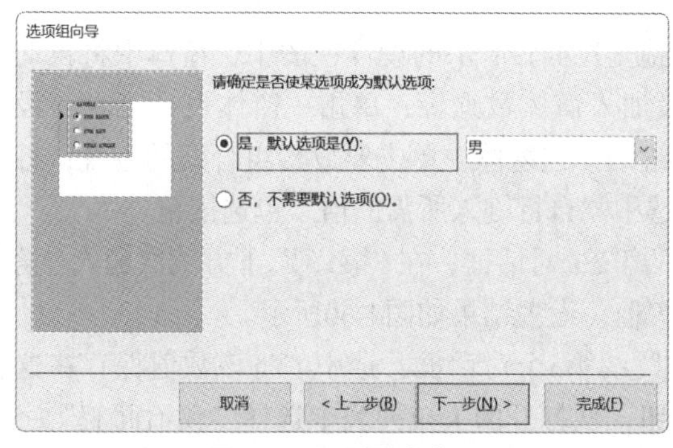

图 4-55　设置默认选项

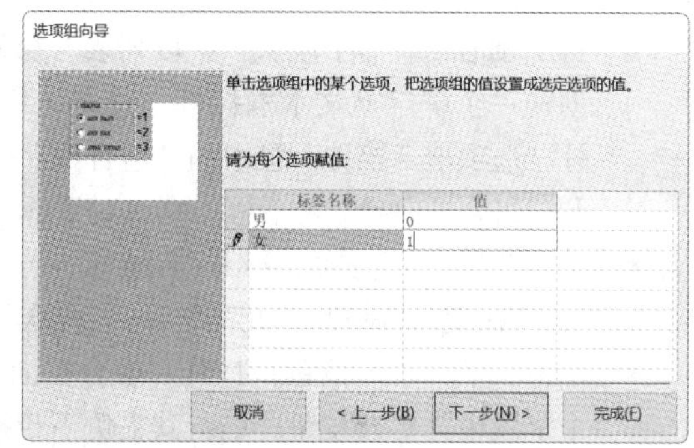

图 4-56　设置选项值

- 单击“下一步”按钮，打开“选项组向导”的第4个对话框。选中“在此字段中保存该值”单选按钮，并在其右侧的下拉列表中选择“性别”字段。设置保存的字段如图4-57所示。
- 单击“下一步”按钮，打开“选项组向导”的第5个对话框，选中“选项按钮”及“蚀刻”单选按钮。设置选项组中使用的控制类型及样式如图4-58所示。

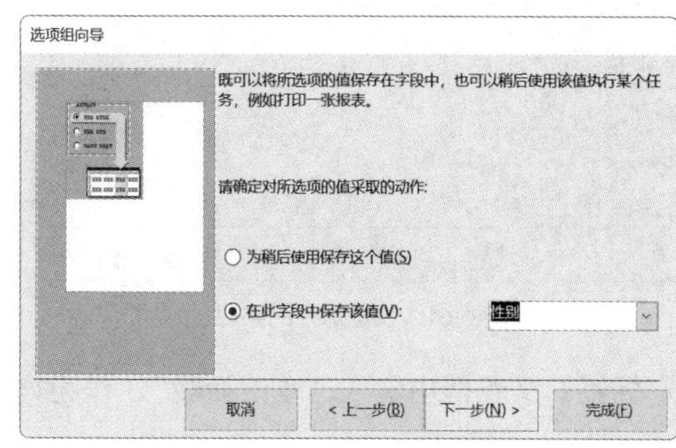

图 4-57　设置保存的字段

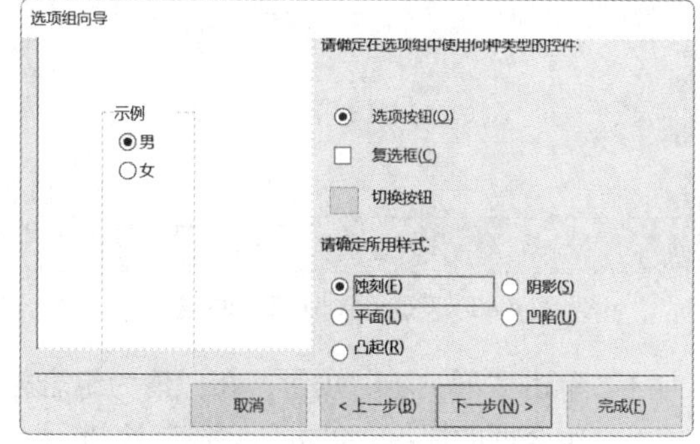

图 4-58　设置选项组中使用的控制类型及样式

- 单击“下一步”按钮，打开“选项组向导”的最后一个对话框，在“请为选项组指定标题”文本框中输入选项组的标题“性别”，然后单击“完成”按钮。

- 删除第①步中创建的“性别”文本框，创建的选项组控件如图4-59所示。

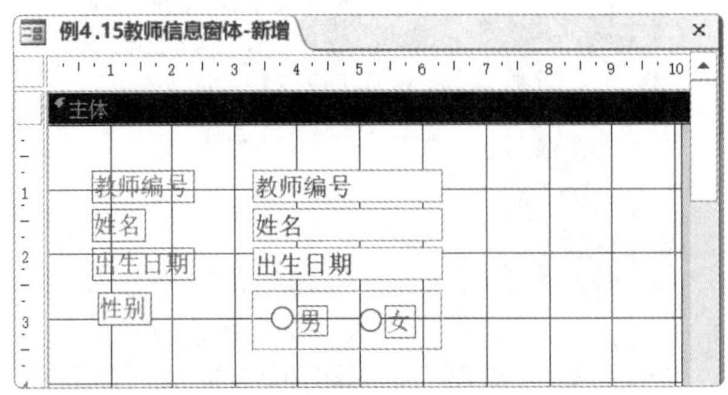

图 4-59　创建的选项组控件

④ 创建绑定型组合框控件。组合框控件能够将内容罗列出来供用户选择。组合框控件分为绑定型与未绑定型两种。如果要保存在组合框中选择的值，一般创建绑定型组合框控件；如果要使用组合框中选择的值来决定其他控件的内容，可以创建未绑定型组合框控件。

在创建绑定型组合框控件前，需要确保窗体数据源中包含相应的字段。创建“政治面貌”组合框控件的具体操作步骤如下。

- 将“政治面貌”字段从“字段列表”窗格拖至图4-59所示的设计视图中，窗体中将自动创建一个绑定型文本框控件，并将该字段加入窗体数据源；单击“窗体设计工具→设计”选项卡“控件”组中的“组合框”按钮，在窗体中单击要放置组合框的位置；打开“组合框向导”对话框，在该对话框中选中“自行键入所需的值”单选按钮。
- 单击“下一步”按钮，打开“组合框向导”的第2个对话框，在“第1列”下方依次输入“党员”“民盟”“民建”“九三学社”“群众”等值。设置结果如图4-60所示。
- 单击“下一步”按钮，打开“组合框向导”的第3个对话框，选中“将该数值保存在这个字段中”单选按钮；单击其右侧下拉按钮，从打开的下拉列表中选择“政治面貌”字段，设置保存的字段，如图4-61所示。

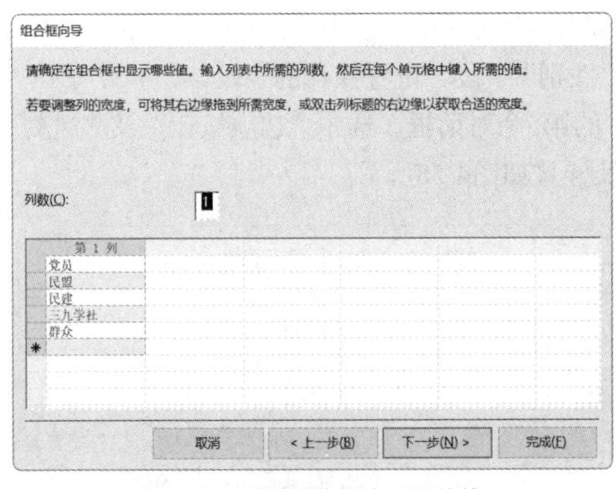

图 4-60　设置组合框中显示的值

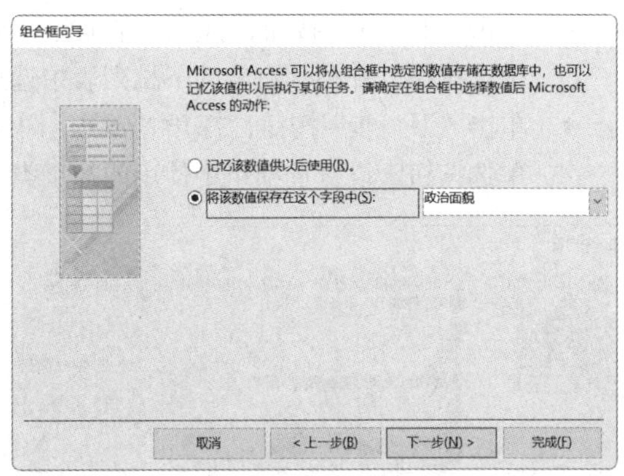

图 4-61　设置保存的字段

- 单击“下一步”按钮，在“请为组合框指定标签”文本框中输入“政治面貌”，作为该组合框的标签，单击”完成”按钮。
- 删除第①步中创建的“政治面貌”文本框，然后对创建的组合框进行调整。可参照上述方法创建“学院编号”组合框控件。创建的绑定型组合框控件如图4-62所示。

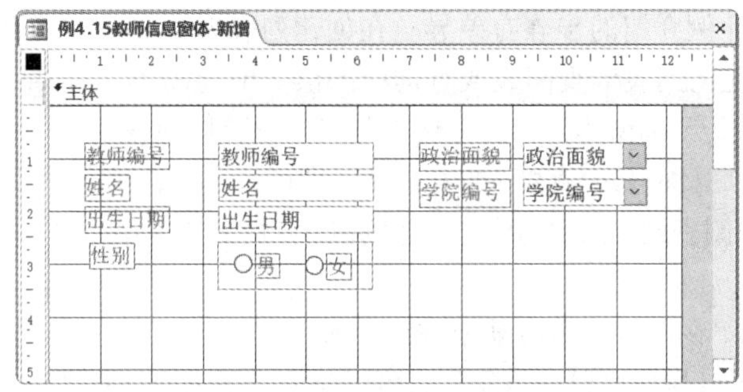

图 4-62　创建绑定型组合框控件

⑤ 创建绑定型列表框控件。与组合框控件相似，列表框控件分为绑定型与未绑定型两种。在创建绑定型列表框控件前，要确保窗体记录源中包含相应的字段。创建“职称”列表框的具体操作步骤如下。

- 将“职称”字段从“字段列表”窗格拖至图4-62所示的设计视图中，然后单击“列表框”按钮；在窗体中单击要放置列表框的位置，打开“列表框向导”对话框。如果选中“使用列表框查阅表或查询中的值”单选按钮，则在创建的列表框中显示所选表的相关值；如果选中“自行键入所需的值”单选按钮，则在创建的列表框中显示输入的值。此例选择后者。
- 单击“下一步”按钮，打开“列表框向导”的第2个对话框，在“第1列”下方依次输入“教授”“副教授”“讲师”“助教”“其他”。
- 单击“下一步”按钮，打开“列表框向导”的第3个对话框，选中“将该数值保存在这个字段中”单选按钮；单击其右侧的下拉按钮，从打开的下拉列表中选择“职称”字段，设置保存的字段，如图4-63所示。

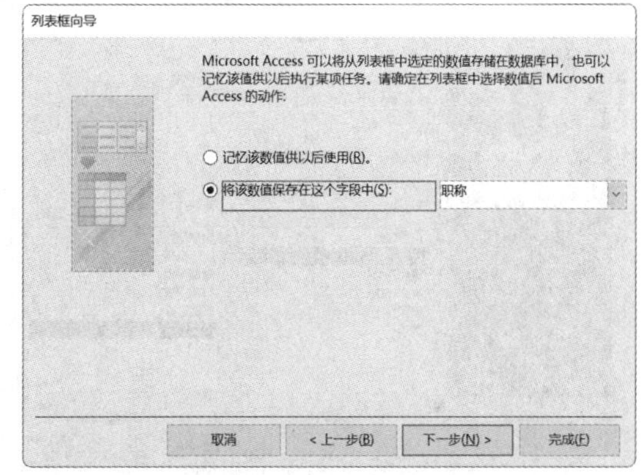

图 4-63　设置保存的字段

- 单击“下一步”按钮，在“请为列表框指定标签”文本框中输入“职称”，作为该列表框的标签，然后单击“完成”按钮。
- 删除第①步中创建的“职称”文本框，创建的列表框控件如图4-64所示。

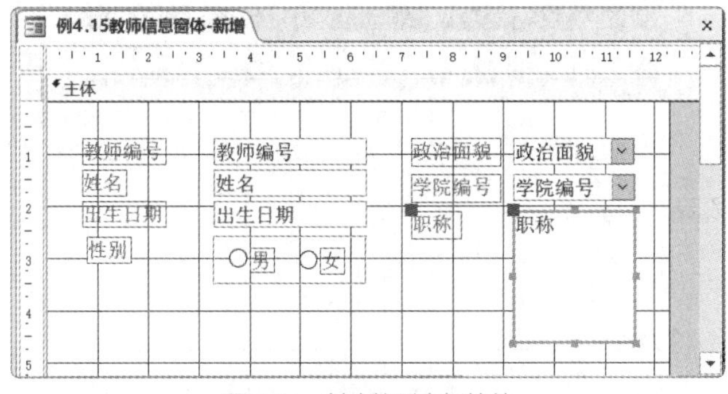

图 4-64　创建的列表框控件

如果在创建“职称”列表框的第①步选中了“使用列表框查阅表或查询中的值”单选按

钮，那么创建步骤与此例介绍的步骤有差异。在创建列表框时，选中“自行键入所需的值”单选按钮，还是选中“使用列表框查阅表或查询中的值”单选按钮，需要根据具体情况而定。如果要创建可输入或修改记录的窗体，那么一般应选中“自行键入所需的值”单选按钮，这样列表框中列出的数据不会重复，此时从中直接选择相应选项即可；如果要创建的是显示记录窗体，那么可以选中“使用列表框查阅表或查询中的值”单选按钮，这时列表框中将显示存储在表或查询中的实际值。

⑥ 创建按钮控件。在窗体中单击某个按钮（如“添加记录”“保存记录”“退出”等按钮）可以完成特定操作。这些操作可以是过程，也可以是宏。下面介绍在图4-62所示的设计视图中，使用“命令按钮向导”对话框创建“添加记录”按钮的操作方法，具体操作步骤如下。

- 单击“窗体设计工具→设计”选项卡“控件”组中的“按钮”按钮 XXXX，在“窗体页脚”节单击要放置按钮的位置，打开“命令按钮向导”对话框；在对话框的“类别”列表框中列出了可供选择的类别，每个类别在“操作”列表框中均有对应的多种操作；在“类别”列表框内选择“记录操作”选项，然后在“操作”列表框中选择“添加新记录”选项，如图4-65所示。
- 单击“下一步”按钮，打开“命令按钮向导”的第2个对话框，为按钮设置显示文本。选中“文本”单选按钮，在其后的文本框内输入“添加记录”，如图4-66所示。

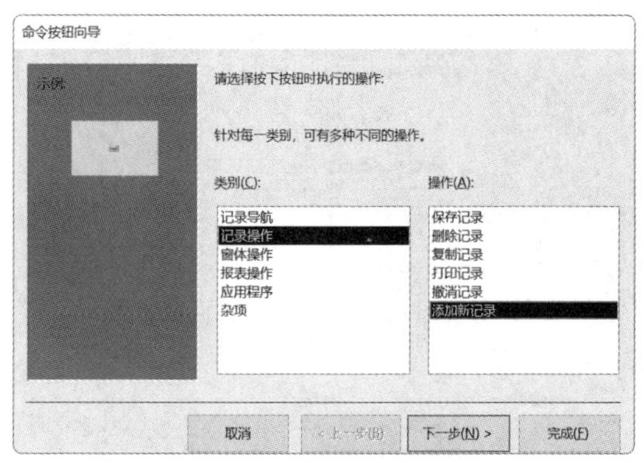

图 4-65 选择“类别”和“操作”

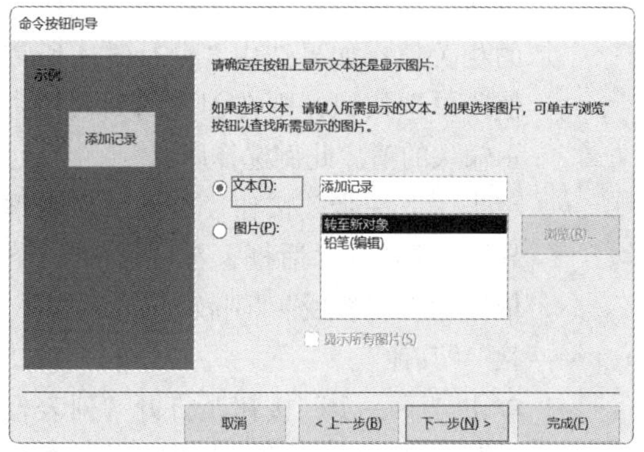

图 4-66 为按钮设置显示文本

- 单击“下一步”按钮，在打开的对话框中为创建的按钮命名，以便以后引用。单击“完成”按钮，至此按钮控件创建完成。用相同的方法创建其他按钮控件，所有按钮控制创建完成后的结果如图4-67所示。

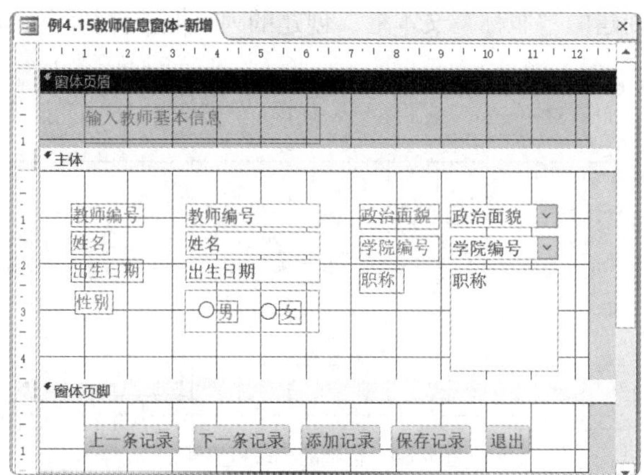

图 4-67 所有按钮控件创建完成

- 适当调整按钮控件的位置和大小，然后单击“窗体设计工具→设计”选项卡“视图”组中的“视图”按钮，切换到窗体视图，显示结果如图4-68所示。

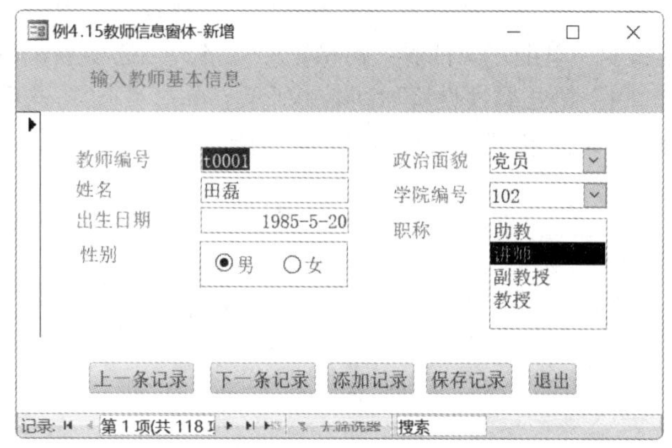

图 4-68　窗体视图中的显示结果

本例介绍了绑定型文本框、选项组、绑定型组合框、绑定型列表框、标签、按钮等控件的创建方法。在创建选项组、绑定型组合框和列表框控件时，需要确保窗体记录源中包含相应的字段。本例的做法是先将要创建选项组、绑定型组合框或列表框控件的字段添加到窗体中，待控件创建完成后将其删除。其实还有更简单的方法，即在添加控件之前设置窗体的“记录源”属性，操作步骤如下。

① 打开窗体设计视图后，在窗体选择器上单击鼠标右键，在弹出的快捷菜单中执行“属性”命令，打开“属性表”窗格。

② 单击“数据”选项卡，在“记录源”下拉列表中选择“教师信息表”选项。设置完成后，窗体记录源中包含了“教师信息表”中的所有字段，在打开的“字段列表”窗格中只显示“教师信息表”的字段。设置窗体“记录源”属性及“字段列表”的窗格如图4-69所示。

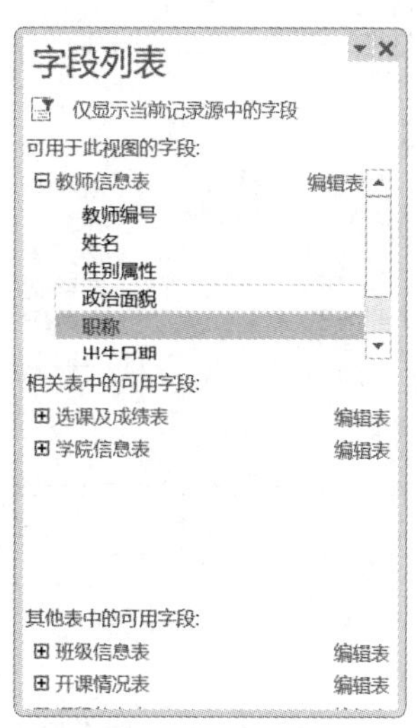

图 4-69　设置窗体的“记录源”属性及“字段列表”窗格

【例4.16】创建“学生统计信息”窗体，该窗体包含两部分：一部分是“学生信息统计”，另一部分是“学生成绩统计”。使用选项卡控件分别显示两页的内容。创建选项卡控件的具体操作步骤如下。

① 打开窗体设计视图，并单击“窗体设计工具→设计”选项卡“控件”组中的“选项卡控件”按钮，在窗体中单击要放置选项卡控件的位置放置控件，调整其大小。单击“窗体设计工具→设计”选项卡“工具”组中的“属性表”按钮，打开“属性表”窗格。

② 单击“页1”选项卡，单击“属性表”窗格中的“格式”选项卡，在“标题”文本框中输入“学生信息统计”。“页1”格式属性设置如图4-70所示。单击“页2”选项卡，按上述方法设置“页2”的“标题”属性。“页2”格式属性设置如图4-71所示。

图 4-70 “页 1”格式属性设置

图 4-71 “页 2”格式属性设置

下面在“学生成绩统计”选项卡中添加一个列表框控件，以显示“学生选课成绩”查询中的内容，具体操作步骤如下。

① 创建“查询1”。单击“创建”选项卡“查询”组的“查询设计”按钮，在弹出的“显示表”对话框中，按住Ctrl键选择“学生信息表”“选课及成绩表”“开课情况表”“课程信息表”，然后单击“添加”按钮；在查询设计的字段和表中，依次选择“学生信息表”的“学号”字段、“学生信息表”的“姓名”字段、“课程信息表”的“课程名称”字段和“选课及成绩表”的“成绩”字段，将该查询保存为“查询1”。创建的“查询1”如图4-72所示。

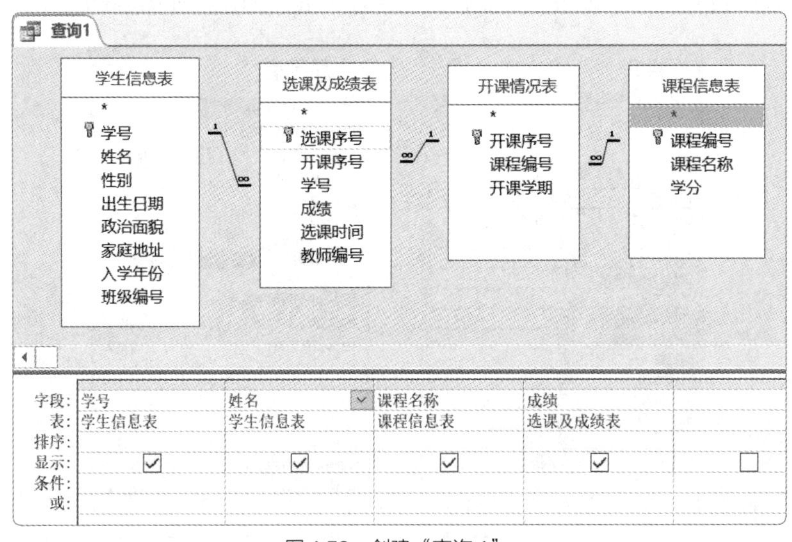

图 4-72 创建“查询 1”

② 单击“学生成绩统计”选项卡，然后单击“列表框”按钮，在窗体中单击要放置列表框的位置；打开“列表框向导”对话框，选中“使用列表框查阅表或查询中的值”单选按钮。

③ 单击“下一步”按钮，打开“列表框向导”的第2个对话框。由于列表框中显示的数据来源于“学生选课成绩”查询，因此选中“视图”选项组中的“查询”单选按钮，然后从查询的列表中选择“查询 1”选项，选择“列表框”的数据源，如图4-73所示。

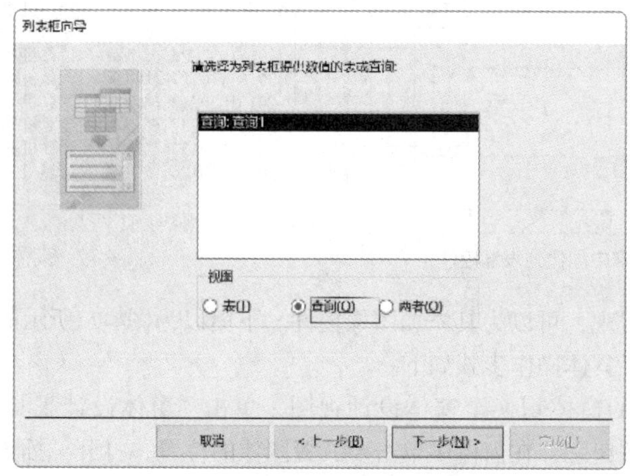

图 4-73 选择“列表框”的数据源

④ 单击“下一步”按钮，打开“列表框向导”的第3个对话框；单击 » 按钮，将“可用字段”列表框中的所有字段移到“选定字段”列表框中；单击“下一步”按钮，在“列表框向导”的第4个对话框中选择用于排序的字段。

⑤ 单击“下一步”按钮，打开“列表框向导”的第5个对话框，其中列出了所有字段。此时，拖动各列右边框可以改变列表框中每列的宽度，如图4-74所示。

⑥ 单击“下一步”按钮，打开“列表框向导”的第6个对话框，选择“学号”字段，如图4-75所示。单击“完成”按钮，在选项卡中创建的列表框控件如图4-76所示。

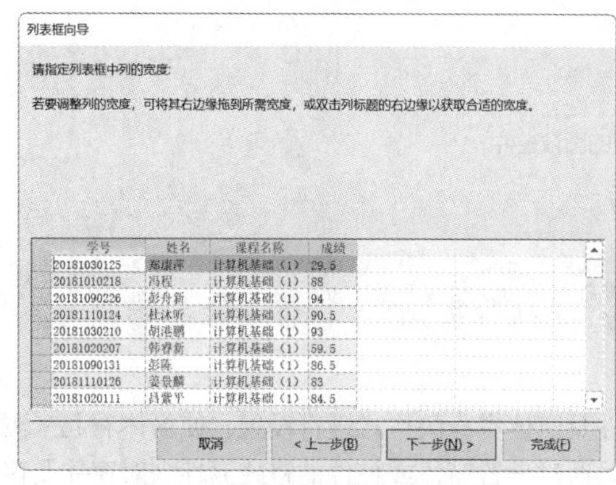

图 4-74 改变列表框中每列的宽度

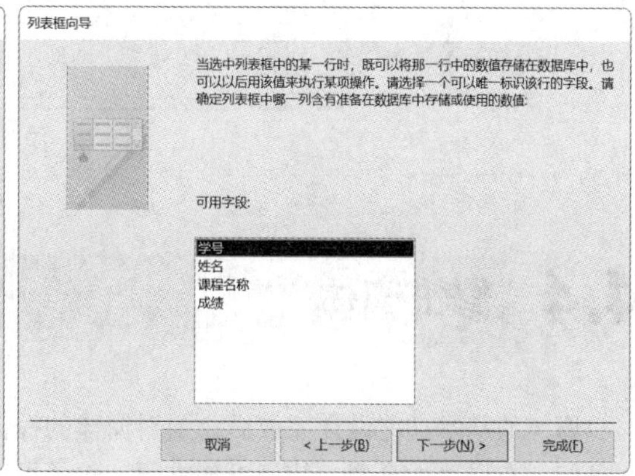

图 4-75 选择“学号”字段

⑦ 删除列表框的标签“学生编号”，并适当调整列表框的大小。如果希望将列表框中的列标题显示出来，可以单击“属性表”窗格中的“格式”选项卡，在“列标题”下拉列表中选择“是”选项。切换到窗体视图，窗体显示结果如图4-77所示。

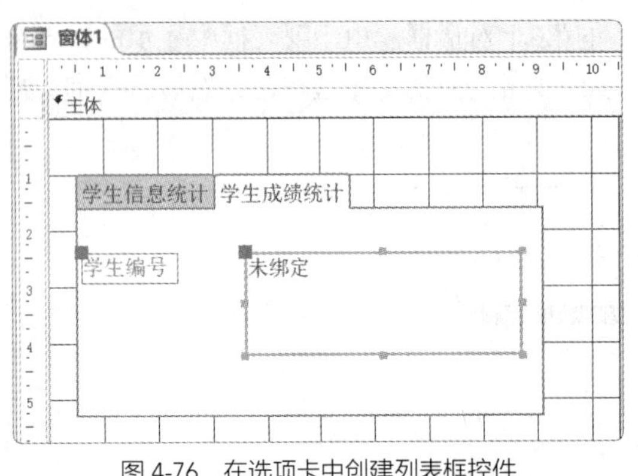

图 4-76　在选项卡中创建列表框控件

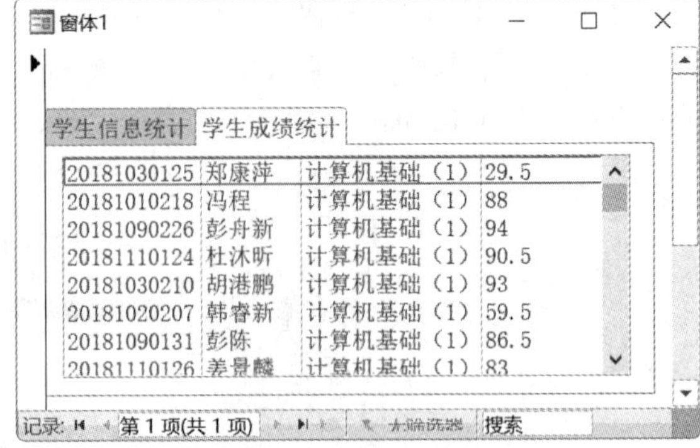

图 4-77　窗体显示结果

为了使窗体更加美观，可以为其添加图像控件。下面以为图4-77所示的窗体添加图像控件为例，说明其添加方法。具体操作步骤如下。

① 将图4-77所示的窗体切换至窗体设计视图，单击“窗体设计工具→设计”选项卡“控件”组中的“图像”按钮，在窗体中单击要放置图像的位置，打开“插入图片”对话框。

② 在对话框中找到并选中所需的图片文件，单击“确定”按钮，添加的图像控件如图4-78所示。

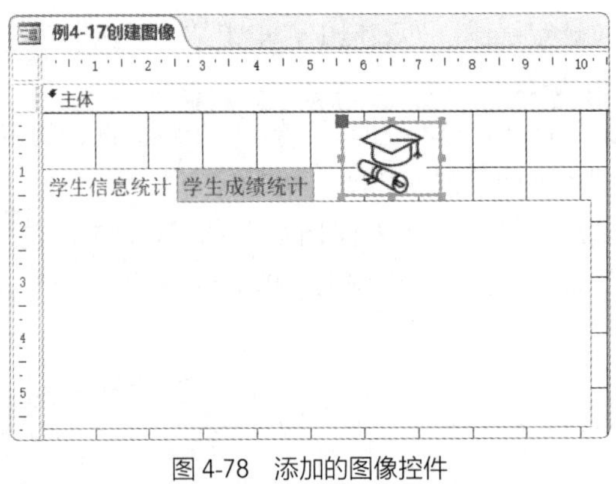

图 4-78　添加的图像控件

4.4 修饰窗体

窗体的基本功能设计完成后，要对窗体的控件及窗体本身的格式进行设置，使窗体看起来更加友好，布局更加合理，使用更加方便。除了可以通过设置窗体或控件的格式属性来对窗体及窗体中的控件进行修饰外，还可以通过应用主题和条件格式等进行格式设置。

4.4.1 主题的应用

主题是修饰和美化窗体的快捷方法。它是一套统一的设计元素和配色方案，可以使数据库中的所有窗体具有统一的色调。在“窗体设计工具→设计”选项卡的“主题”组中包括“主题”“颜色”“字体”3个按钮，下面通过例4.17介绍其使用方法。

【例4.17】为“教学管理”数据库应用主题。

① 打开“教学管理”数据库，用设计视图的方式打开某一个窗体。

② 在“窗体设计工具→设计”选项卡中单击“主题”组中的“主题”按钮，打开“主题”下拉列表，如图4-79所示，在其中选择所需的主题。

可以看到，“窗体页眉”节的背景颜色发生了变化。此时，打开其他窗体，会发现所有窗体的外观均发生了变化，而且外观的颜色是一致的。

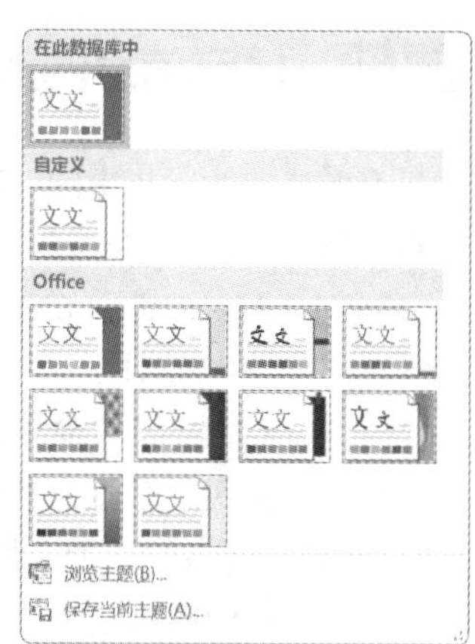

图 4-79 “主题”下拉列表

4.4.2 条件格式的使用

除了可以使用“属性表”窗格设置控件的格式属性外，还可以根据控件的值，按照某个条件设置相应的显示格式。

【例4.18】为如图4-44所示的窗体应用条件格式，使子窗体中各类“成绩”字段的值用不同颜色显示：60分以下（不含60分）用红色显示，60～90分（不含90分）用蓝色显示，90分（含90分）以上用绿色显示。具体操作步骤如下。

① 用设计视图打开需修改的窗体，选中子窗体中绑定“成绩”字段的文本框控件。

② 在“窗体设计工具→格式”选项卡的“控件格式”组中单击“条件格式”按钮，打开“条件格式规则管理器”对话框。

③ 在对话框上方的下拉列表中选择“成绩”字段，单击“新建规则”按钮，打开“新建格式规则”对话框；在其中设置字段值小于60时，字体颜色为红色，单击“确定”按钮。重复此步骤，设置字段值介于60和90（不含90）之间和字段值大于或等于90的条件格式。一次最多可以设置3个条件及条件格式，设置结果如图4-80所示。

④ 切换到窗体视图，显示结果如图4-81所示。

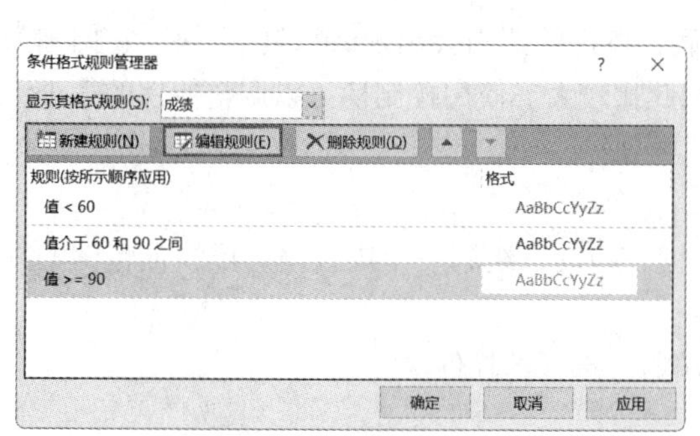

图 4-80 条件及条件格式的设置结果

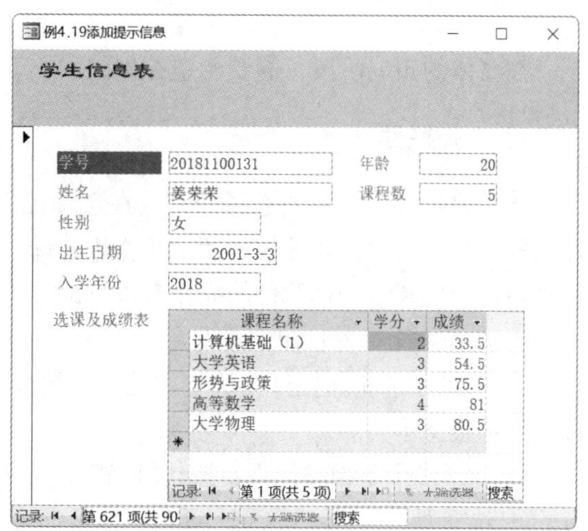

图 4-81 窗体视图下的显示结果

4.4.3 提示信息的添加

有时需要为窗体中的一些字段添加帮助信息，也就是在状态栏中显示的提示信息。添加提示信息可以使界面更加友好、清晰。

【例4.19】在如图4-82所示窗体的基础上，为“学号”字段添加提示信息，具体操作步骤如下。

① 打开相应窗体，切换为设计视图，选中关联标签为“学号”的文本框对象。

② 打开“属性表”窗格，单击“其他”选项卡，在“状态栏文字”文本框中输入提示信息“唯一标识记录的关键数据，此数据不能有相同值”。

③ 保存所做的设置，切换到窗体视图。当焦点落在指定控件上时，状态栏中就会显示提示信息，如图4-82所示。

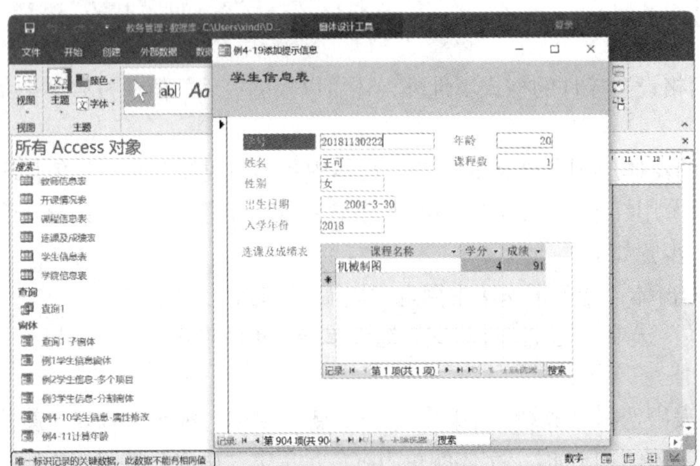

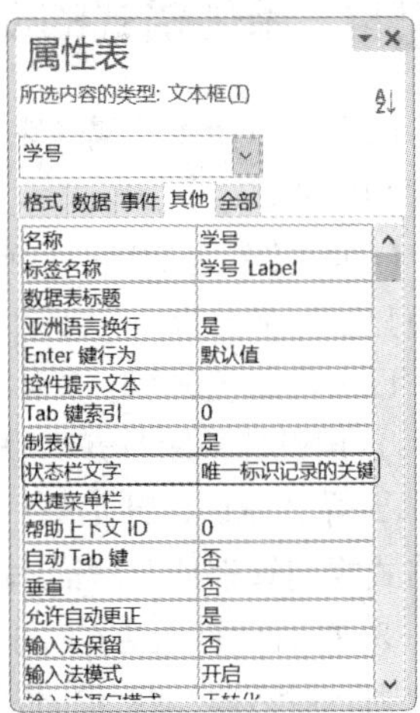

图4-82 添加提示信息的属性设置和显示效果

4.4.4 窗体的布局

在窗体的布局阶段，需要调整控件的大小、排列或对齐控件，使界面有序、美观。

1．选择控件

要调整控件，首先要选择控件。在选择控件后，控件的四周会出现6个黑色方块，它们称为控制柄。其中，左上角的控制柄由于作用特殊，因此比较大。使用控制柄可以调整控件的大小，移动控件的位置。选择控件的操作有以下5种。

① 选择一个控件：单击该对象。

② 选择多个相邻控件：从空白处按住鼠标左键并拖动，绘制一个虚线框，虚线框包围的控件会全部被选中。

③ 选择多个不相邻控件：按住Shift键，分别单击要选择的控件。

④ 选择所有控件：按Ctrl+A组合键。

⑤ 选择一组控件：在垂直标尺或水平标尺上，按住鼠标左键并拖动，这时出现一条竖直线（或水平线），松开鼠标后，直线经过的控件会全部被选中。

2．移动控件

移动控件有以下两种方法。

① 使用鼠标或键盘。当用鼠标移动控件时，首先选择要移动的一个或多个控件，然后按住鼠标左键并拖动。这种移动是将关联的两个控件同时移动。当鼠标指针放在控件左上角以外的其他地方时，会变成一个十字箭头，此时按住鼠标左键并拖动即可移动选中的控件。将鼠标指针放在控件的左上角，按住鼠标左键并拖动能独立地移动控件本身。

② 使用“属性表”窗格。打开“属性表”窗格，在“格式”选项卡的“左边距”和“上边距”文本框中输入所需的值。

3．调整控件大小

调整控件大小的方法有两种：使用鼠标和“属性表”窗格。

① 使用鼠标。将鼠标指针放在控件的控制柄上，当鼠标指针变为双箭头时，按住鼠标左键并拖动可以改变控件的大小。当选中多个控件时，按住鼠标左键并拖动可以同时改变多个控件的大小。

② 使用“属性表”窗格。打开“属性表”窗格，在“格式”选项卡的“高度”和“宽度”文本框中输入所需的值。

4．对齐控件

当窗体中有多个控件时，控件的排列布局不仅直接影响窗体的美观，而且还影响工作效率。使用鼠标来对齐控件是常用的方法。但是这种方法效率低，很难达到理想的效果。对齐控件较快捷的方法是使用系统提供的“控件对齐方式”命令，具体操作步骤如下。

① 选择需要对齐的多个控件。

② 在“窗体设计工具→排列”选项卡的“调整大小和排列”组中单击“对齐”按钮，在打开的下拉列表中，选择一种对齐方式。

5．调整间距

调整多个控件之间水平和垂直间距的简便方法是在“窗体设计工具→排列”选项卡中，单击“调整大小和排列”组中的“大小/空格”按钮；在打开的下拉列表中，根据需要选择“水平相等”“水平增加”“水平减少”“垂直相等”“垂直增加”“垂直减少”等选项。

4.5 定制系统控制窗体

窗体是应用程序和用户之间的桥梁，其作用不仅是为用户提供输入数据、修改数据、显示处理结果的界面，更主要的是将已经创建的数据库对象集成在一起，为用户提供一个可以进行数据库应用系统功能选择的操作界面。Access提供的切换面板管理器和导航窗体可以方便地将各项功能集成起来，创建出具有统一风格的应用系统操作界面。本节使用切换面板管理器和导航窗体这两个工具介绍创建“教学管理”切换窗体和导航窗体的方法。

4.5.1 创建切换窗体

使用切换面板管理器创建的窗体是一个特殊窗体，称为切换窗体。该窗体实质上是一个控制菜单，通过菜单实现对集成的数据库对象的调用。每级控制菜单对应一个界面，称为切换面板页；每个切换面板页中提供相应的切换项目，即菜单项。在创建切换窗体时，首先启动切换面板管理器，然后创建所有的切换面板页和每页上的切换项目，设置默认的切换面板页，最后为每个切换项目设置相应操作。

【例4.20】使用切换面板管理器创建“教务管理”切换窗体，具体操作步骤如下。

（1）添加切换面板管理器工具

通常使用切换面板管理器创建切换窗体的第一步是启动切换面板管理器。由于Access并未将“切换面板管理器”工具放在功能区中，因此在使用前要先将其添加到功能区中。

将“切换面板管理器”工具添加到“数据库工具”选项卡中，具体操作步骤如下。

① 选择“文件”选项卡中的“选项”选项。

② 在打开的“Access选项”对话框的左侧窗格中，单击“自定义功能区”选项卡，此时右侧窗格显示出自定义功能区的相关内容。

③ 在右侧窗格“自定义功能区”的下拉列表下方，选择“数据库工具”选项，然后单击“新建组”按钮，新建组的结果如图4-83所示。

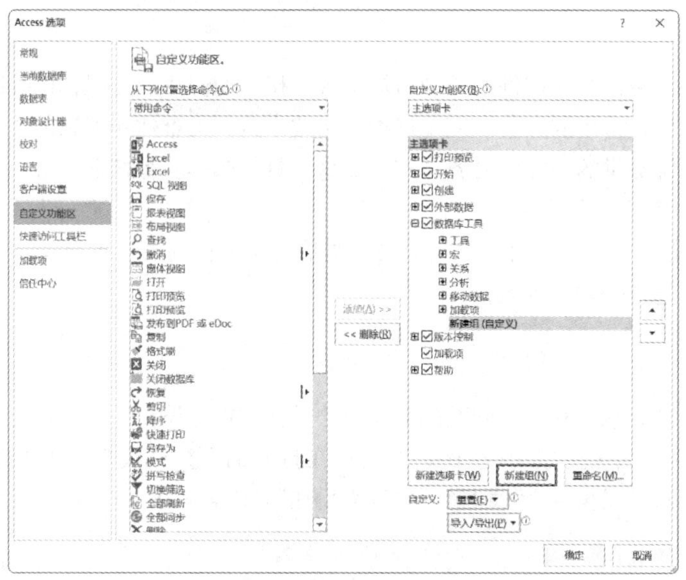

图 4-83 新建组

④ 单击“重命名”按钮，打开“重命名”对话框；在“显示名称”文本框中输入“切换面板”作为新建组的名称；选择一个合适的图标，单击“确定”按钮。

⑤ 单击“从下列位置选择命令”下方的下拉按钮，从弹出的下拉列表中选择“不在功能区中的命令”选项；在下方列表框中选择“切换面板管理器”选项，单击“添加”按钮，添加“切换面板管理器”工具，如图4-84所示。

⑥ 单击“确定”按钮，关闭“Access选项”对话框。这时“切换面板管理器”工具被添加到“数据库工具”选项卡的“切换面板管理器”组中，修改后的功能区如图4-85所示。

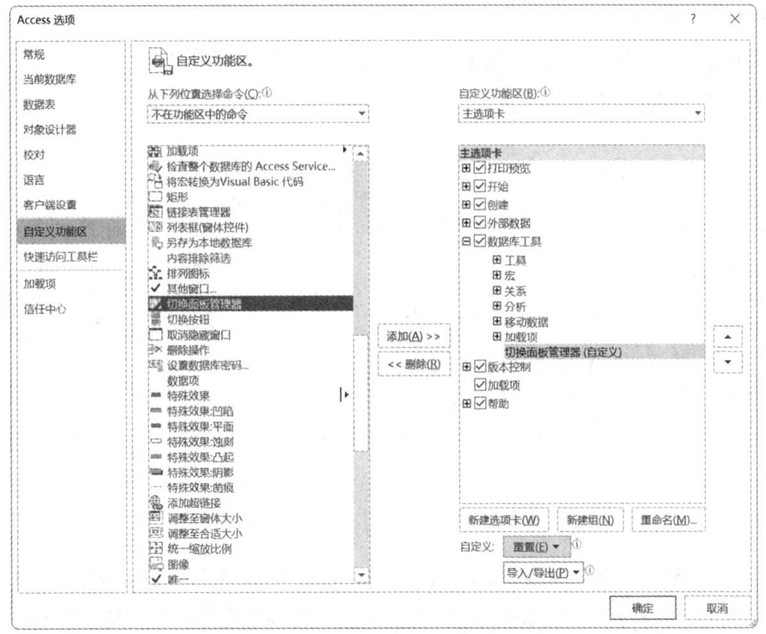

图 4-84 添加“切换面板管理器”工具

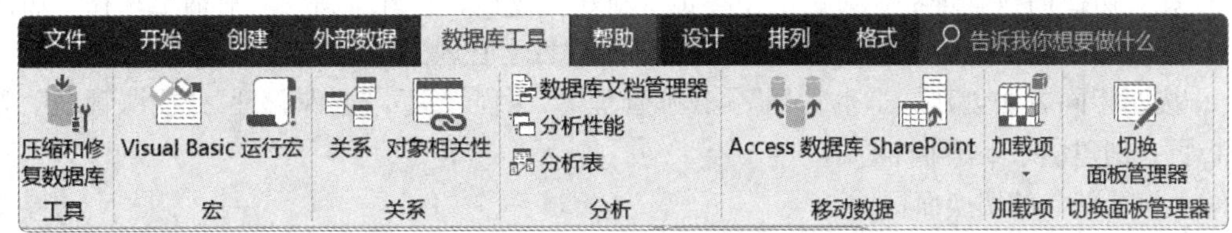

图 4-85 修改后的功能区

(2) 启动切换面板管理器

启动切换面板管理器的具体操作步骤如下。

① 单击“数据库工具”选项卡中“切换面板管理器”组中的“切换面板管理器”按钮。由于是第一次使用切换面板管理器，因此Access会显示“切换面板管理器”提示框。

② 单击“是”按钮，弹出“切换面板管理器”对话框，如图4-86所示。

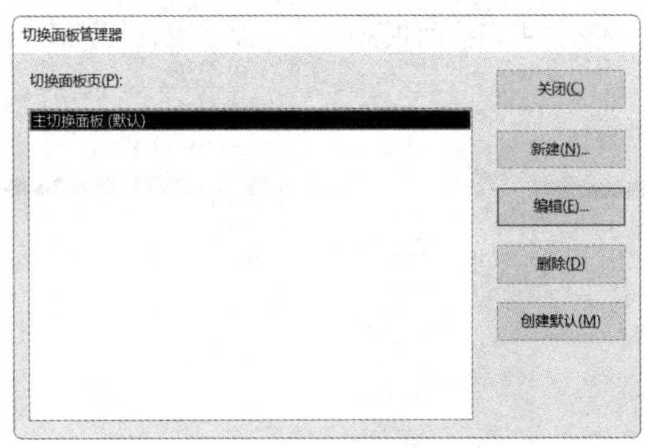

图 4-86 “切换面板管理器”对话框

此时，“切换面板页”列表框中有一个由Access创建的“主切换面板(默认)”选项。

（3）创建新的切换面板页

此例中需要创建的“教学管理”切换窗体中包含5个切换面板页，其中主切换面板页及其他页的切换面板项之间的对应关系如图4-87所示。

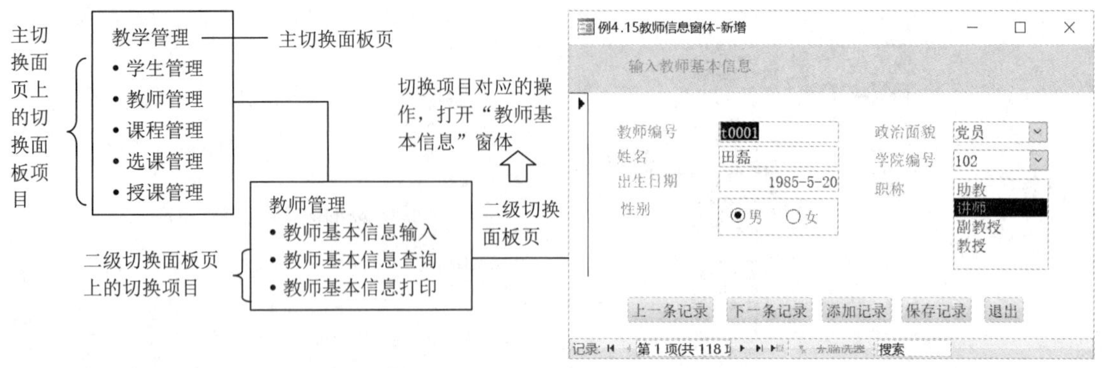

图 4-87　切换面板页与切换面板项的对应关系

由图4-87可知，“教学管理”切换窗体需要创建包括主切换面板页在内的6个切换面板页，分别是“教学管理”“学生管理”“教师管理”“选课管理”“授课管理”“课程管理”。其中，“教学管理”为主切换面板页。创建切换面板页的具体操作步骤如下。

① 在“切换面板管理器”对话框中单击“新建”按钮，打开“新建”对话框；在“切换面板页名”文本框中，输入创建的切换面板页的名称“教学管理”，然后单击“确定”按钮。

② 按照相同方法创建“学生管理”“教师管理”“课程管理”“选课管理”“授课管理”等切换面板页，创建结果如图4-88所示。

（4）设置默认的切换面板页

默认的切换面板页是启动切换窗体时最先打开的切换面板页，也就是上面提到的主切换面板页，它由“(默认)”来标识。“教学管理”切换窗体首先要打开的切换面板页应为已经创建的切换面板页中的“教学管理”。设置默认页的具体操作步骤如下。

① 在“切换面板管理”对话框中选择“教学管理”选项，单击“创建默认”按钮，这时在“教学管理”后面自动加上“(默认)”，说明“教学管理”切换面板页已经变为默认的切换面板页。

② 在“切换面板管理器”对话框中选择“主切换面板”选项，然后单击“删除”按钮，弹出“切换面板管理器”提示框。

③ 单击“是”按钮，删除“主切换面板”选项。设置默认切换面板页的结果如图4-89所示。

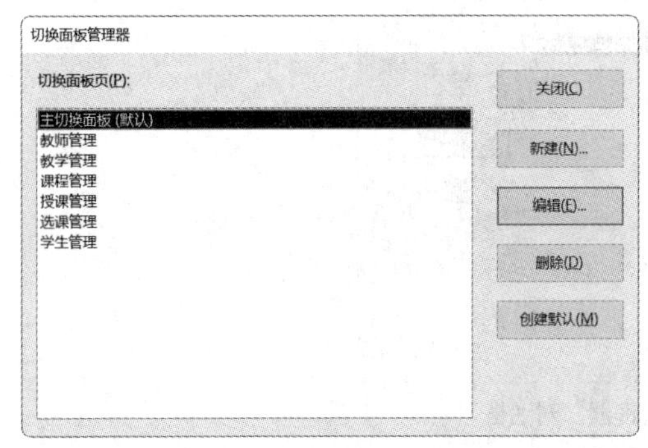

图 4-88　切换面板页创建结果

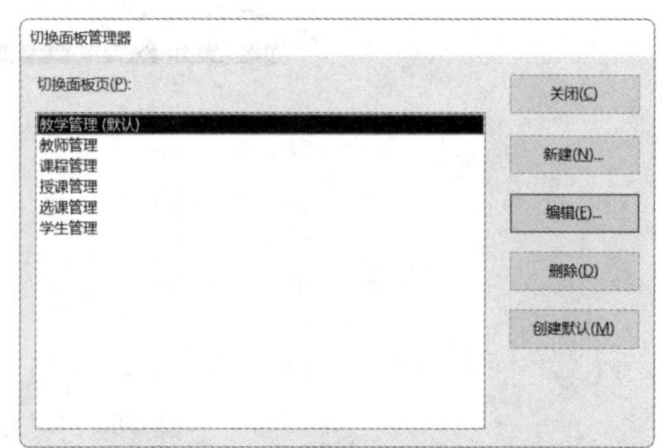

图 4-89　设置默认切换面板页的结果

（5）为切换面板页创建切换面板项目

"教学管理"切换面板页的切换项目应包括"学生管理""教师管理""选课管理""授课管理""课程管理"等。在主切换面板页上加入切换面板项目，通过它们可以打开相应的切换面板页，使其在不同的切换面板页之间进行切换。具体操作步骤如下。

① 在"切换面板页"列表框中选择"教学管理（默认）"选项，然后单击"编辑"按钮，打开"编辑切换面板页"对话框。

② 单击"新建"按钮，打开"编辑切换面板项目"对话框；在"文本"文本框中输入"教师管理"，在"命令"下拉列表中选择"转至'切换面板'"选项（选择此项的目的是打开对应的切换面板页），在"切换面板"下拉列表中选择"教师管理"选项。切换面板页切换面板项目的创建结果如图4-90所示。

③ 单击"确定"按钮，"教师管理"切换面板页的切换面板项目创建完成。

④ 使用相同方法，在"教学管理"切换面板页中加入"学生管理""课程管理""选课管理""授课管理"等切换面板项目，分别用来打开相应的切换面板页。如果对切换面板项目的顺序不满意，可以选中要移动的切换面板项目，然后单击"向上移"或"向下移"按钮。对不再需要的切换面板项目，可选中后单击"删除"按钮删除。

⑤ 创建一个"退出系统"切换面板项目来实现退出应用系统的功能。在"编辑切换面板页"对话框中单击"新建"按钮，打开"编辑切换面板项目"对话框；在"文本"文本框中输入"退出系统"，在"命令"下拉列表中选择"退出应用程序"选项。"退出系统"切换面板项目的创建结果如图4-91所示。

图 4-90 切换面板页切换面板项目的创建结果

图 4-91 "退出系统"切换面板项目的创建结果

⑥ 单击"确定"按钮，切换面板项目的创建结果如图4-92所示。

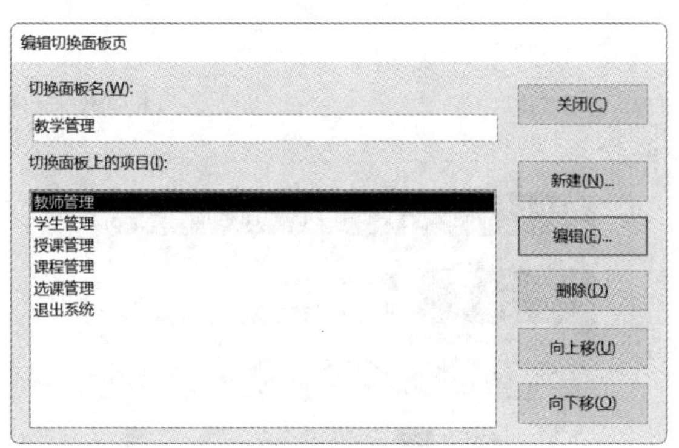

图 4-92 切换面板项目的创建结果

⑦ 单击"关闭"按钮，返回"切换面板管理器"对话框。

（6）为切换面板上的切换项目设置相关操作

虽然"教学管理"切换面板页上已加入了切换项目，但是"教师管理""学生管理""选课管理"等其他切换面板页的切换项目还未设置，这些切换面板页的切换项目用于实现相应的功能。

例如，“教师管理”切换面板页上应有“教师基本信息输入”“教师基本信息查询”“教师基本信息打印”3个切换项目。下面为“教师管理”切换面板页创建一个“教师基本信息查询”切换面板项目，该项目用于打开已经创建的“输入教师基本信息”窗体，具体操作步骤如下。

① 在“切换面板管理器”对话框中选中“教师管理”切换面板页，然后单击“编辑”按钮，打开“编辑切换面板页”对话框。

② 在该对话框中单击“新建”按钮，打开“编辑切换面板项目”对话框。

③ 在“文本”文本框中输入“教师基本信息查询”，在“命令”下拉列表中选择“在‘编辑’模式下打开窗体”选项，在“窗体”下拉列表中选择“例4.15教师信息窗体-新增”选项，设置“教师基本信息查询”切换面板项目，如图4-93所示。

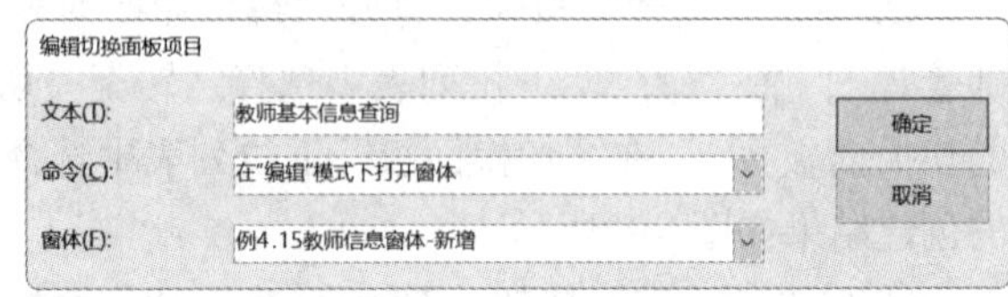

图 4-93　设置“教师基本信息查询”切换面板项目

④ 单击“确定”按钮完成设置。

其他切换面板项目的创建方法与上面介绍的方法相同。需要注意的是，在每个切换面板页中都应创建“返回主菜单”的切换项目，这样才能保证各个切换面板页之间可以进行切换。

创建完成后，在“窗体”对象下会产生一个名为“切换面板”的窗体。双击该窗体，即可看到如图4-94（a）所示的“教学管理”启动窗体；单击该窗体中的“教师管理”项目即可看到图4-92（b）所示的窗体；单击图4-94（b）中的“教师基本信息查询”项目即可看到图4-94（c）所示的窗体。为了方便使用，可将创建的窗体名称和窗体标题由“切换面板”改为“教学管理”。

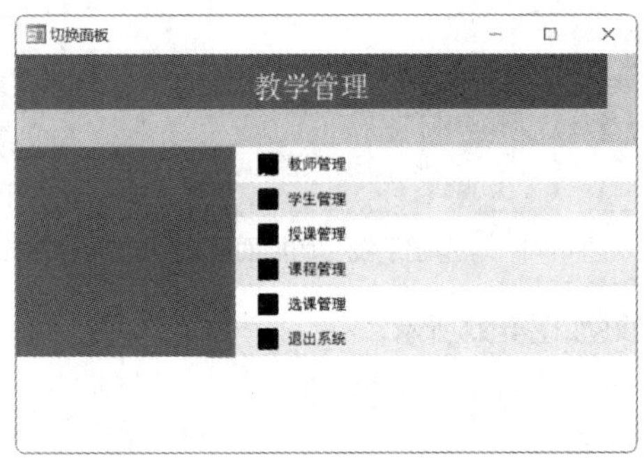

（a）“教学管理”启动窗体

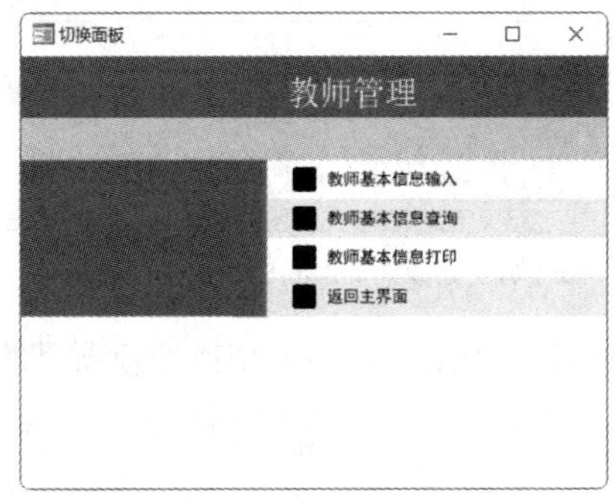

（b）“教师管理”启动窗体

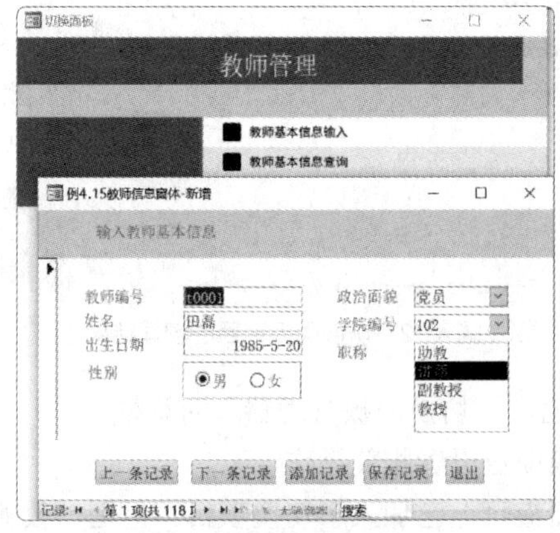

（c）教师基本信息查询

图 4-94　切换窗体的创建结果

4.5.2 创建导航窗体

“切换面板管理器”工具虽然可以直接将数据库中的对象集成在一起，形成一个操作简单、方便的应用系统，但是在创建前不仅要求用户设计每一个切换面板页及每页的切换面板项目，还要设计切换面板页之间的关系，创建过程相对复杂，缺乏直观性。对此，Access提供了一种导航窗体，在导航窗体中可以选择导航按钮的布局，也可以在所选布局上直接创建导航按钮，并通过这些按钮切换界面，这样更简单、更直观。

【例4.21】 使用“导航”按钮创建“教学管理”系统控制窗体，具体操作步骤如下。

① 单击“创建”选项卡中“窗体”组中的“导航”按钮，从弹出的下拉列表中选择一种所需的窗体样式。为了将一级功能放在水平标签上，将二级功能放在垂直标签上，本例选择“水平标签和垂直标签，左侧”选项，进入导航窗体的布局视图。

② 在水平标签上添加一级功能。单击上方的“[新增]”按钮，输入“教师管理”；使用相同方法创建“课程管理”“授课管理”“选课管理”“学生管理”按钮。创建的一级功能按钮如图4-95所示。

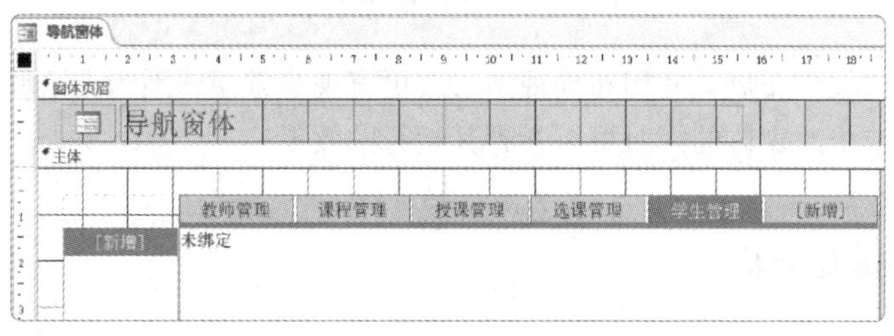

图 4-95 创建一级功能按钮

③ 在垂直标签上添加二级功能，如创建“教师管理”的二级功能按钮。单击“教师管理”按钮，单击左侧的“[新增]”按钮，输入“教师基本信息输入”；使用相同方法创建“教师基本信息查询”和“教师基本信息打印”按钮。创建的二级功能按钮如图4-96所示。

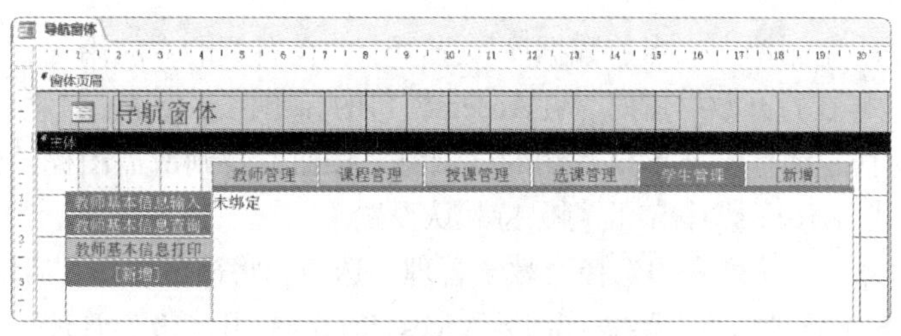

图 4-96 创建二级功能按钮

④ 为“教师基本信息输入”添加功能。在“教师基本信息输入”按钮上单击鼠标右键，从弹出的快捷菜单中执行“属性”命令，打开“属性表”窗格；在“属性表”窗格中单击“事件”选项卡中“单击”右侧的下拉按钮，从弹出的下拉列表中选择已建宏“打开输入教师信息窗体”（关于宏的创建方法请参见后续章节）。使用相同方法设置其他导航按钮的功能。

⑤ 修改页眉标签控件标题和窗体标题。要修改导航窗体页眉中的标题，选中导航窗体页眉中“导航窗体”文字的标签控件，在“属性表”中单击“格式”选项卡，在“标题”文本框中输入“教学管理”；在“属性表”窗格中，从上方的下拉列表中选择“窗体”对象，单击“格式”选项卡，在“标题”文本框中输入“教学管理”。

⑥ 切换到窗体视图，单击“教师基本信息查询”按钮，此时会打开“例4.15教师信息窗体-新增”窗体。导航窗体的运行效果如图4-97所示。

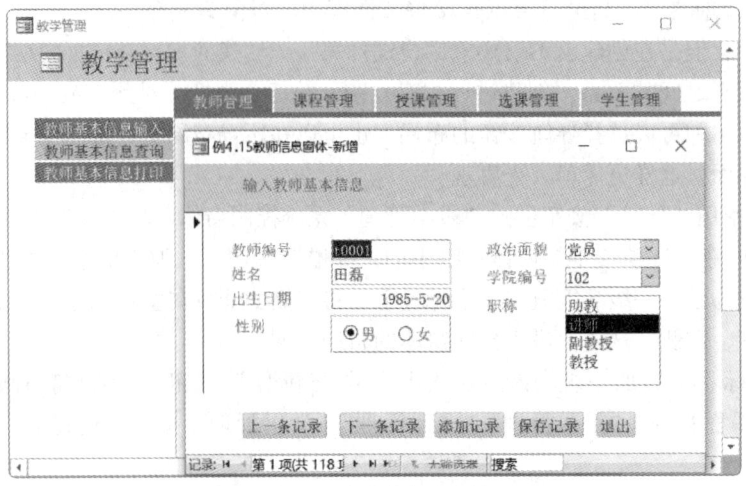

图 4-97 导航窗体的运行效果

如需调整窗体内控件布局，使用布局视图修改更直观、方便。因为在这种视图中，窗体处于运行状态，在创建或修改窗体的同时可以看到其运行的效果。

4.5.3 设置启动窗体

在完成“教学管理”切换窗体和导航窗体的创建后，每次启动时都需要双击以启动该窗体。如果希望在打开“教学管理”数据库时自动打开该窗体，那么需要设置其启动属性。

具体操作步骤如下。

① 打开“教学管理信息”数据库，选择“文件”选项卡的“选项”选项，打开“Access选项”对话框。

② 在该对话框的左侧单击“当前数据库”选项卡，在右侧的“应用程序标题”文本框中输入“教学管理”。这样在打开数据库时，在Access窗口的标题栏上会显示“教学管理”。

③ 单击“应用程序图标”文本框右侧的“浏览”按钮，找到所需图标的位置并将其打开。这样将会用该图标代替Access图标，也可保持默认设置。

④ 在“显示窗体”下拉列表中选择“教学管理”选项，将该窗体作为启动后显示的第1个窗体。这样在打开“教学管理信息”数据库时，Access会自动打开“教学管理”窗体。

⑤ 取消勾选“显示导航窗格”复选框，这样在下一次打开数据库时，导航窗格将不会出现。单击“确定”按钮。还可以取消选中“允许默认快捷菜单”和“允许全部菜单”复选框。设置完成后，重新启动数据库。当重新打开“教学管理”数据库时，系统将自动打开“教学管理”窗体。当为某一数据库设置了启动窗体后，在打开数据库时想终止自动运行的启动窗体，可以在打开这个数据库的过程中按住Shift键。如果希望显示导航窗格，可参考之前的步骤勾选相应复选框。设置启动窗体如图4-98所示。

图 4-98 设置启动窗体

本章小结

本章主要介绍了窗体的概念和功能、窗体和控件的创建及使用方法，并用“属性表”窗格对窗体和控件的属性进行了设置，应用条件格式等功能进行了窗体的修饰与设计。在学习本章内容后，读者可以掌握窗体创建的基础操作，为进行数据库应用系统的设计和后续章节的学习奠定基础。

习题 4

一、单选题

1. 下列不属于显示窗体视图模式的是（　　）。
   A. 窗体视图　　B. 布局视图　　C. 设计视图　　D. 版式视图
2. 下列用于创建窗体或修改窗体的视图是（　　）。
   A. 窗体视图　　B. 布局视图　　C. 设计视图　　D. 数据表视图
3. 关于窗体，下列说法中不正确的是（　　）。
   A. 窗体是用来和数据库沟通的界面　　B. 窗体是数据库的对象之一
   C. 窗体仅用于显示数据　　D. 窗体可以包含子窗体
4. 在窗体中，用于输入或编辑字段数据的交互控件是（　　）。
   A. 文本框控件　　B. 标签控件　　C. 复选框控件　　D. 列表框控件
5. 要改变窗体中文本框控件的数据来源，应设置的属性是（　　）。
   A. “记录源”　　B. “控件来源”　　C. “默认值”　　D. “名称”
6. 在已创建的“教师”表中有“出生日期”字段，以此表为数据源创建“教师基本信息”

窗体。假设当前教师的出生日期为“1978-05-19”，如果在窗体“出生日期”标签右侧文本框控件的“控件来源”文本框中输入表达式“=Str(Month([出生日期]))+"月"”，则在该文本框控件内显示的结果是（ ）。

A. "05"+" 月"　　B. 1978-05-19月　　C. 05月　　D. 5月

7. 在Access中已创建了“雇员”表，其中有可以存放照片的字段，在使用向导为该表创建窗体时，“照片”字段使用的默认控件是（ ）。

A. 图像　　B. 绑定对象框　　C. 未绑定对象框　　D. 列表框

8. 以下关于切换面板的叙述中，错误的是（ ）。

A. 切换面板页由切换面板项目组成

B. 单击切换面板项目可以打开指定的窗体

C. 默认的切换面板页是启动切换面板窗体时最先打开的切换面板页

D. 不能将默认的切换面板页的切换面板项目设置为打开切换面板页

9. 如果在文本框内输入数据后，按Enter键或Tab键，输入焦点可立即移至下一指定文本框，应设置（ ）。

A. “制表位”属性　　B. “Tab 键索引”属性

C. “Enter键行为”属性　　D. “自动Tab键”属性

10. 假设已在Access中创建了包含“书名”“单价”“数量”3个字段的“销售”表，在以该表为数据源创建的窗体中，有一个计算销售总金额的文本框，在其“控件来源”中应输入（ ）。

A. [单价] * [数量]　　B. =[单价] * [数量]

C. [销售]! [单价] *[销售]! [数量]　　D. =[销售]! [单价]*[销售]! [数量]

二、填空题

1. 能够唯一标识某一控件的属性是________。

2. 窗体中的数据来源于Access中的________或________。

3. 在分别运行使用“窗体”按钮和使用“多个项目”选项创建的窗体中，在将窗体最大化后显示记录条目和内容最多的窗体是使用________创建的窗体。

4. 在Access中，如果窗体中输入的数据总是某表或查询中的字段数据，或者某固定数据，可以使用________或________控件来显示此类数据。

5. 控件的类型可以分为绑定控件、未绑定控件与计算控件。绑定控件主要用于显示、输入和更新数据表中的字段；未绑定控件没有________，可以用来显示静态的信息、线条、矩形或图像；计算控件用表达式作为数据源，未被绑定字段，不能直接更新表中的字段。

第5章 报表

报表是Access中的一种常用对象，它用于根据指定的规则输出格式化的数据。报表由一系列控件组成，它将来源于表、查询和SQL语句的数据进行组合，用户还可在报表中添加分组和汇总等信息。设计合理的报表能将数据直观地呈现在纸质介质上，使要传达的汇总数据、统计和摘要信息一目了然。本章主要介绍报表的基本应用操作，如报表的创建、编辑、计算、存储、预览和打印等。

本章的学习目标如下。

① 了解报表的基本概念、类型、组成及视图。

② 掌握报表的创建方法及编辑方法。

③ 掌握报表的预览和打印方法。

④ 掌握报表记录的排序和分组方法。

⑤ 掌握报表的计算方法。

5.1 报表基础知识

5.1.1 报表的概念

报表的概念

报表主要用于将数据库中的数据进行格式化输出。使用报表可以进行分组汇总，可以嵌入图像来丰富数据的表现形式，也可以采用多种样式输出标签、发票、订单和信封等数据，还可以简单、轻松地完成复杂的打印工作。

报表和窗体一样，也是Access中的一种对象，用它们都可以显示数据表中的数据，它们的创建方式和运行效果也基本相同。报表和窗体的不同之处在于：窗体可以与用户进行信息交互操作，通过窗体可以改变数据源中的数据；而报表没有信息交互功能，只能用于查看数据，不能通过报表修改或输入数据，其本身也不存储数据。

5.1.2 报表的分类

Access报表按照结构可以分为纵栏式报表、表格式报表和标签式报表3种基本类型，下面分别对这3种报表进行简单介绍。

1．纵栏式报表

纵栏式报表又称为窗体式报表，通常以垂直方式排列报表中的控件，每一页包含一条或多条记录，记录中的每个字段占一行。纵栏式报表显示数据的方式类似于纵栏式窗体。

2．表格式报表

表格式报表以整齐的行、列形式显示数据，通常一行显示一条记录，一页显示多条记录。在表格式报表中，可对一个或多个字段的数据进行分组，并对每组中的数据进行计算。

3．标签式报表

标签式报表是一种特殊类型的报表，它以报表的形式将用户选择的数据用标签进行排列和打印，每条记录占据一个标签区域，每个标签区域都包含用户选择的所有字段数据。在实际应用中，经常会用到标签报表，例如物品标签报表、客户标签报表等。

5.1.3 报表的组成

在Access中，报表通常由“报表页眉”“页面页眉”“主体”“页面页脚”“报表页脚”5部分组成，这些部分被称为报表的节，每节具有特定的功能。报表的组成如图5-1所示。

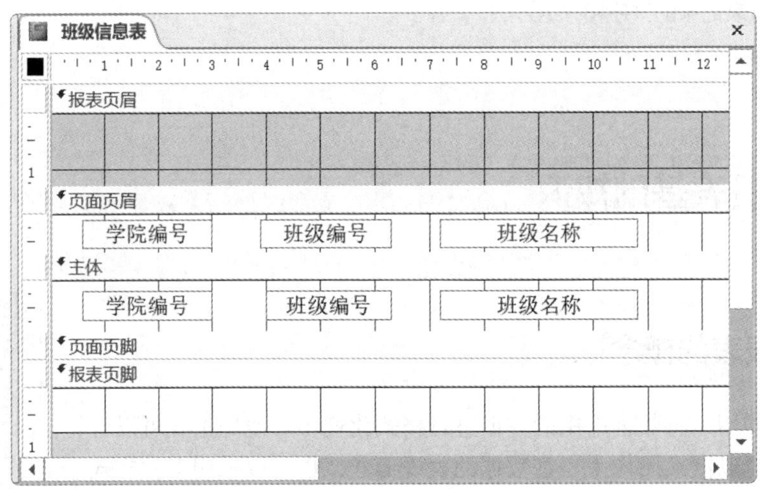

图 5-1　报表的组成

1．报表页眉

“报表页眉”节仅在报表的首页打印输出。“报表页眉”节主要用于打印报表的封面、制作时间、制作单位等只需输出一次的内容。通常，“报表页眉”节被设置成单独的一页，其中可以包含图形和图片。

2．页面页眉

“页面页眉”节的内容在报表每页的顶部打印输出，主要用于定义报表每一列的标题，也包含报表的页标题。

3．主体

“主体”节是报表数据的主要部分。在设计报表时，可以将数据源中的字段直接拖至“主体”节中，或者将报表控件放至“主体”节中，用来显示数据内容。“主体”节是报表中不可或缺的关键部分。

4．页面页脚

“页面页脚”节的内容在报表的每页底部打印输出，主要用来打印报表页号、制表人和审核人等信息。

5．报表页脚

“报表页脚”节是整个报表的页脚，主要用来打印数据的统计信息。它的内容只在报表最后一页的底部打印输出。

5.1.4 报表的视图

报表的视图

报表的视图有4种，分别是报表视图、打印预览、布局视图和设计视图。打开任一报表，单击“报表设计工具→设计”选项卡“视图”组中的“视图”按钮，打开图5-2所示的“视图”下拉列表，可以从中选择相应的视图方式。

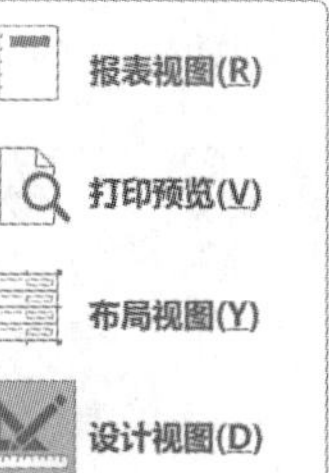

图 5-2 “视图”下拉列表

1．报表视图

报表视图是报表的显示视图，用于显示报表内容。在报表视图中，用户可以对报表中的记录进行筛选、查找等操作。

2．打印预览

打印预览是报表运行时的显示方式。在该视图中，用户可以查看显示在报表每页中的数据，也可以查看报表的打印效果，还可以按不同的缩放比例对报表进行预览，并对页面进行设置。

3．布局视图

布局视图是处在运行状态的报表的显示方式。在布局视图中，用户在查看数据的同时可以调整报表设计，也可以根据实际数据调整报表的列宽和位置，还可以为报表添加分组级别和汇总选项。报表的布局视图与窗体的布局视图的功能和操作方法十分相似。

4．设计视图

设计视图用于报表的创建和修改，用户可以根据需要向报表中添加对象、设置对象的属性。在报表的设计视图中，报表的组成部分为许多带状区域，和窗体的带状区域一样，可以改变其长度和宽度。报表包含的每一个区域只会在设计视图中显示一次，但在打印报表时，某些区域可能会重复打印。与窗体一样，报表也是通过控件来显示信息的，报表设计完成后就会被保存在数据库中。

5.2 创建报表

在Access中，创建报表的方法与创建窗体的方法基本相同。“创建”选项卡的“报表”组中提供了5个创建报表的按钮：“报表”按钮、“报表设计”按钮、“空报表”按钮、“报表向导”按钮和“标签”按钮。单击“报表”按钮可利用当前打开的数据库或查询自动创建一个报表；单击“报表设计”按钮可在报表设计视图中通过添加各种控件创建一张报表；单击“空报表”按钮可创建一张空白报表，用户可向其中添加选定的数据表字段；单击“报表向导”按钮可借助向导的提示功能创建一张报表；单击“标签”按钮可使用标签向导创建一组标签报表。

创建一个报表通常需要以下8个步骤。

① 设计报表。

② 组织数据。

③ 创建新的报表并绑定表或查询。

④ 定义页面的版面属性。

⑤ 使用文本控件在报表中放置字段。

⑥ 在必要时添加多个标签和文本控件。

⑦ 修改文本、文本控件，以及标签的外观、大小和位置。

⑧ 保存报表。

“创建”选项卡的“报表”组中提供了上述创建报表的按钮，如图5-3所示。

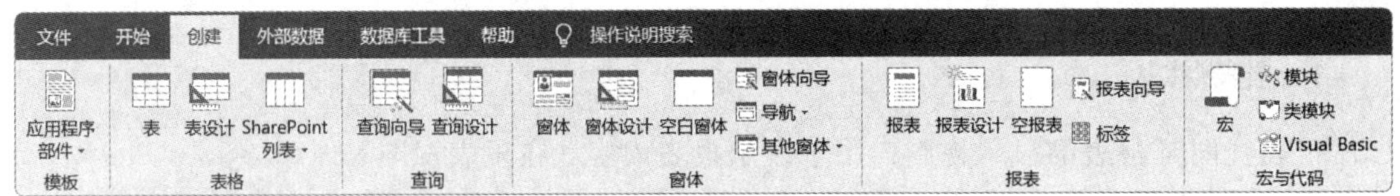

图 5-3 创建报表的按钮

5.2.1 使用“报表”按钮创建报表

“创建”选项卡的“报表”组中提供了快捷的报表创建工具——“报表”按钮。在使用此按钮创建报表时既不会出现提示信息，也不需要进行复杂的操作，在创建的报表中会显示基础表或查询中的所有字段。单击“报表”按钮可能无法创建完全满足需要的报表，但可以方便、快捷地生成报表。在生成报表后，保存报表并在布局视图或设计视图中对其进行修改，可以使报表更好地满足需要。

【例5.1】以“教务管理”数据库中的“学生信息表”为数据源，单击“报表”按钮创建报表，具体操作步骤如下。

① 打开“教务管理”数据库，在导航窗格中选中“学生信息表”，如图5-4所示。

② 在“创建”选项卡的“报表”组中单击“报表”按钮，基于“学生信息表”的报表会立即生成，并自动切换到布局视图，如图5-5所示。

所有 Acce...
搜索...
表
班级信息表
教师信息表
开课情况表
课程信息表
选课及成绩表
学生信息表
学院信息表

图 5-4 选中“学生信息表”

学生信息表

学生信息表　16:19:57

学号	姓名	性别	出生日期	政治面貌	家庭地址	入学年份
20181010101	曹尔乐	男	2001-4-29	群众	湖南省永州市祁阳县	2018
20181010102	曹艳梅	女	2001-11-16	群众	湖南省衡阳市雁峰区	2018
20181010103	吴晓玉	女	2001-6-19	团员	湖南省衡阳市衡南县	2018
20181010104	谯茹	女	2002-4-24	团员	江苏省淮安市盱眙县	2018
20181010105	曹卓	男	2001-6-9	群众	云南省昭通市巧家县	2018
20181010106	牛雪瑞	女	2001-1-3	团员	山东省潍坊市寿光市	2018
20181010107	吴鸿腾	女	2002-2-26	群众	湖南省永州市道县	2018
20181010108	仇新	男	2002-3-2	群众	湖南省湘西土家族苗族自治州吉首市	2018
20181010109	杜佳毅	女	2001-12-11	团员	湖南省郴州市临武县	2018
20181010110	付琴	女	2002-4-20	群众	贵州省贵阳市白云区	2018

图 5-5　单击“报表”按钮创建的报表

③ 单击快速访问工具栏中的“保存”按钮，打开图5-6所示的“另存为”对话框，其中默认报表名称为“学生信息表”（若要修改，可以直接在“报表名称”文本框中输入新的报表名称）。单击“确定”按钮，保存创建的报表。

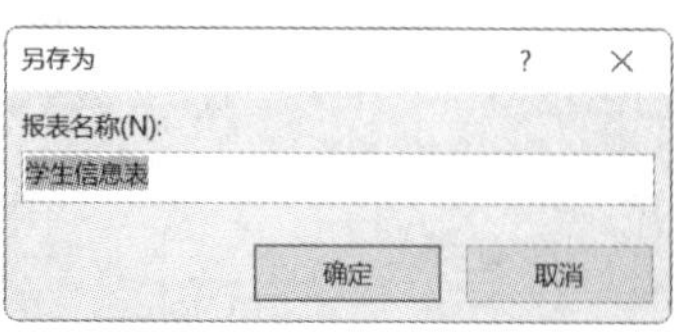

图 5-6　“另存为”对话框

5.2.2 使用“报表设计”按钮创建报表

使用“报表”按钮可以创建一种标准的报表样式，但是不能自由选择报表字段，缺乏灵活性。使用“报表设计”按钮，可以在设计视图中灵活创建和修改各种报表。

【例5.2】 使用“报表设计”按钮来创建“学生信息表”报表，具体操作步骤如下。

① 打开“教务管理”数据库，在导航窗格中选中“学生信息表”。

② 在“创建”选项卡的“报表”组中单击“报表设计”按钮，切换到设计视图，如图5-7所示。

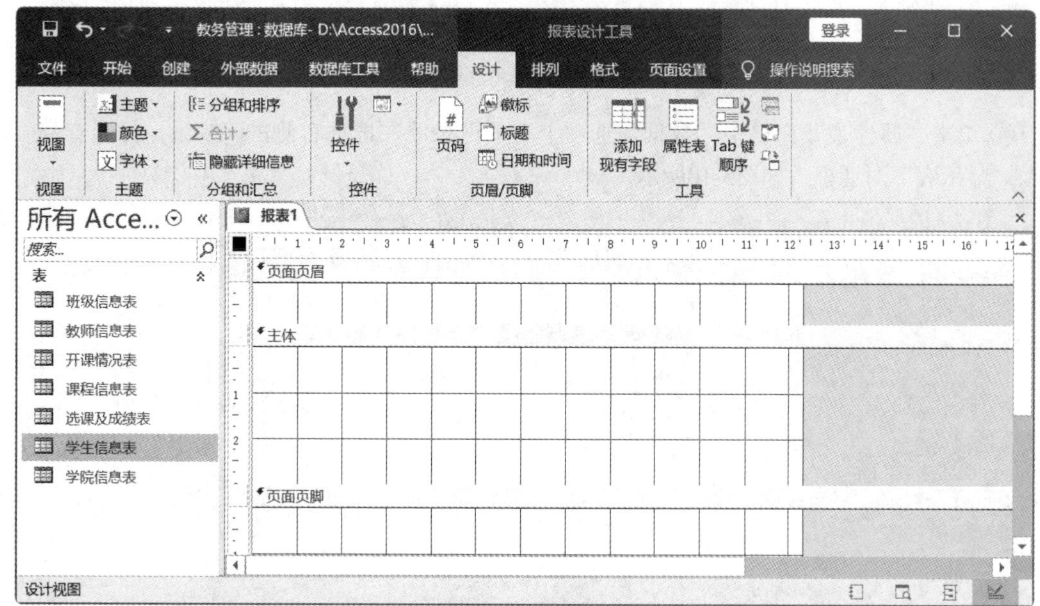

图 5-7　报表设计视图

③ 在网格右侧的区域内单击鼠标右键，在弹出的快捷菜单中执行“属性”命令，打开“属

性表”窗格，如图5-8和图5-9所示。

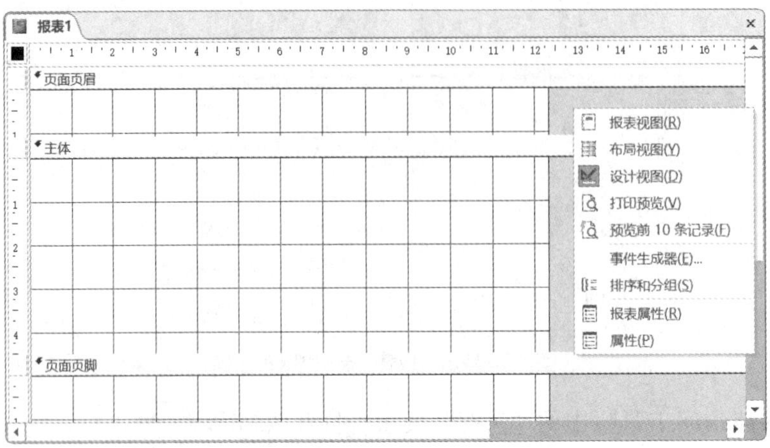

图 5-8 弹出的快捷菜单

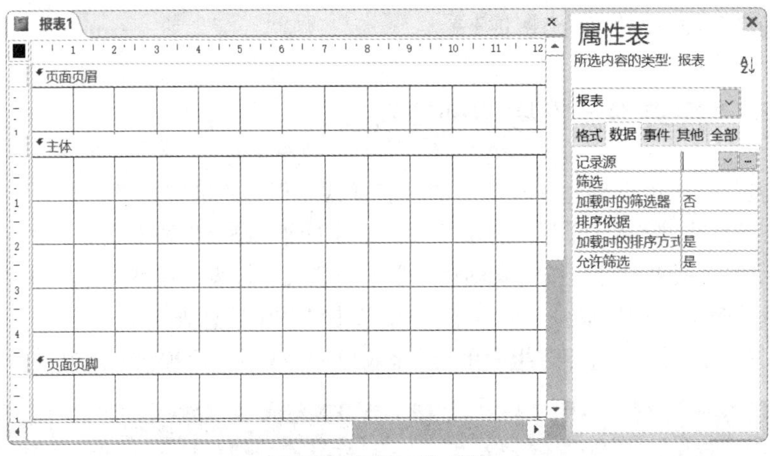

图 5-9 “属性表”窗格

④ 单击“属性表”窗格中“数据”选项卡下“记录源”选项右侧的…按钮，打开查询生成器及“显示表”对话框，如图5-10所示。

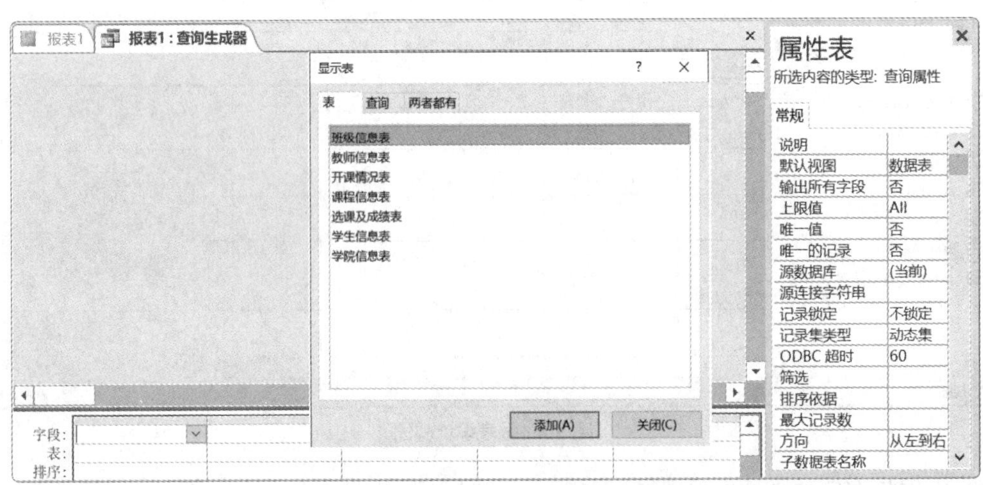

图 5-10 查询生成器及“显示表”对话框

⑤ 在打开的“显示表”对话框中双击“学生信息表”，然后关闭该对话框。在查询生成器中选择需要输出的字段（如“学号”“姓名”“性别”“出生日期”“政治面貌”“入学年份”“家庭地址”），将它们添加到设计网格中，如图5-11所示。

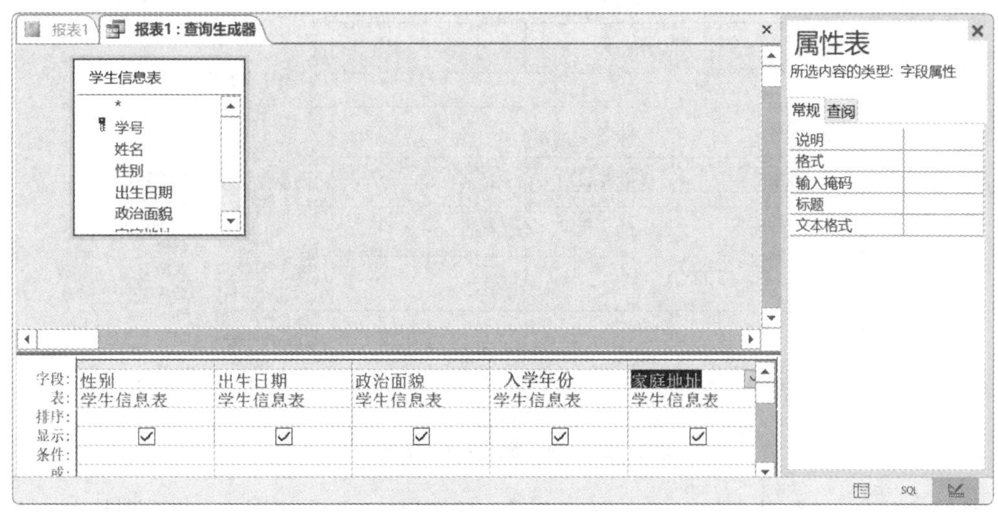

图 5-11 选择报表中要输出的字段

⑥ 关闭查询生成器。在完成“记录源”的设置后，关闭“属性表”窗格，返回报表的设计视图。单击“报表设计工具→设计”选项卡“工具”组中的“添加现有字段”按钮，在界面右侧打开“字段列表”窗格，如图5-12所示。将“字段列表”窗格中的字段依次拖到报表的“主体”节中，并适当调整位置。字段标识和字段名称默认是相同的，可单击相应文本，进入编辑状态，对其进行修改。

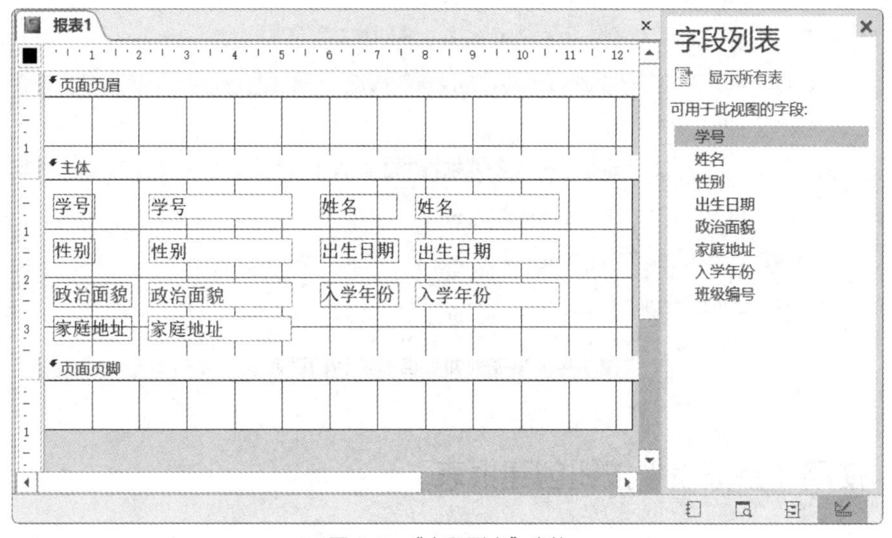

图 5-12 “字段列表”窗格

⑦ 切换到“页面页眉”节中，单击“报表设计工具→设计”选项卡“控件”组中的“标签”按钮Aa，在“页面页眉”节中绘制标签控件；将标签控件设置成适当的大小，在标签控件中输入“学生名单”；选中该标签控件，单击鼠标右键，在弹出的快捷菜单中执行“属性表”命令；在打开的“属性表”窗格中设置标签文本的大小和对齐方式。设置“页面页眉”节的效果如图5-13

所示。

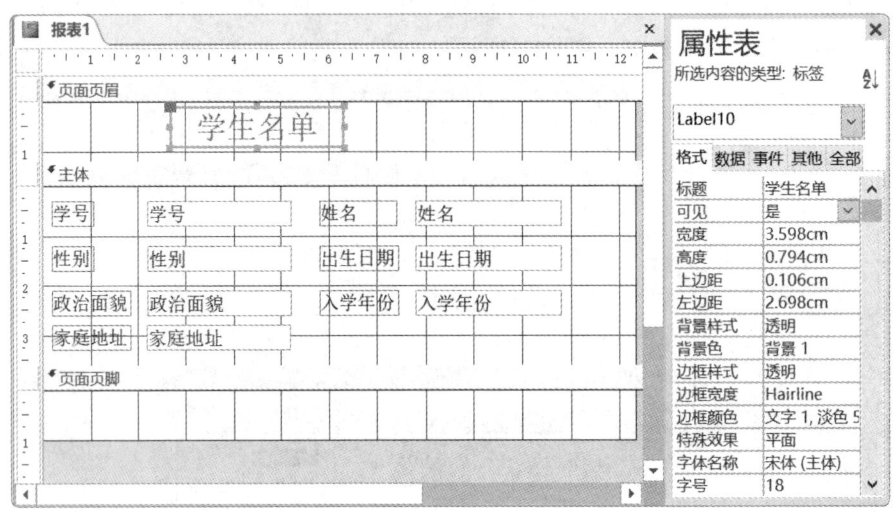

图 5-13　设置“页面页眉”节的效果

⑧ 保存报表，并将其命名为“学生信息表”。切换到打印预览视图，可以看到其中的“家庭地址”信息显示不完整，如图5-14所示。可切换到设计视图，调整“家庭地址”文本框的长度，以显示出完整的“家庭地址”信息。

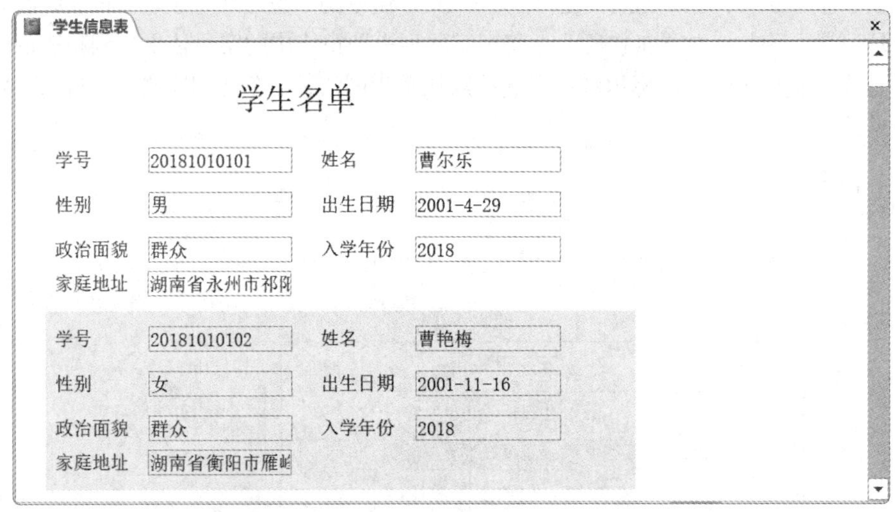

图 5-14　“家庭地址”信息显示不完整

5.2.3 使用“空报表”按钮创建报表

使用“空报表”按钮创建报表也是一种灵活、快捷的创建报表的方式，适用于报表中字段较少的情况。

【例5.3】使用“空报表”按钮创建“班级信息表”报表，具体操作步骤如下。

① 在“创建”选项卡的“报表”组中单击“空报表”按钮，直接进入报表的布局视图，如图5-15所示。界面的右侧会自动打开“字段列表”窗格。

图 5-15 进入报表的布局视图

② 在“字段列表”窗格中单击“显示所有表”链接，在列表中单击“班级信息表”前面的⊞按钮，在打开的列表中就会显示出该表中包含的字段名称，如图5-16所示。

图 5-16 显示“班级信息表”中的字段名称

③ 依次双击需要输出的字段，如“班级编号”“班级名称”，创建的报表如图5-17所示。

报表1

班级编号	班级名称
201810101	2018政治1班
201810102	2018政治2班
201810201	2018文学1班
201810202	2018文学2班
201810301	2018英语1班
201810302	2018英语2班
201810401	2018新闻1班
201810402	2018新闻2班
201810501	2018数学1班
201810502	2018数学2班
201810601	2018微电子1班
201810602	2018微电子2班

字段列表
仅显示当前记录源中的字段
可用于此视图的字段:
⊟ 班级信息表 编辑表
班级编号
班级名称
学院编号
相关表中的可用字段:
⊞ 学生信息表 编辑表
⊞ 学院信息表 编辑表

图 5-17 创建的报表

④ 在“可用于此视图的字段”列表中单击“学院信息表”前面的⊞按钮，显示出该表中包含的字段。双击“学院名称”字段，此时的报表如图5-18所示，“字段列表”窗格也随着发生变化。

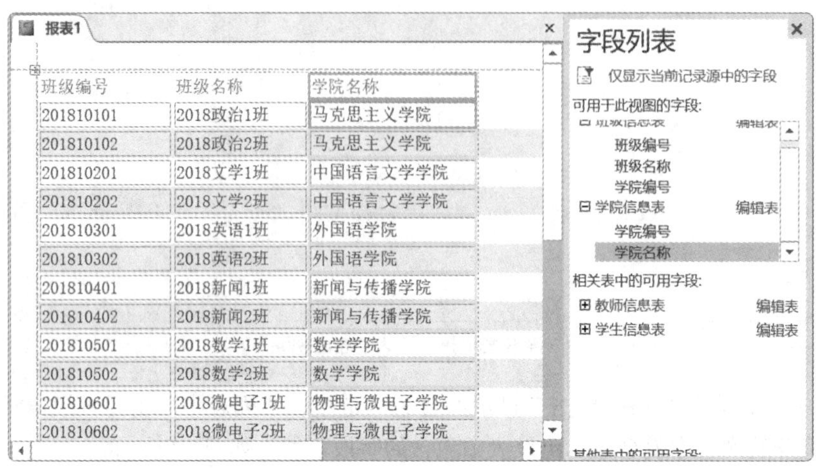

图 5-18　双击“学院名称”字段

⑤ 保存报表，并将其命名为“班级信息表”。切换到打印预览视图，可以看到报表的输出效果如图5-19所示。

班级信息表

班级编号	班级名称	学院名称
201810101	2018政治1班	马克思主义学院
201810102	2018政治2班	马克思主义学院
201810201	2018文学1班	中国语言文学学院
201810202	2018文学2班	中国语言文学学院
201810301	2018英语1班	外国语学院
201810302	2018英语2班	外国语学院
201810401	2018新闻1班	新闻与传播学院
201810402	2018新闻2班	新闻与传播学院
201810501	2018数学1班	数学学院
201810502	2018数学2班	数学学院
201810601	2018微电子1班	物理与微电子学院

图 5-19　“班级信息表”输出效果

5.2.4 使用“报表向导”按钮创建报表

使用“报表”按钮创建的报表具有标准的报表样式。这种方法虽然操作快捷，但是存在不足之处，尤其是不能选择出现在报表中的记录源字段。单击“报表向导”按钮创建报表，在创建时可自由选择字段，创建方式更加灵活。

【例5.4】使用“报表向导”按钮创建“教师信息汇总表”报表，具体操作步骤如下。

① 在导航窗格中选择“教师信息表”。

② 在“创建”选项卡的“报表”组中单击“报表向导”按钮，打开“报表向导”对话框，这时数据源默认为“表: 教师信息表”；在“表/查询”下拉列表框中可以选择其他数据源，如

图5-20所示。在“可用字段”列表框中依次双击“教师编号”“姓名”“性别”“政治面貌”“职称”字段，将它们添加到“选定字段”列表框中，然后单击“下一步”按钮。

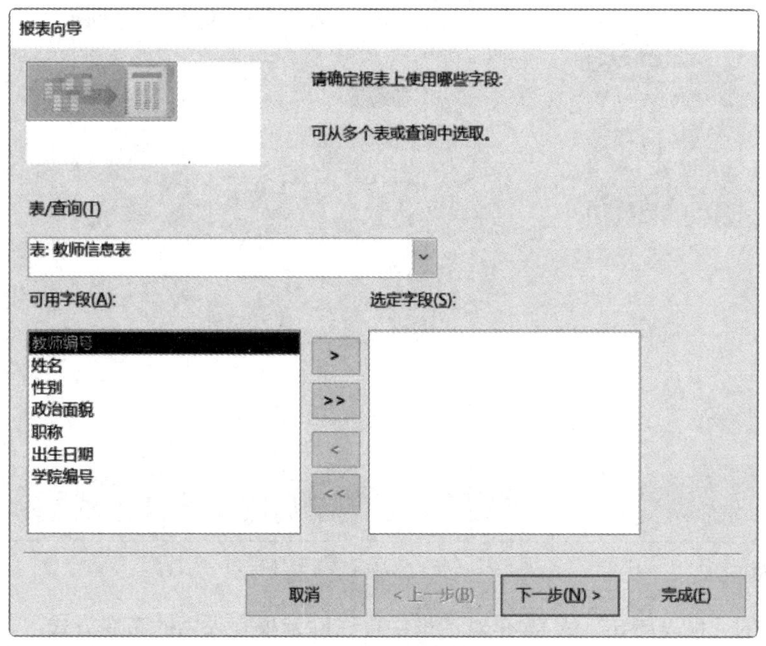

图 5-20　选择数据源

③ 在打开的“报表向导”的第2个对话框中自动给出了分组级别，以及分组后报表布局的预览效果。这里按“职称”字段分组，如图5-21所示，单击“下一步”按钮。

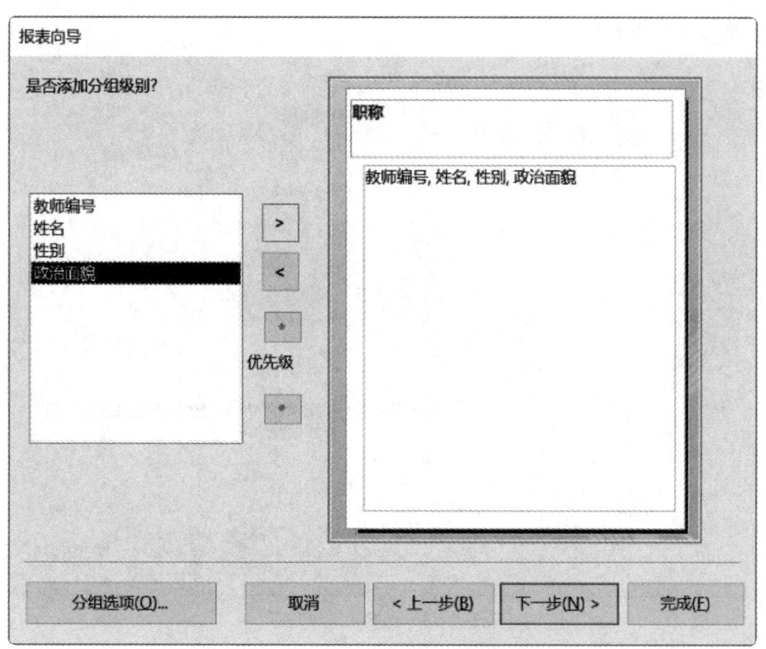

图 5-21　按“职称”字段分组

④ 在打开的“报表向导”的第3个对话框中可以确定报表记录的排列次序。这里选择按“教师编号”升序排列，如图5-22所示，单击“下一步”按钮。

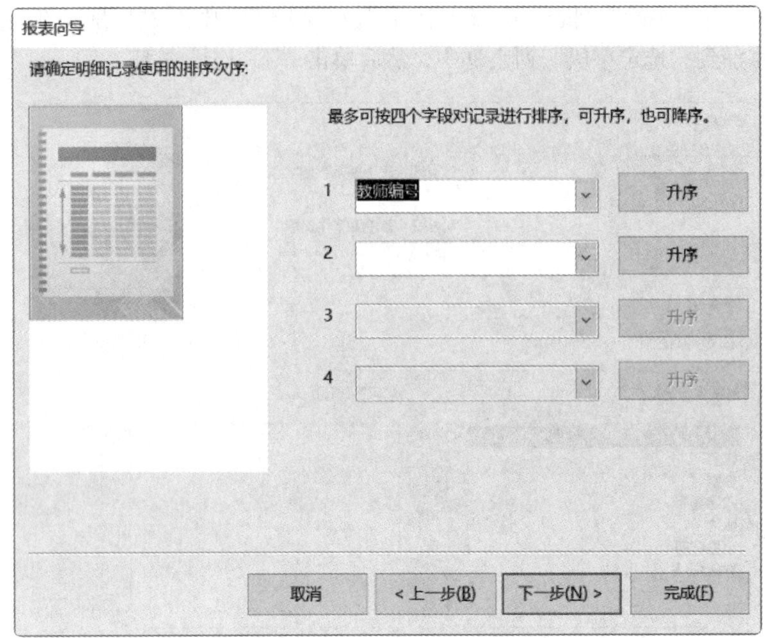

图 5-22　按“教师编号”升序排列

⑤ 在打开的“报表向导”的第4个对话框中可以确定报表采用的布局方式。这里在“布局”选项组中选中“递阶”单选按钮，在“方向”选项组中选中“纵向”单选按钮，如图5-23所示，单击“下一步”按钮。

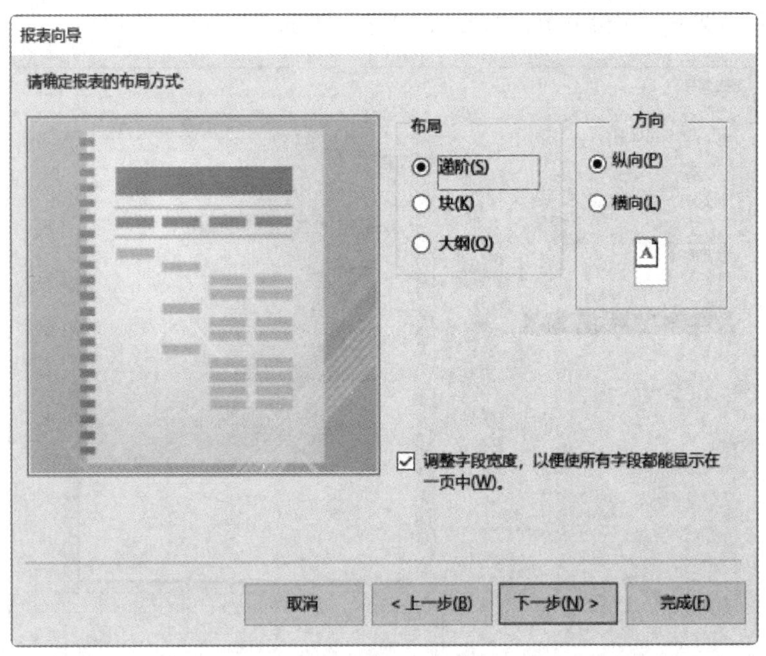

图 5-23　选择布局方式

⑥ 在打开的“报表向导”的最后一个对话框中，输入报表的标题“教师信息汇总表”，选中“预览报表”单选按钮，然后单击“完成”按钮。若需要调整报表数据的显示外观，可以切换到设计视图进行调整。完成的“教师信息汇总表”报表如图5-24所示。

教师信息汇总表

教师信息汇总表				
职称	教师编号	姓名	性别	政治面貌
副教授				
	t0003	颜丽霞	女	民盟
	t0012	赵重阳	女	群众
	t0015	卓超群	男	民建
	t0016	马永生	男	党员
	t0018	陈荣丽	女	九三学社
	t0025	向慧玲	女	党员
	t0029	向彦艳	女	群众

页: 1 无筛选器

图 5-24 “教师信息汇总表”报表

单击“报表向导”按钮创建报表时虽然可以选择字段和分组，但快速创建的只是报表的基本框架。想要创建更细致的报表，还需要进一步美化和修改报表，可以进入报表的设计视图进行相应的处理。

5.2.5 使用“标签”按钮创建报表

在日常工作中，经常需要制作“行李信息”和“人员信息”等标签。标签是一种类似于名片的短信息载体，使用Access提供的“标签”按钮可以方便地创建多种标签报表。

【例5.5】使用“标签”按钮创建“标签 课程信息”报表，具体操作步骤如下。

① 在导航窗格中选择“课程信息表”。

② 在“创建”选项卡的“报表”组中单击“标签”按钮，打开“标签向导”对话框，在其中指定需要的标签尺寸，如图5-25所示。如果提供的尺寸不能满足需要，可以单击“自定义”按钮自行设计标签。完成后单击“下一步”按钮。

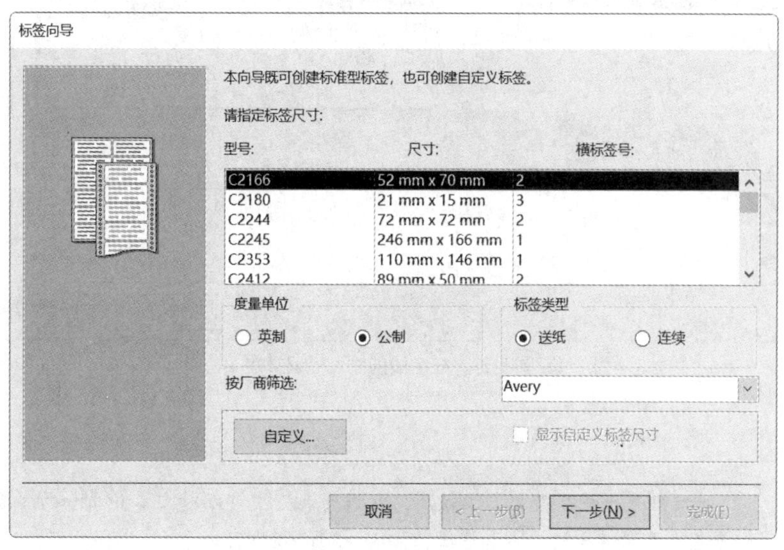

图 5-25 指定标签尺寸

③ 在打开的“标签向导”的第2个对话框中，可以根据需要选择标签文本的字体、字号和颜色等，如图5-26所示。设置完成后，单击“下一步”按钮。

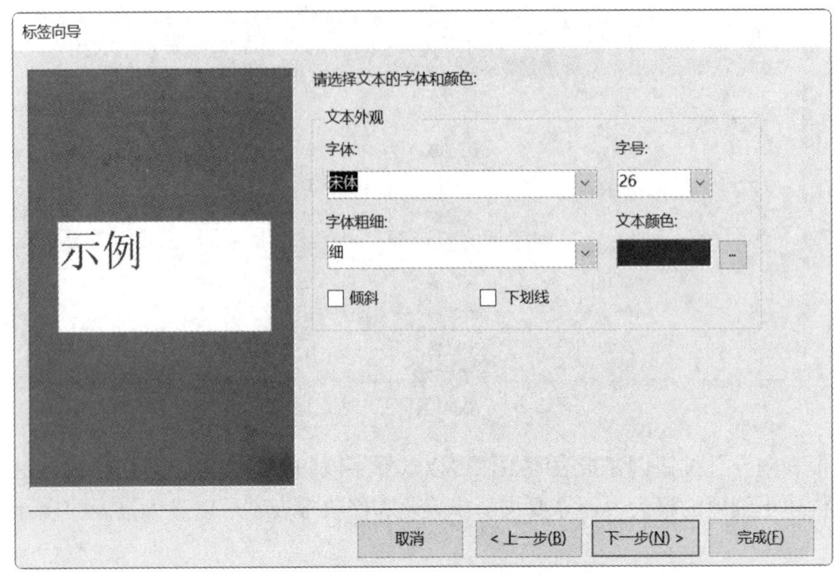

图 5-26　选择标签文本的字体、字号和颜色

④ 在打开的“标签向导”的第3个对话框中，在“可用字段”列表框中分别双击“课程编号”“课程名称”“学分”字段，将它们添加到“原型标签”列表框中。为了让标签的意义更明确，可以在每个字段前输入需要的标识文本，如图5-27所示，然后单击“下一步”按钮。

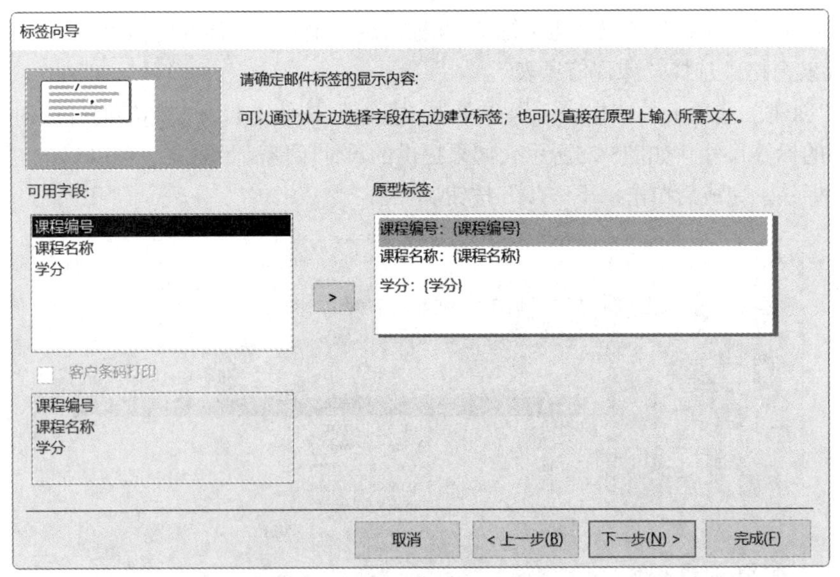

图 5-27　在字段前输入标识文本

说明

“原型标签”列表框是一种微型文本编辑器，在该列表框中可以对文本和添加的字段进行修改和删除等操作。如果想要删除其中的文本和字段，按BackSpace键即可。

⑤ 在打开的“标签向导”的第4个对话框中，在“可用字段”列表框中双击“课程编号”字段，把它添加到“排序依据”列表框中，如图5-28所示，单击“下一步”按钮。

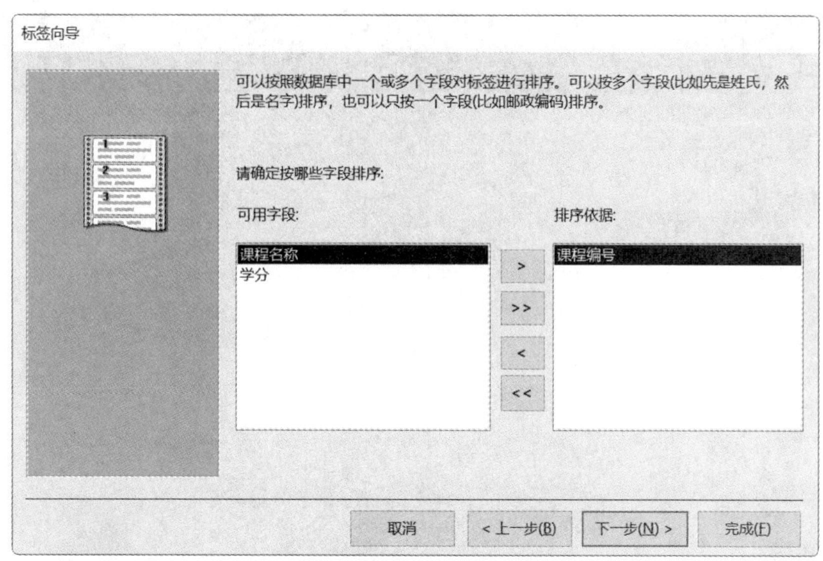

图 5-28　将“课程编号”字段添加到“排序依据”列表框中

⑥ 在打开的“标签向导”的最后一个对话框中，输入“标签 课程信息”作为报表名称，单击“完成”按钮，“标签 课程信息”报表如图5-29所示。

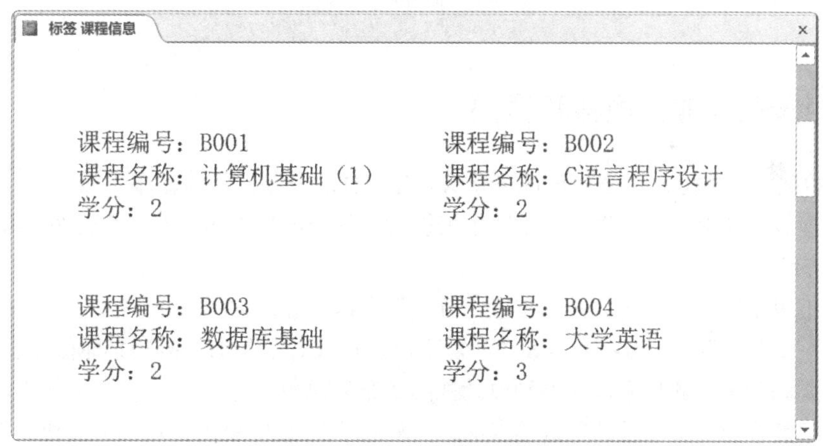

图 5-29　“标签 课程信息”报表

5.3 编辑报表

在使用上述方法完成报表的创建后，可以根据需要对某个报表的设计布局进行修改，包括添加报表的控件、修改报表的控件及删除报表的控件等。若要修改某个报表的设计布局，需在该报表的设计视图中进行。

进入报表设计视图的方法为：单击导航窗格中的“报表”对象，展开报表

对象列表，在其中的某个报表对象上单击鼠标右键，在弹出的快捷菜单中执行“设计视图”命令，即可打开该报表的设计视图，如图5-30所示。

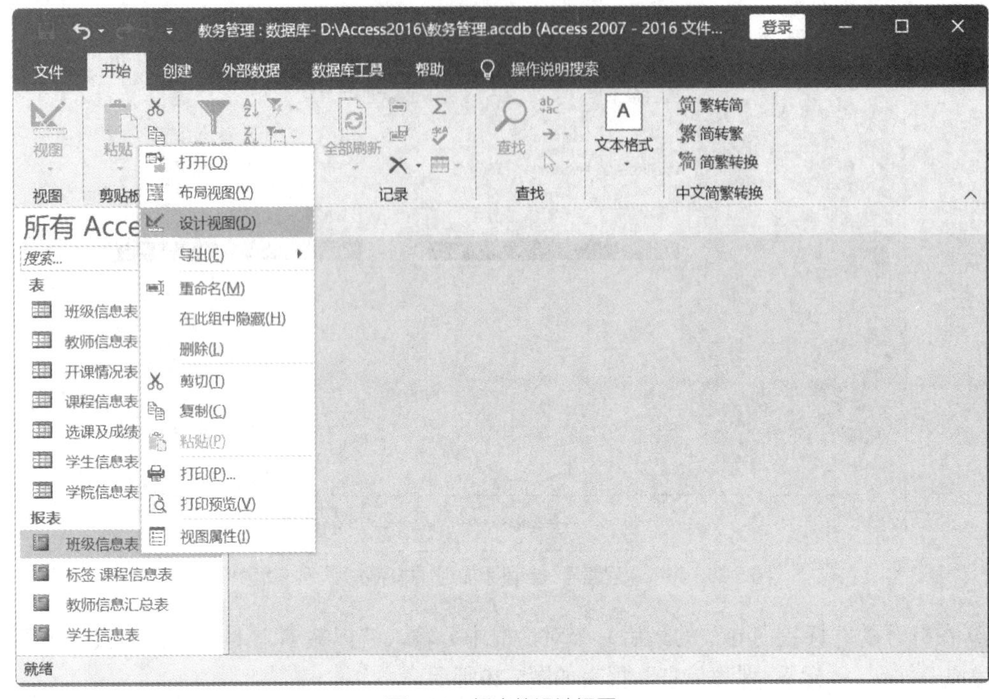

图 5-30　报表的设计视图

5.3.1 为报表添加分页符和页码

在报表的某一节中可以使用分页符来标识另起一页的位置，具体操作步骤如下。

① 打开报表，切换到设计视图；在“报表设计工具→设计”选项卡的“控件”组中单击“插入分页符”按钮。

② 单击报表中需要添加分页符的位置，分页符会以短虚线的形式出现在报表的左侧。

当报表页数比较多时，需要在报表中添加页码。在报表中添加页码的具体操作步骤如下。

① 打开要添加页码的报表，切换到设计视图或布局视图。

② 在“报表设计工具→设计”选项卡的“页眉/页脚”组中单击“页码”按钮，打开“页码”对话框；在其中选择页码的位置及格式等，然后单击“确定”按钮。

5.3.2 添加当前日期和时间

在报表中添加当前日期和时间有助于获取报表输出信息的时间，具体操作步骤如下。

① 打开要添加当前日期和时间的报表，切换到设计视图或布局视图。

② 在“报表设计工具→设计”选项卡的“页眉/页脚”组中单击“日期和时间”按钮，打开“日期和时间”对话框。

③ 根据需要选择日期或时间的显示格式，然后单击“确定”按钮。

5.4 记录的排序和分组

在Access中，除了可以单击“报表向导”按钮实现记录的排序和分组外，还可以使用报表的设计视图对报表中的记录进行排序和分组。

5.4.1 记录的排序

记录的排序

在设计报表时，可以将报表中的记录按照升序或降序排列。

【例5.6】在“学生信息表”报表中按照“出生日期”字段对记录进行升序排序，具体操作步骤如下。

① 打开“学生信息表”报表，进入设计视图，如图5-31所示。单击“报表设计工具→设计”选项卡“分组和汇总”组中的“分组和排序”按钮，可以看到“添加组”和“添加排序”按钮。

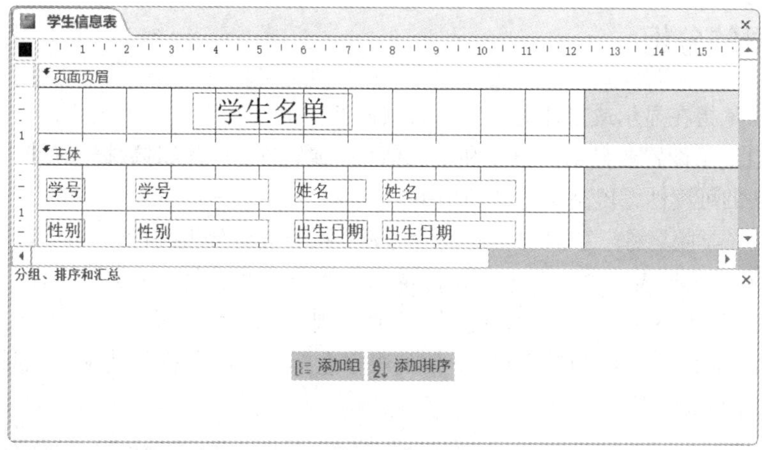

图 5-31 “学生信息表”报表的设计视图

② 单击“添加排序”按钮，弹出“字段列表”窗格；在字段列表中选择“出生日期”选项，“分组、排序和汇总”区中即显示出选择的排序依据，如图5-32所示。

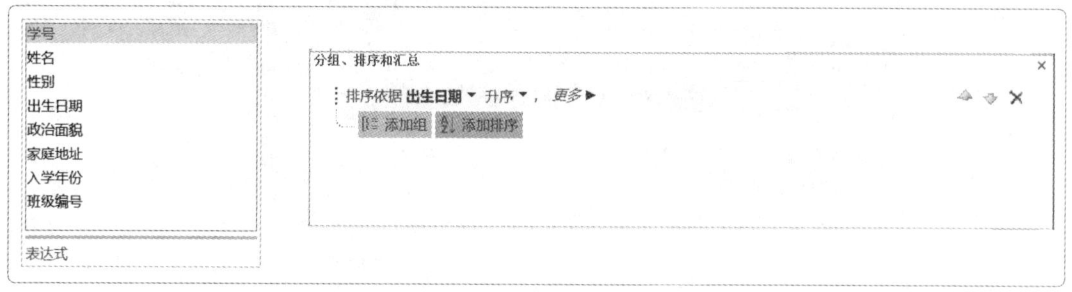

图 5-32 字段列表和“分组、排序和汇总”区

说明

在“分组、排序和汇总”区中可以选择排序依据及排序次序。当报表中设置了多个排序字段时，先按第1排序字段值排序；若第1排序字段值相同，按第2排序字段值排序；以此类推。

③ 保存报表，进入打印预览视图，可以看到排序后的“学生信息表”报表，如图5-33所示。

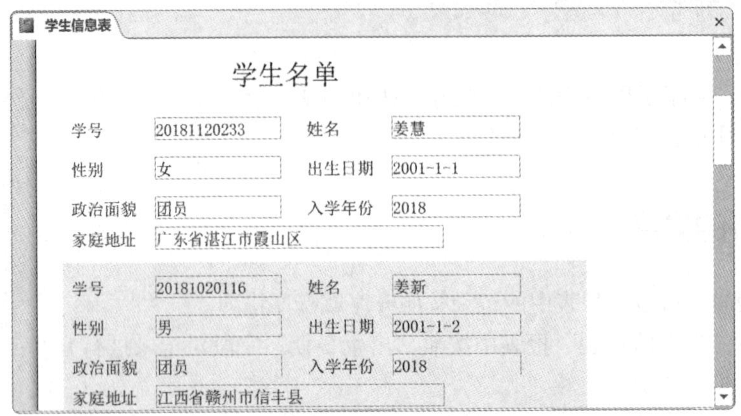

图 5-33 排序后的“学生信息表”报表

5.4.2 记录的分组

记录的分组是指在显示或打印时，将具有共同特征的记录组成一个集合，并且可以为同组记录设置要显示的概要和汇总信息。通过分组可以对数据进行分类，增强报表的可读性，提高信息的利用率。

【例5.7】 按“学院名称”字段对“班级信息表”报表进行分组统计，具体操作步骤如下。

① 打开“班级信息表”报表，进入设计视图；单击“报表设计工具→设计”选项卡中“分组和汇总”组的“分组和排序”按钮，打开“分组、排序和汇总”区。

② 单击“添加组”按钮，在打开的下拉列表中选择“学院名称”选项，此时出现“学院名称页眉”节，如图5-34所示。

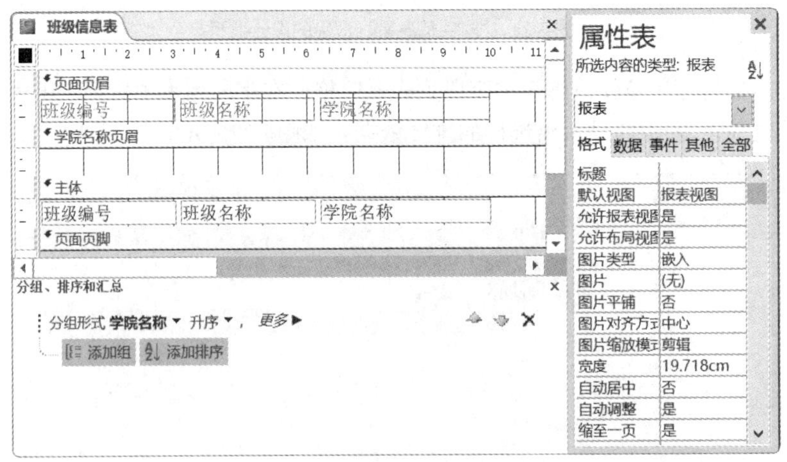

图 5-34 添加“学院名称页眉”节

说明

如果要添加“学院名称页脚”节，可以单击“更多▶”按钮，将“无页脚节”改为“有页脚节”，然后在“属性表”窗格中设置“学院名称页脚”节的相关属性。

③ 打开“属性表”窗格，将“学院名称页眉”节对应的“组页眉0”中的“高度”属性设置为1cm，如图5-35所示。可以根据需要设置“学院名称页眉”节的其他属性。

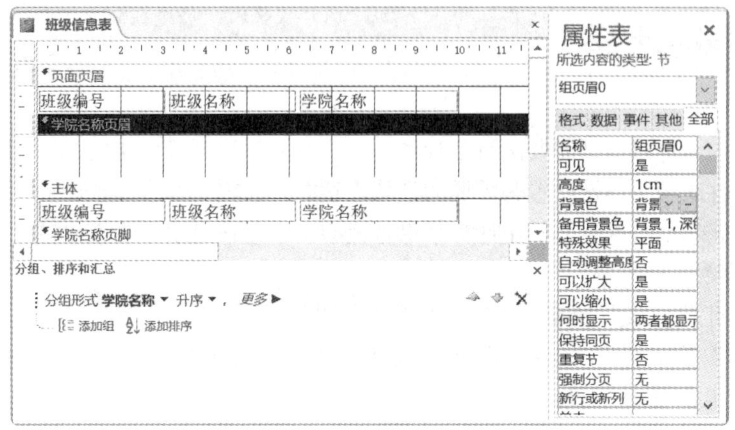

图 5-35 设置“高度”属性

④ 将“页面页眉”节中的“学院名称”文本框移到“学院名称页眉”节中，将“主体”节内的“学院名称”文本框也移到“学院名称页眉”节中，如图5-36所示。

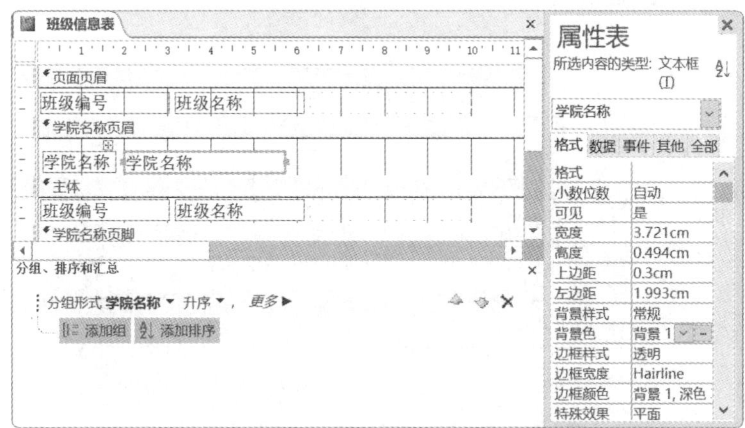

图 5-36 移动“学院名称”文本框到“学院名称页眉”节中

⑤ 保存报表，切换到打印预览视图，可以看到报表的分组显示效果如图5-37所示。

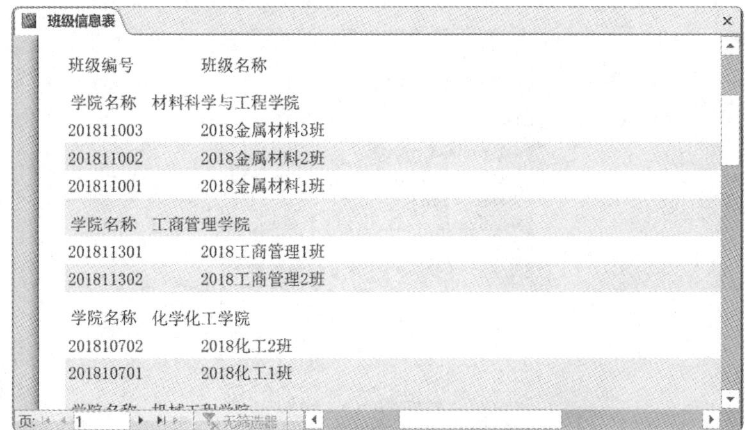

图 5-37 报表的分组显示效果

对已经排序或分组的报表，可以进行添加、删除、更改排序，分组字段或表达式等操作。

5.5 报表的计算

在报表设计中，可以根据需要进行各种类型的计算并输出计算结果，其操作方法是将参与计算的控件的“控件来源”属性设置为需要的计算表达式。

【例5.8】 计算学生的年龄，并用计算结果替换原“学生信息表”报表中的“出生日期”字段值，具体操作步骤如下。

① 打开“学生信息表”报表，然后打开报表的设计视图。

② 将“主体”节中的“出生日期”标签文本框和“出生日期”字段文本框都删除。

③ 在“报表设计工具→设计”选项卡的“控件”组中单击“文本框”按钮，在“主体”节中添加新的文本框，把标签文本框和字段文本框放在原来“出生日期”标签文本框和“出生日期”字段文本框所在的位置。

④ 将标签文件框中的文本改为“年龄”，如图5-38所示。

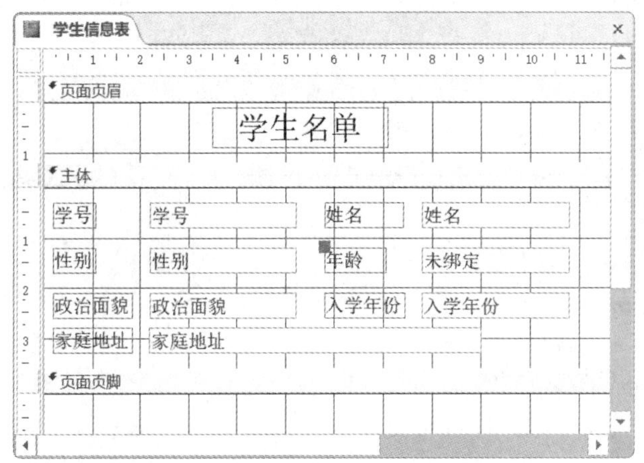

图 5-38　将标签文本框中的文本改为“年龄”

⑤ 双击字段文本框，打开“属性表”窗格，设置“控件来源”属性为“=Year(Date())-Year([出生日期])”，如图5-39所示。

图 5-39　设置“控件来源”属性

⑥ 单击“报表设计工具→设计”选项卡中的“视图”按钮，切换到报表视图，可以看到报表中“年龄”字段的计算结果，如图5-40所示。保存修改的报表。

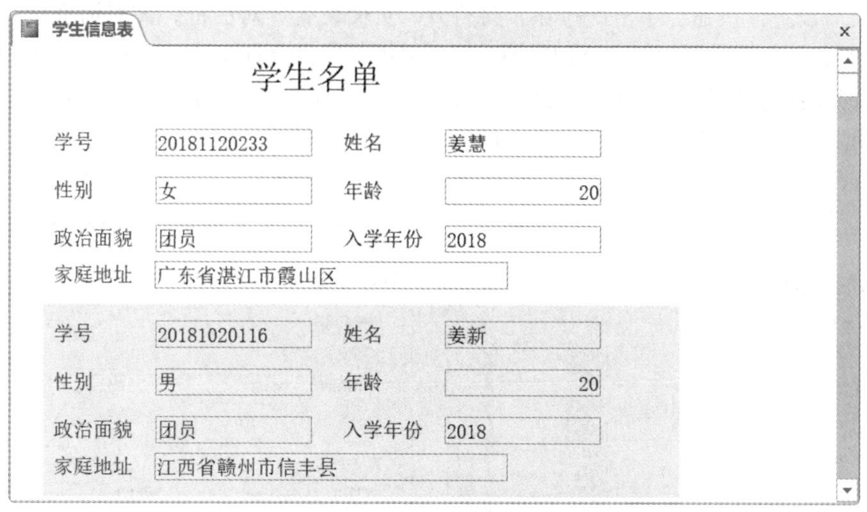

图 5-40 “年龄”字段的计算结果

5.6 预览和打印报表

在报表设计完成后，可以把报表打印出来。要想打印出美观的报表，可以在打印预览视图中显示报表，以便对其进行修改和调整。在打印预览视图中，可以显示报表的页面布局。用户可以观察报表的真实情况，此效果与打印出来的效果完全相同。

5.6.1 打印预览选项卡

在导航窗格中选择要预览的报表，单击鼠标右键；在弹出的快捷菜单中执行“打印预览”命令，打开报表的打印预览视图；功能区中即出现“打印预览”选项卡，如图5-41所示。

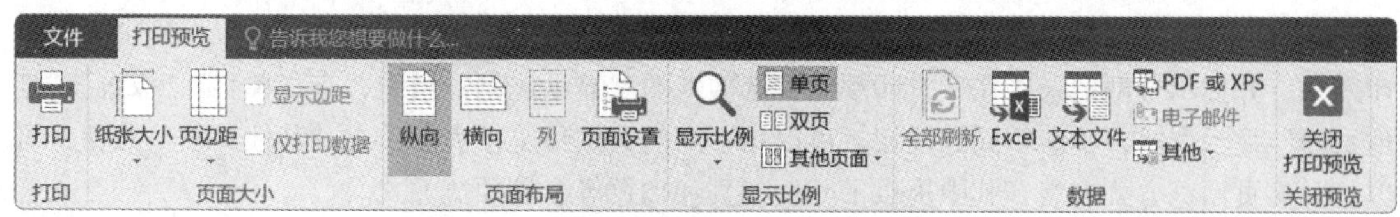

图 5-41 “打印预览”选项卡

“打印预览”选项卡包括“打印”“页面大小”“页面布局”“显示比例”“数据”“关闭预览”6个组。其中“数据”组中按钮的作用是将报表导出为其他格式，如Excel、文本文件、PDF或XPS、电子邮件及其他格式，其余几个组中按钮的功能都很容易理解。下面介绍其中常用的一些按钮。

① “打印”按钮：单击此按钮，可不经页面设置，直接打印报表。

② “纸张大小”按钮：单击此按钮，可选择多种纸张大小，如A3、A4等。

③“页边距”按钮：单击此按钮，可设置报表打印时页面的上、下、左、右边距。系统提供了3个选项，包括“普通”“宽”“窄”。

④“页面设置”按钮：单击此按钮，将打开“页面设置”对话框，该对话框中有“打印选项”“页”“列”3个选项卡。在“打印选项”选项卡中可以设置页面的上、下、左、右4个边距，还可以选择是否只打印数据，如图5-42所示；在“页”选项卡中可以设置打印方向、纸张大小、纸张来源和打印机等；在“列”选项卡中可以更改报表的外观，将报表设置成多栏式报表，如图5-43所示。

图5-42 “打印选项”选项卡

图5-43 “列”选项卡

⑤“Excel”按钮、“文本文件”按钮、“PDF或XPS”按钮、“电子邮件”按钮、“其他”按钮：单击这些按钮可以将报表数据以Excel文件、文本文件、PDF或XPS文件、XML文件、Word文件、HTML文件格式导出。

5.6.2 预览报表

预览报表的目的是在屏幕上模拟打印的实际效果。为了保证打印出来的报表满足要求且美观，在打印之前可预览报表，以便发现问题并进行修改。在打印预览视图中，可以看到报表的打印效果，并显示全部记录。在“打印预览”选项卡的“显示比例”组中，有“单页”“双页”“其他页面”显示方式，单击不同的按钮，可以用不同的方式预览报表。单击“其他页面”按钮，可以打开多页预览方式列表，其中提供了4页、8页和12页等多种预览方式。

5.6.3 打印报表

在确认报表显示效果无误后即可对报表进行打印。在报表的打印预览视图下，打印报表的具体操作步骤如下。

①单击“打印预览”选项卡“打印”组中的“打印”按钮，打开“打印”对话框，在其中可以设置打印的范围、打印份数、打印机等，如图5-44所示。

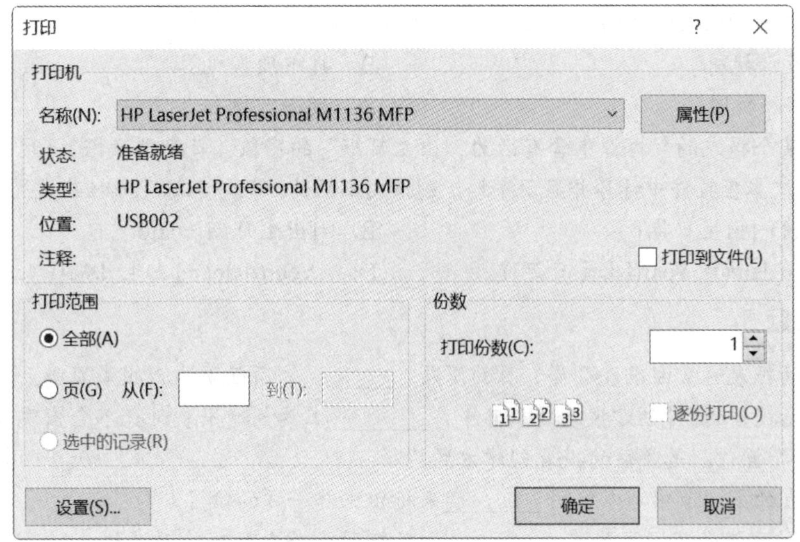

图 5-44 “打印”对话框

② 在“打印”对话框中单击“设置”按钮，打开“页面设置”对话框，在其中的“打印选项”选项卡中设置页边距，勾选“只打印数据”复选框。

③ 在“列”选项卡中设置一页报表中的列数、行间距、列尺寸宽度及列布局。设置完成后单击“确定”按钮，返回到“打印”对话框，单击“确定”按钮，打印报表。

本章小结

本章主要介绍了报表的概念和组成、3种报表类型及4种报表视图，还介绍了多种创建报表的方式、报表的排序和分组、报表的计算、报表的预览和打印等。学习了本章的内容后，读者可以掌握报表的基础知识和基本操作，可以将数据库中的数据按照一定的格式生成报表并打印输出。本章的知识为读者学习更复杂的报表操作奠定了基础。

习题 5

一、单选题

1. 在组成报表的5个节中，主要用于显示和输出数据的是（　　）。
   A. “页面页眉”节　　B. “页面页脚”节
   C. “主体”节　　D. “报表页脚”节
2. 在Access中，用于直观地呈现汇总数据、统计和摘要信息的是（　　）。
   A. 表　　B. 查询　　C. 报表　　D. 窗体
3. 下列不属于报表分类的是（　　）。
   A. 标签报表　　B. 表格式报表　　C. 图表式报表　　D. 纵栏式报表

4. 下列不属于报表视图的是（　　）。

A. 设计视图　　B. 打印预览视图

C. 布局视图　　D. 数据表视图

5. 已知某个报表的数据源中含有名为“出生日期”的字段（日期型数据）。现以此字段为基础，在报表的文本框控件中计算并显示年龄，则该文本框的“控件来源”属性应设置为（　　）。

A. =date()-[出生日期]　　B. =[出生日期]-date

C. =Year(date())-Year([出生日期])　　D. =Year(date()-[出生日期])

二、填空题

1. 完整的报表通常由报表页眉、页面页眉、________、页面页脚、报表页脚5个部分组成。

2. Access提供的5种创建报表的工具中，________工具创建报表时既不会出现提示信息，也不需要进行复杂操作，是最快的报表创建方式。

3. 在报表的某一节中可以使用________来标识另起一页的位置。

4. 报表和窗体的不同之处在于:________只能用于查看数据，而通过________可以改变数据源中的数据。

第6章 宏

Access作为数据库管理系统，不仅在数据存储、数据查询与修改、报表输出等方面拥有强大的功能，而且在程序设计方面具有独特的优势。在Access中与编程相关的对象有两个：宏和模块。宏是Access中继表、查询、窗体、报表之后推出的第五大数据库对象。通过它可以在不编写任何代码的情况下帮助用户完成一系列任务，因此宏可以被看作一种简化的编程方法。宏的使用能够让Access系统的功能更强大，操作更简单。本章主要介绍宏的概念与功能、宏操作、宏的创建与运行、数据宏等内容。

本章的学习目标如下。

① 了解宏的概念，以及宏与报表、窗体等Access对象间的相互关系。

② 掌握宏的基本操作。

③ 掌握利用宏设计器创建独立宏、嵌入宏的理论及实现方法。

④ 熟练掌握利用嵌入宏解决窗体“单击”事件等问题的方法。

⑤ 掌握数据宏的概念及编辑方法。

6.1 宏的基础知识

在Access中，宏是一个非常重要的对象，它使Access具有强大的程序设计能力。宏的创建与设计很方便，不需要编写任何程序代码就能实现。宏可以帮助用户自动完成许多烦琐的操作，提升数据库的使用体验。

宏的概念

6.1.1 宏的概念

宏是由一个或多个操作（或操作命令）组成的集合，其中的每个操作都是Access自带的且能自动执行，用以实现特定的功能。在Access中，可以为宏定义多种类型的操作，例如打开与关闭窗体、显示与隐藏工具栏、预览或打印报表等。

宏并不直接处理数据库中的数据，它是组织Access中对象的工具。在Access中，表、查询、窗体和报表是4个基本对象。这些对象都具有强大的数据处理功能，能独立完成数据库中特定的任务。但是它们各自独立工作，不能相互调用。这样在需要重复执行某些操作时，就不能节省操作时间、降低操作复杂程度。宏的使用可以将Access数据库的这些对象有机地整合在一起，完成特定的操作或任务。

Access的宏可以分为独立宏、嵌入宏（也称嵌入式宏）和数据宏。

① 独立宏是独立的对象，在导航窗格中可见，具有独立的宏名。独立宏独立于窗体、报表或表，它可以被调用，实现特定的功能。

② 嵌入宏是嵌入窗体、表或控件之中的宏，它可以成为嵌入对象或空间的一个属性，在导航窗格中不可见，也没有独立的宏名。

③ 数据宏是一类特殊的宏，是针对表中的事件（如删除、更新数据等）进行的宏操作。数据宏有两种触发方式：一种是由表事件触发，这种数据宏也称为事件驱动数据宏；另一种是为响应按名称调用而运行的数据宏，这种数据宏也称为命名数据宏。

图6-1所示为一个名称为Message的宏，其中只包含一个MessageBox宏操作。该宏运行后，将弹出一个提示对话框，显示“欢迎使用Access 2016!”，如图6-2所示。

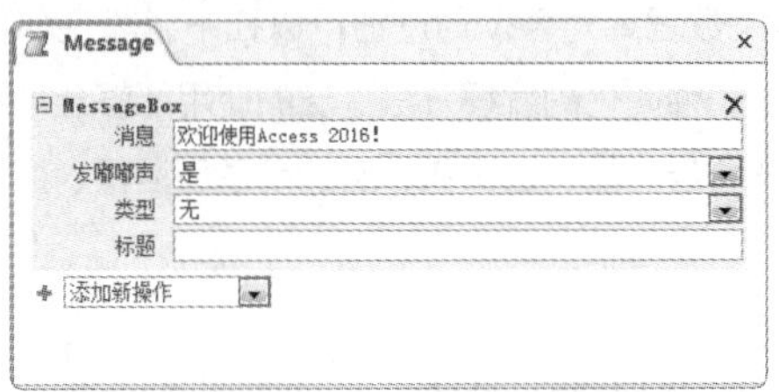

图 6-1　Message 宏

图 6-2　Message 宏的运行结果

6.1.2　宏设计器

在Access中，宏是在宏设计器中创建的。单击“创建”选项卡“宏与代码”组中的“宏”按钮，即可打开宏设计器。宏设计器又称为宏的设计视图，其界面如图6-3所示。

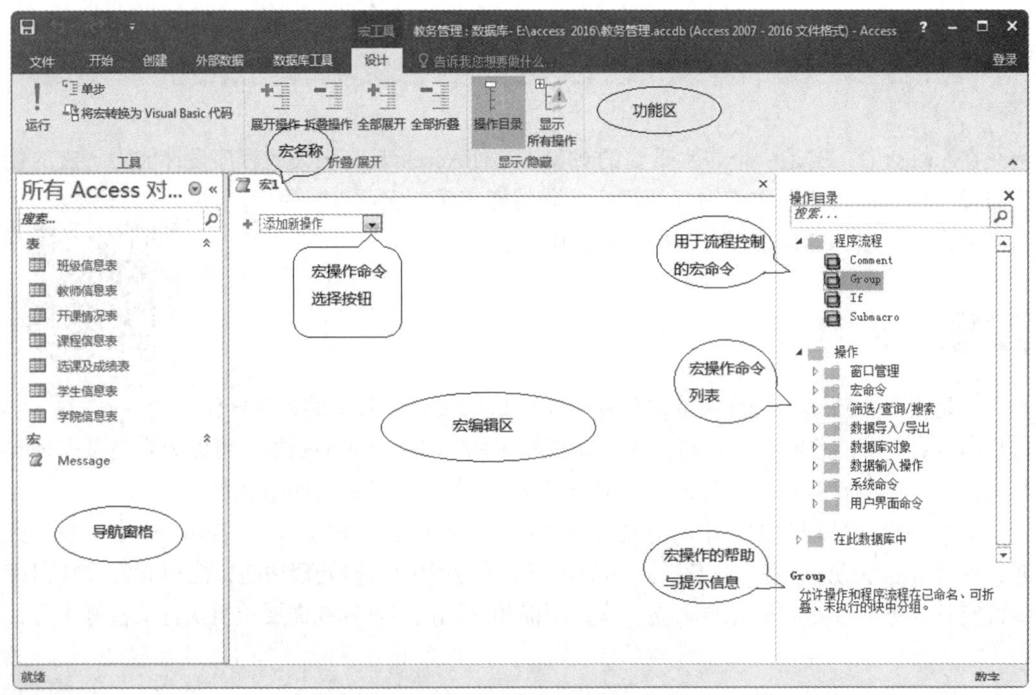

图 6-3　宏设计器界面

创建宏的具体操作步骤如下。

① 打开宏设计器。

② 添加宏操作。

③ 设置参数。

④ 根据需要，重复步骤②和步骤③。

⑤ 保存宏并根据需要设置宏名称。

宏设计器功能区中主要按钮的功能如表6-1所示。

表6-1　　宏设计器功能区中按钮的功能

按钮	功能
运行	执行当前宏或选中的宏
单步	单步运行，一次执行一条宏命令，通常用于调试宏
将宏转换为 Visual Basic 代码	将当前宏转换成Visual Basic代码
展开操作	展开宏设计器中所选的宏操作
折叠操作	折叠宏设计器中所选的宏操作
全部展开	展开宏设计器中全部的宏操作
全部折叠	折叠宏设计器中全部的宏操作
操作目录	显示或隐藏宏设计器的操作目录
显示所有操作	显示或隐藏“添加新操作”下拉列表中的所有操作或尚未信任的数据库中允许的操作

6.1.3 宏的运行过程与功能

在Access中，可以将宏看成一种简化的程序。编写宏不需要使用编程语言，每一个操作所需的参数都显示在宏设计器中。

宏以动作（宏操作）为单位来执行用户设定的操作，每一个动作在运行时按由上往下的顺序执行。如果设置了条件，则动作会根据设置的条件决定是否执行。

图6-4所示为一个简单的宏运行过程，名称为“宏运行示例”。当用户执行该宏时，首先执行

第1个操作OpenTable，以编辑模式打开“学生信息表”；接着执行第2个操作OpenForm，以普通窗口模式打开“教师信息窗体”；最后执行第3个操作MessageBox，弹出“教师信息窗体打开完成!”信息提示框。至此，名称为“宏运行示例”的宏执行完毕。

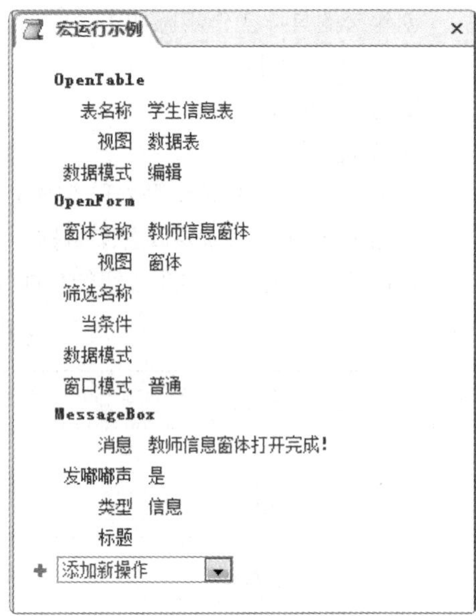

图 6-4 简单的宏运行过程

Access中的宏可以帮助用户完成一系列的工作。一般来说，宏可以帮助用户完成以下工作。

① 打开或关闭数据表、窗体或报表。

② 打印报表和执行查询。

③ 显示提示信息和警告信息。

④ 设置窗体控件的值、窗体的大小。

⑤ 实现数据的输入与输出，以及数据验证。

⑥ 在数据库启动时执行特定操作。

⑦ 定制用户界面，如菜单等。

6.1.4 宏与事件

在实际应用中，宏通常是由窗体、报表或查询产生的事件（Event）触发并执行的。事件是在数据库中执行的一种特殊操作，是对象能辨识和检测的动作，如“单击”“双击”“获取焦点”等。如果已经给某个事件编写了宏（或绑定了宏）、事件过程等，当这个事件被触发时会执行对应的宏或事件过程。例如，当单击登录窗体中的“登录”按钮时，会触发该按钮的“单击”事件，事先编写或与“单击”事件绑定的宏或事件过程会被执行。

事件是系统预先定义好的。一个对象拥有哪些事件是由Access决定的，用户无法修改。但是，事件被触发后执行什么操作，则由用户为此事件编写的宏或事件过程决定。事件过程是为响应由用户或程序代码触发的事件及由Access触发的事件而运行的过程。以窗体为例，在打开窗体时，将按照下列顺序触发相应的事件：

打开（Open）→加载（Load）→调整大小（Resize）→激活（Activate）→成为当前（Current）

Access可以识别大量的对象事件，常用事件及发生时间如表6-2所示。

表6-2 常用事件及发生时间

事件	对象	名称	发生时间
OnClick	窗体和控件	单击	对于控件，单击时发生；对于窗体，在单击记录选择器或控件以外的区域时发生
OnOpen	窗体和报表	打开	当窗体或报表打开时发生
OnClose	窗体和报表	关闭	当关闭窗体或报表，使它们从界面中消失时发生
OnCurrent	窗体	成为当前	在窗体第一次打开，或焦点从某一条记录移动到另一条记录，或在重新查询窗体的数据来源时发生
OnDblClick	窗体和控件	双击	对于控件，当在控件或它的标签上双击时发生；对于窗体，在双击空白区或窗体的记录选择器时发生

续表

事件	对象	名称	发生时间
BeforeUpdate	窗体和控件	更新前	在控件或记录用更改的数据更新以前发生，即在控件或记录失去焦点时，或执行“记录”菜单中的“保存记录”命令时发生
AfterUpdate	窗体	更新后	在控件或记录用更改过的数据更新以后发生，即在控件或记录失去焦点时，或执行“记录”菜单中的“保存记录”命令时发生

通常情况下，事件由用户的操作触发，但程序代码或操作系统也可以触发事件。例如，窗体或报表在执行过程中发生错误便会触发窗体或报表的“出错”（Error）事件，打开窗体并显示其中的数据时会触发“加载”（Load）事件。

6.1.5 宏的安全设置

在Access中，用户可以通过宏实现非常多的操作，其中部分操作可能导致不可逆转的结果，如删除数据。因此，Access中内置了针对宏的安全设置，以帮助用户阻止不需要且有害的操作。

宏的安全性是通过“信任中心”进行设置和保证的。当用户打开一个含有宏的文档时，Access会使用“信任中心”来确定哪些操作可能是不完全的，以及要运行哪些可能不安全的命令。如果“信任中心”检测到问题，默认情况下将禁用该宏，同时弹出安全警告消息框，通知用户存在可能不安全的宏。

“信任中心”设置步骤如下。

① 启动Access，选择“文件”选项卡中的“选项”选项，打开“Access选项”对话框，如图6-5所示。

② 单击“信任中心”选项卡，然后单击“信任中心设置”按钮，打开“信任中心”对话框，如图6-6所示。

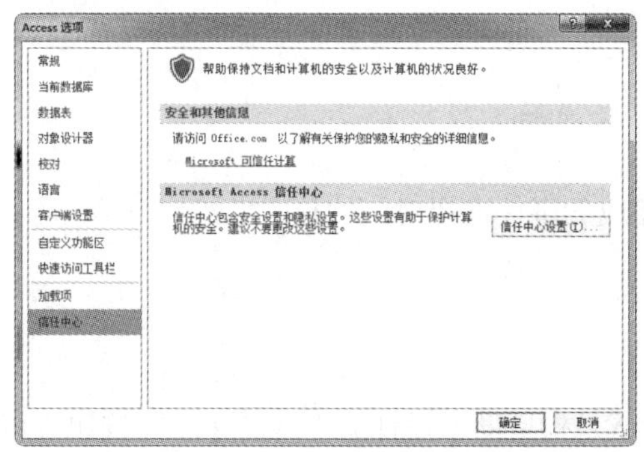

图6-5 “Access选项”对话框

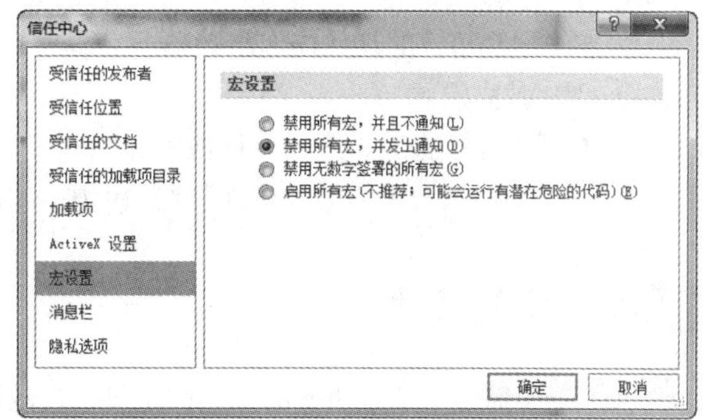

图6-6 “信任中心”对话框

③ 单击“宏设置”选项卡，根据实际需求进行相应的设置，默认设置是“禁用所有宏，并发出通知”。

④ 重新启动Access，使“信任中心”的设置生效。

“宏设置”选项卡中的4个单选按钮的含义如下。

①“禁用所有宏，并且不通知”单选按钮：Access文档中所有的宏及有关宏的安全警报都将被禁用。

② “禁用所有宏，并发出通知”单选按钮：Access文档中所有的宏都将被禁用，当存在宏时发出安全警报。

③ “禁用无数字签署的所有宏”单选按钮：如果用户信任宏的发布者，宏可以运行；如果用户不信任宏的发布者，就会发出安全警报。

④ “启用所有宏（不推荐；可能会运行有潜在危险的代码）”单选按钮：允许所有宏运行，容易使计算机容易受到恶意代码的攻击。

6.1.6 运行宏

在创建宏以后，用户就可以在需要的时候运行宏。宏有多种运行方式，可以直接运行宏，也可以响应窗体、报表及控件的事件运行宏。

1. 直接运行宏

进行以下任意一种操作均可以直接运行宏。

① 在宏设计器的导航窗格中双击需要运行的宏。

② 在宏设计器中，单击功能区中的“运行”按钮。

③ 单击“数据库工具”选项卡下“宏”组中的“运行宏”按钮，在弹出的“执行宏”对话框中选择要执行的宏，单击“确定”按钮。

④ 使用RunMacro或OnError宏操作调用宏。

2. 响应窗体、报表及控件的事件运行宏

通常情况下，当窗体、报表及控件的事件需要使用宏时，用户可以设计嵌入宏来解决这一问题。但是用户仍然可以将设计完成的独立宏绑定到窗体、报表及控件的事件中，从而对事件做出响应，完成一系列任务。此时，当窗体、报表及控件的事件发生时，对应的嵌入宏或绑定的宏会自动运行。

将宏绑定到事件的具体操作步骤如下。

① 创建独立宏。

② 打开窗体或报表，进入设计视图。

③ 在“属性表”窗格的“事件”选项卡中，为相应的事件选择对应的独立宏。

6.1.7 宏的调试

Access中提供了单步执行的宏调试工具。宏的调试是指借助宏设计器中的“单步”按钮进行单步跟踪并执行宏操作，观察宏的流程和每个宏操作的运行结果，以排除错误的操作命令或预期之外的操作结果。

“单步”按钮为选择式按钮。单击“单步”按钮，该按钮会高亮显示，表示启用单步执行功能。此时每单击一次“运行”按钮，宏只会运行一个操作。再单击“单步”按钮，该按钮会取消高亮显示，表示停用单步执行功能。此时单击“运行”按钮，宏的所有操作会依次执行（带条件的宏则按条件的成立与否来决定是否执行宏操作）。

宏的调试步骤如下。

① 打开要调试的宏。

② 单击宏设计器功能区中的“单步”按钮，使其高亮显示，启用宏调试工具。

③ 单击宏设计器功能区中的“运行”按钮，系统将出现“单步执行宏”对话框。

④ 单击“单步执行宏”对话框右侧的“单步执行”按钮，执行宏操作。单击“继续”按钮，会关闭“单步执行宏”对话框，并直接执行宏的其他操作。如果宏操作有错误，则会出现操作失败提示信息。

6.2 宏操作

6.2.1 添加宏操作

宏操作

Access具有一个宏设计器，使用该设计器可以更轻松地创建、编辑和自动化数据库逻辑，使用户可以高效地工作并减少编码错误，轻松地整合复杂的逻辑以创建功能强大的应用程序。

在宏的设计过程中，可以从“添加新操作”下拉列表中选择相应的宏操作，如图6-7所示。也可以在“操作目录”窗格中双击或拖动来添加宏操作，如图6-8所示。每个宏操作都有各自的参数，用户可按需进行设置。

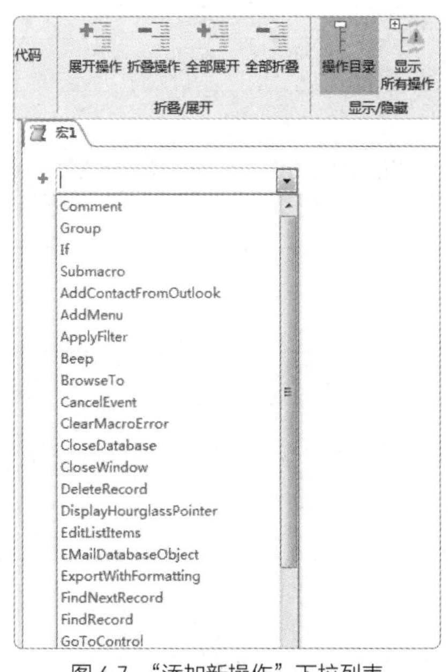

图 6-7 “添加新操作”下拉列表

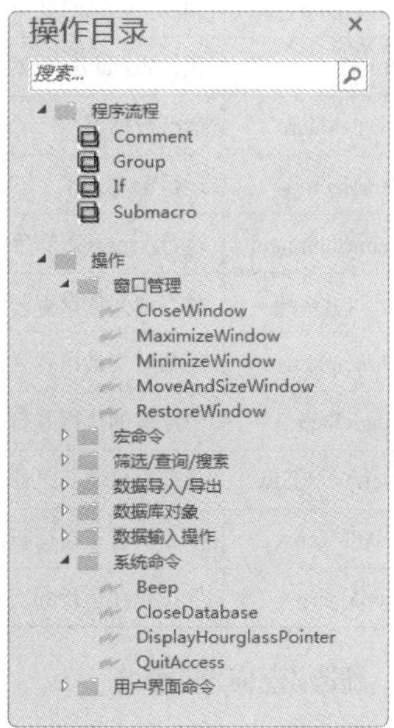

图 6-8 “操作目录”窗格

Access中有很多宏操作命令，可以分为窗口管理类、宏命令类、筛选/查询/搜索类、数据导入/导出类、数据库对象类、数据输入操作类、系统命令类、用户界面命令类。表6-3～表6-10分类列出了可用的宏操作名称及其功能说明。

1. 窗口管理类

窗口管理类宏操作用于管理数据库窗口，其操作名称及功能说明如表6-3所示。

表6-3　窗口管理类宏操作名称及其功能说明

操作名称	功能说明
CloseWindow	关闭指定的窗口，如无指定窗口则关闭激活的窗口
MaximizeWindow	将窗口最大化
MinimizeWindow	将窗口最小化
MoveAndSizeWindow	移动活动窗口或调整其大小
RestoreWindow	将处于最大化或最小化的窗口恢复为原来的大小

2．宏命令类

宏命令类宏操作用于对宏进行更改，其操作名称及功能说明如表6-4所示。

表6-4　宏命令类宏操作名称及其功能说明

操作名称	功能说明
CancelEvent	取消一个事件
ClearMacroError	清除MacroError的一个错误
OnError	定义错误处理行为
RemoveAllTempVars	删除所有临时变量
RemoveTempVar	删除一个临时变量
RunCode	执行Visual Basic的函数
RunDataMacro	运行数据宏
RunMacro	运行宏或宏组，有3种方式：从其他宏中运行宏、根据条件运行宏、将宏附加到自定义菜单命令中
RunMenuCommand	执行Access菜单命令
SetLocalVar	将本地变量设置为给定值
SetTempVar	将临时变量设置为给定值
SingleStep	暂停宏的执行并打开“单步执行宏”对话框
StartNewWorkflow	为项目启动新工作流
StopAllMacros	停止所有正在运行的宏
StopMacro	停止正在运行的宏

3．筛选/查询/搜索类

筛选/查询/搜索类宏操作用于筛选、查询、搜索数据，其操作名称及功能说明如表6-5所示。

表6-5　筛选/查询/搜索类宏操作名称及其功能说明

操作名称	功能说明
ApplyFilter	筛选表、窗体、报表中的记录
FindNextRecord	查找符合最近FindRecord操作或“查找”对话框中指定条件的下一条记录，可重复搜索记录

续表

操作名称	功能说明
FindRecord	查找符合指定条件的记录。该记录可能在当前记录中、当前记录前面或后面的记录中，也可能在第一条记录中
OpenQuery	打开选择查询、交叉表查询或者执行操作查询。值得注意的是，只有在Access（.mdb或.accdb）环境中才能执行此操作
Refresh	刷新视图中的记录
RefreshRecord	刷新当前记录
RemoveFilterSort	删除当前筛选
Requery	重新查询指定控件的数据源。该操作可以确保活动对象及其控件显示的是最新数据
SearchForRecord	基于某个条件在对象中搜索记录
SetFilter	在表、窗体、报表中应用筛选
SetOrderBy	应用排序
ShowAllRecords	删除已应用的筛选，显示所有记录

4. 数据导入/导出类

数据导入/导出类宏操作用于导入、导出、发送和收集数据，其操作名称及功能说明如表6-6所示。

表6-6　　数据导入/导出类宏操作名称及其功能说明

操作名称	功能说明
AddContactFromOutlook	添加Outlook组件中的联系人
EMailDatabaseObject	将指定的数据库对象包含在电子邮件消息中，数据库对象可以被查看和转发
ExportWithFormatting	将指定数据库对象中的数据输出为.xls格式、.rtf格式、.txt格式、.html格式或.snp格式
SaveAsOutlookContact	将当前记录另存为Outlook组件联系人
WordMailMerge	执行邮件合并操作

5. 数据库对象类

数据库对象类宏操作用于对数据库中的控件和对象进行更改，其操作名称及功能说明如表6-7所示。

表6-7　　数据库对象类宏操作名称及其功能说明

操作名称	功能说明
GoToControl	将焦点转移到指定的字段或控件上
GoToPage	将活动窗体中的焦点移至指定页中的第一个控件上
GoToRecord	使打开的表、窗体或查询结果的特定记录成为当前记录
OpenForm	用于打开窗体。可以为窗体选择数据输入模式，并限制窗体显示的记录

续表

操作名称	功能说明
OpenReport	用于打开报表。设置各种参数以限制报表中打印的记录
OpenTable	用于打开表。设置各种参数以选择表的数据输入模式
PrintObject	打印当前对象
PrintPreview	打印预览当前对象
RepaintObject	在指定对象或激活对象上完成所有未完成的界面更新或控件的重新计算
SelectObject	选择指定的数据库对象
SetProperty	设置控件属性

6．数据输入操作类

数据输入操作类宏操作用于更改数据，其操作名称及功能说明如表6-8所示。

表6-8　数据输入操作类宏操作名称及其功能说明

操作名称	功能说明
DeleteRecord	删除当前记录
EditListItems	编辑查阅列表中的选项
SaveRecord	保存当前记录

7．系统命令类

系统命令类宏操作用于对数据库系统进行更改，其操作名称及功能说明如表6-9所示。

表6-9　系统命令类宏操作名称及其功能说明

操作名称	功能说明
Beep	扬声器发出“嘟嘟”声
CloseDatabase	关闭当前数据库
DisplayHourglassPointer	当宏执行时，将鼠标指针的形状变为沙漏形状（或用户指定的图标）；当宏执行完毕后，恢复鼠标指针的形状
QuitAccess	退出Access

8．用户界面命令类

用户界面命令类宏操作用于控制项目等的显示，其操作名称及功能说明如表6-10所示。

表6-10　用户界面命令类宏操作名称及其功能说明

操作名称	功能说明
AddMenu	用于将菜单添加到窗体或报表的自定义菜单栏中，菜单栏中的每个菜单都需要一个独立的AddMenu宏操作
BrowseTo	将子窗体的加载对象更改为子窗体控件

续表

操作名称	功能说明
LockNavigationPane	用于锁定或解除锁定导航窗格
MessageBox	显示含有警告或提示信息的消息对话框
NavigateTo	定位到指定导航窗格中的组或类别
Redo	重复最近的用户操作
SetDisplayedCategories	用于指定要在导航窗格中显示的类别
SetMenuItem	为激活窗体设置自定义菜单栏中菜单的状态
UndoRecord	撤销最近的用户操作

6.2.2 修改宏操作

宏中的各个操作默认是按从上往下的顺序执行的。在宏的设计过程中，用户可以对宏中各个操作的顺序进行修改。此外，还可以对宏操作进行删除、复制和粘贴。

要修改宏中某个操作的顺序，可以通过如下几种方法实现。

方法1：选择需要移动的宏操作，按住鼠标左键并上下拖动，将其放到合适的位置。

方法2：选择需要移动的宏操作，按Ctrl+↑或Ctrl+↓组合键。

方法3：选择需要移动的宏操作，单击操作编辑框右侧的绿色“上移”按钮或“下移”按钮，如图6-9所示。

图 6-9 单击“上移”或“下移”按钮

方法4：选择需要移动的宏操作，单击鼠标右键，在弹出的快捷菜单中执行“上移”命令或“下移”命令，如图6-10所示。

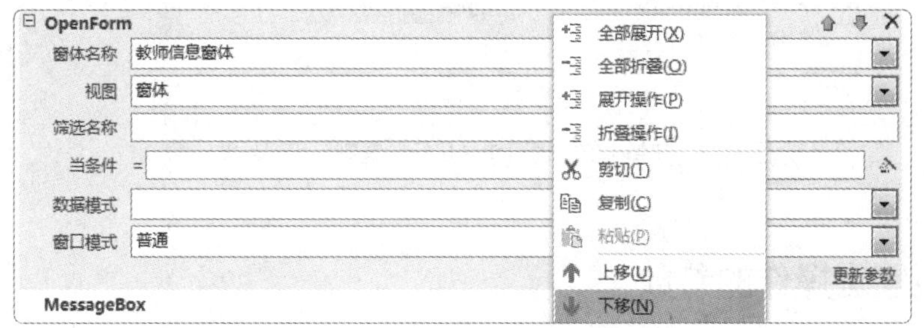

图 6-10 在弹出的快捷菜单中执行“上移”或“下移”命令

要删除宏中的某个操作，可以通过如下几种方法实现。

方法1：选择需要删除的宏操作，按Delete键。

方法2：选择需要删除的宏操作，单击鼠标右键，在弹出的快捷菜单中执行“删除”命令，如图6-11所示。

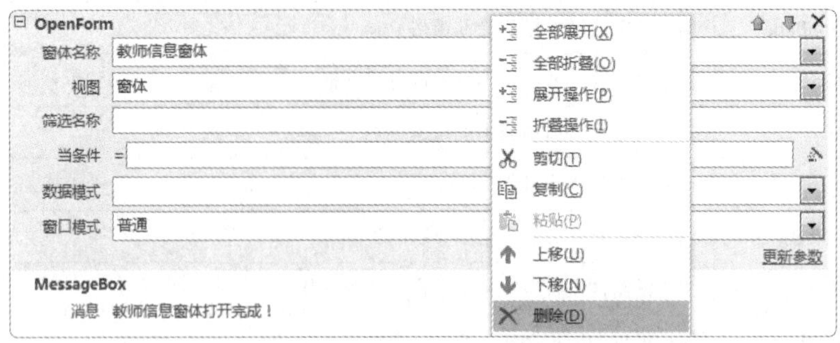

图 6-11 在弹出的快捷菜单中执行“删除”命令

方法3：选择需要删除的宏操作，单击操作编辑框右侧的“删除”按钮×，如图6-12所示。

图 6-12 单击“删除”按钮

如果想要重复利用已经设置好的某个宏操作，可以对其进行复制和粘贴，具体方法为：选择需要复制的宏操作，单击鼠标右键，在弹出的快捷菜单中执行“复制”命令；然后在需要粘贴的位置单击鼠标右键，在弹出的快捷菜单中执行“粘贴”命令，如图6-13所示。需要注意的是，在粘贴宏操作时，复制的宏操作将会插入当前选择的宏操作的下方；如果选择了某个块，复制的宏操作将会被粘贴到该块的内部。

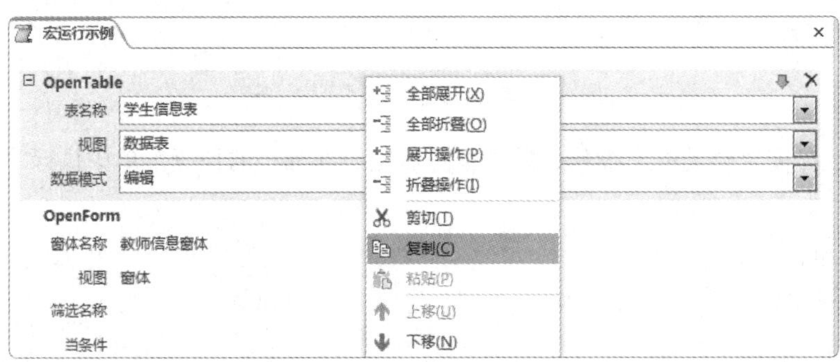

图 6-13 在弹出的快捷菜单中执行“复制”和“粘贴”命令

6.2.3 设置宏操作的参数

一般情况下，添加宏操作后需要设置参数。设置宏操作参数的方法有多种，以下为较常见的两种。

① 在文本框中输入参数值，或者在下拉列表中选择某个参数值，如图6-14所示。

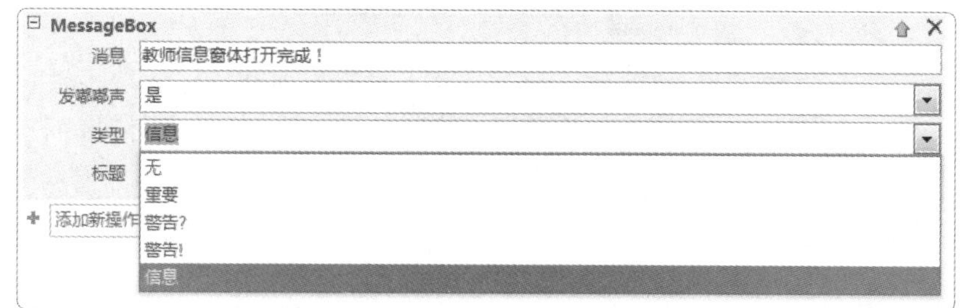

图 6-14　输入或在下拉列表中选择参数值

② 从导航窗格中拖动数据库对象向宏中添加操作，系统会自动设置合适的参数。

可以将导航窗格中的数据库对象直接拖动到宏操作编辑区以添加相应的宏操作。例如，将导航窗格中的某个表对象（如“班级信息表”）拖动到宏操作编辑区，Access会自动添加一个OpenTable宏操作；将导航窗格中的某个窗体对象（如“课程信息窗体”）拖动到宏操作编辑区，Access会自动添加一个OpenForm宏操作，如图6-15所示。

图 6-15　拖动数据库对象添加宏操作

6.2.4 临时变量

临时变量可以在条件表达式中使用。通过它能将变量的值传递到窗体或报表中，还能将数据从窗体或报表中传递出来，甚至可以在VBA中访问这些变量，极大地增强数据传递的灵活性。

在Access中，有3个与临时变量相关的宏操作，分别是SetTempVar（将临时变量设置为给定值）、RemoveTempVar（删除一个临时变量）、Re-moveAllTempVars（删除所有临时变量）。

图6-16所示为一个临时变量使用实例。该宏的名称为“临时变量示例”，包含SetTempVar、MessageBox、RemoveTempVar宏操作。其中，SetTempVar有两个参数，分别是“名称”和“表达式”，其功能是设置一个临时变量message，并通过InputBox()函数获取从键盘输入的信息给临时变量message赋值；MessageBox利用临时变量message的值作为自身参数“消息”的值；RemoveTempVar则用于删除通过SetTempVar创建的临时变量message。该临时变量使用实例的运行结果如图6-17所示。

临时变量是全局的。使用临时变量的语法结构是[TempVars]![临时变量名]。创建临时变量后，可以在VBA、查询、宏、对象属性或控件中使用临时变量。需要注意的是，Access中一次最多能定义255个临时变量。在关闭数据库前，定义的所有临时变量一直保留在内存中，直至使用RemoveTempVar或Re-moveAllTempVars将它们删除。

图 6-16 临时变量使用实例

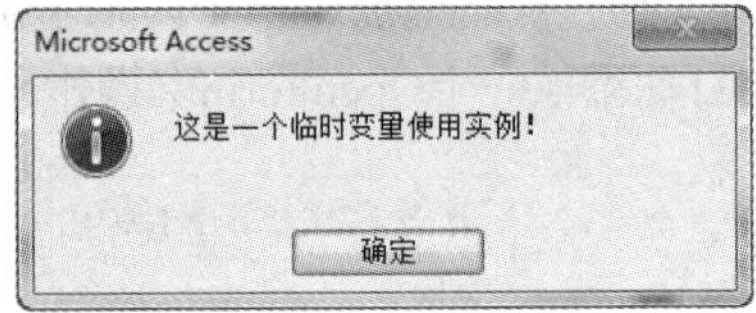

图 6-17 临时变量使用实例的运行结果

6.3 创建宏

在使用宏前，需要先创建宏。宏的创建比较简单，不需要编写代码，只需根据要求添加宏操作、设置参数、设置宏名并保存即可。

创建宏

6.3.1 独立宏

独立宏是指在数据库中作为单独对象存在的宏，这些宏将显示在宏设计器及导航窗格的宏列表中。如果在应用程序的多个位置需要重复使用某一个宏，则可以创建一个独立宏。

创建独立宏的具体操作步骤如下。

① 启动Access，单击“创建”选项卡“宏与代码”组中的“宏”按钮，打开宏设计器。

② 在“添加新操作”下拉列表框中选择某个宏操作，Access将在显示“添加新操作”的位置添加该宏操作。此外，还可以从“操作目录”窗格中双击或拖动某个宏操作来添加该宏操作。

③ 在宏操作编辑区内选择该宏操作，设置参数。

④ 如需添加更多的宏操作，可以重复步骤②和步骤③。

⑤ 命名并保存宏。单击快速访问工具栏中的“保存”按钮，打开“另存为”对话框，输入宏名称，单击“确定”按钮，完成独立宏的创建。

需要注意的是，宏只有在命名、保存后才能运行。如果宏名称为“AutoExec”，如图6-18所示，则该宏为自动运行宏，即打开数据库时该宏自动运行。如要取消自动运行，应在打开数据库的同时按住Shift键。

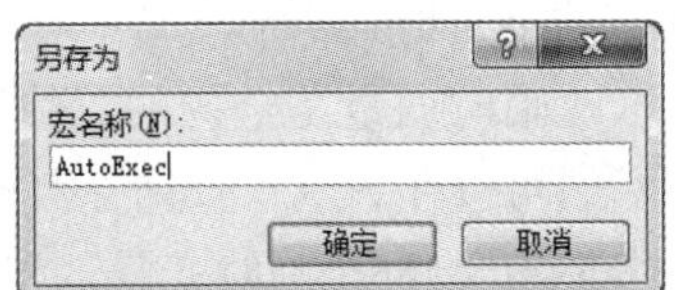

图 6-18 自动运行宏

【例6.1】在“教务管理”数据库中创建一个独立宏，要求能打开“学院信息窗体”并将该窗体最大化，设置宏名为“打开学院信息”，具体操作步骤如下。

① 启动Access，打开“教务管理”数据库。

② 单击“创建”选项卡“宏与代码”组中的“宏”按钮，打开宏设计器，Access会自动创建一个名为“宏1”的空宏，如图6-19所示。

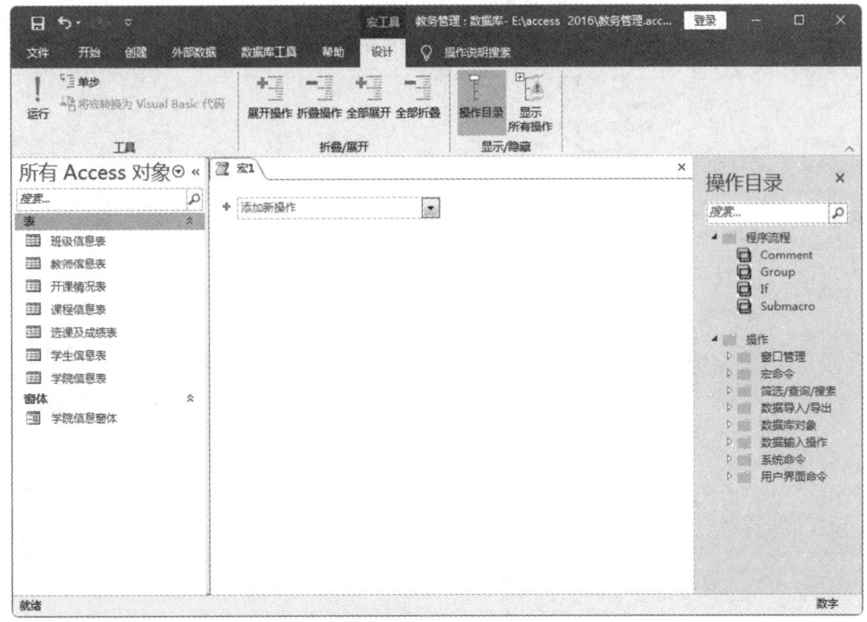

图 6-19　自动创建名为“宏 1”的空宏

③ 在“添加新操作”下拉列表中选择“OpenForm”选项，添加OpenForm宏操作并设置参数，如图6-20所示。

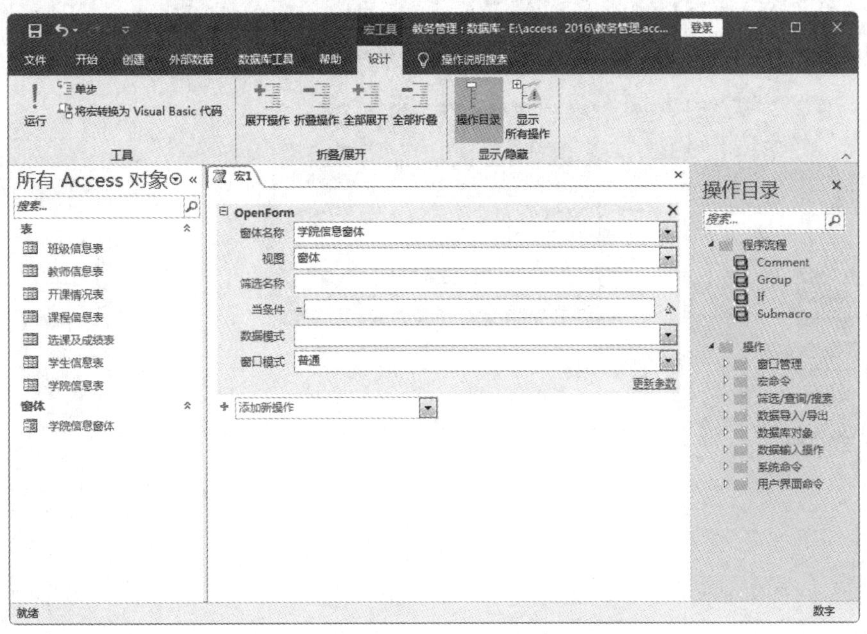

图 6-20　添加 OpenForm 宏操作并设置参数

④ 在“添加新操作”下拉列表中选择“MaximizeWindow”选项，添加MaximizeWindow宏操作，如图6-21所示。注意：该宏操作无参数。

图 6-21 添加 MaximizeWindow 宏操作

⑤ 单击快速访问工具栏中的“保存”按钮或选择“文件”选项卡下的“保存”选项，打开“另存为”对话框，输入宏名称“打开学院信息”，如图6-22所示，单击“确定”按钮。至此完成“打开学院信息”宏的创建，如图6-23所示。

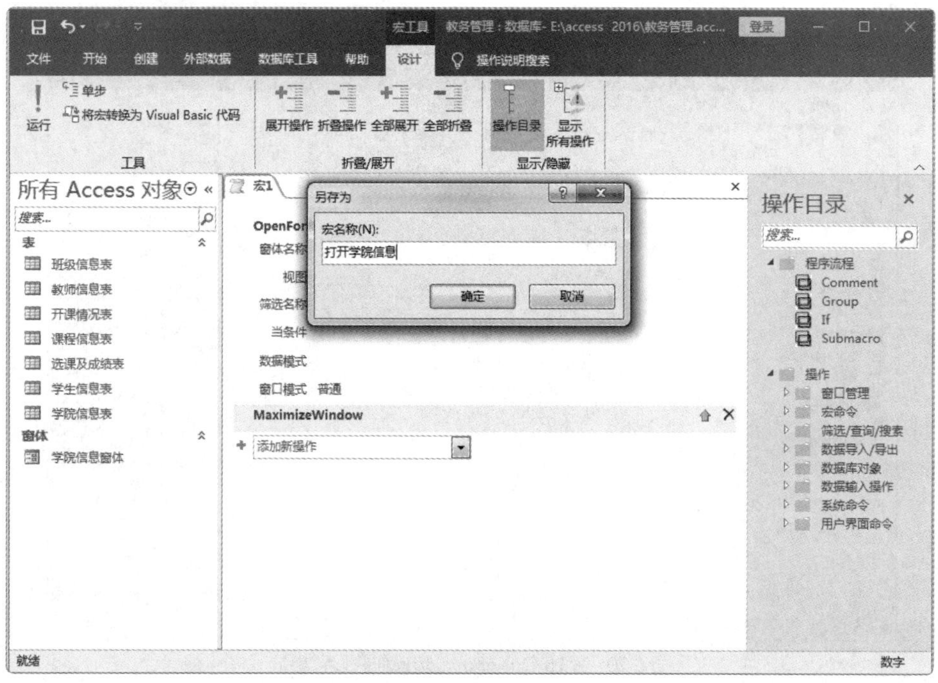

图 6-22 输入宏名称

图 6-23 创建的“打开学院信息”宏

【例6.2】在“教务管理”数据库中创建一个独立宏，要求在打开数据库文件时自动弹出一个欢迎对话框，然后显示“班级信息表”，具体操作步骤如下。

① 启动Access，打开“教务管理”数据库。

② 单击“创建”选项卡“宏与代码”组中的“宏”按钮，打开宏设计器，Access会自动创建一个名为“宏1”的空宏。

③ 在“添加新操作”下拉列表中选择“MessageBox”选项，添加MessageBox宏操作并设置参数，如图6-24所示。

④ 在“添加新操作”下拉列表中选择“OpenTable”选项，添加OpenTable宏操作并设置参数，如图6-25所示。

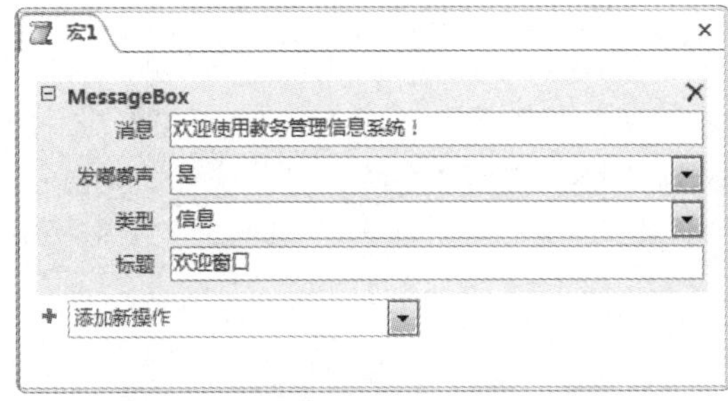

图 6-24 添加 MessageBox 宏操作并设置参数

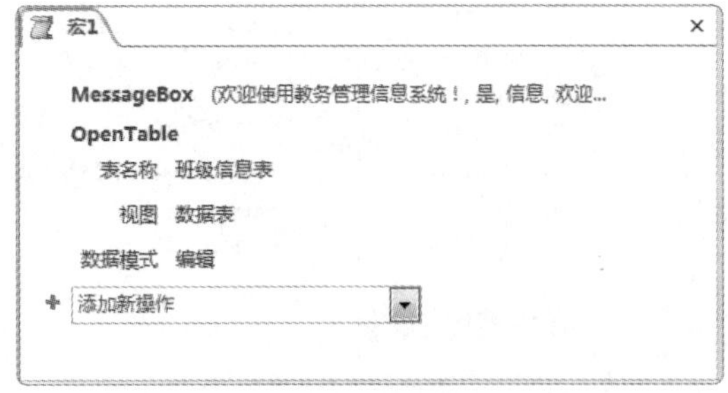

图 6-25 添加 OpenTable 宏操作并设置参数

⑤ 单击快速访问工具栏中的“保存”按钮或选择“文件”选项卡下的“保存”选项，打开“另存为”对话框，输入宏名称“AutoExec”（字母不区分大小写），单击“确定”按钮，完成宏的创建。

⑥ MessageBox宏操作的运行结果如图6-26所示。

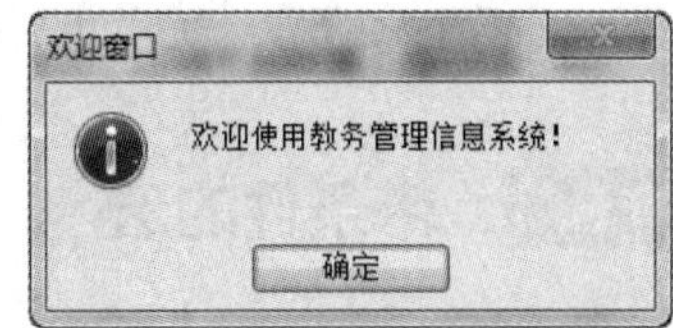

图 6-26 MessageBox 宏操作的运行结果

6.3.2 宏组

当宏的数量很多时，用户可以通过创建宏组（Group）的方式对宏进行管理，以方便数据库的管理和维护。例如，可以将同一个窗体中使用的宏放到一个宏组中。宏组也称组块，用于将多个宏封装为一个命名实体，可以独立地折叠、复制和移动。

实际上，宏组只是提供了一种组织方式，增强宏的可读性，不会影响操作的执行方式。

宏和宏组的区别如下。

① 宏是操作的集合，宏组是宏的集合。

② 一个宏组可以包含一个或多个宏，一个宏可以包含一个或多个宏操作。

宏组的创建分为两种情况，一种情况是对已经创建好的宏进行分组，具体创建步骤如下。

① 在宏设计器编辑区内选择要进行分组的宏操作。

② 单击鼠标右键，在弹出的快捷菜单中执行“生成分组程序块”命令。

③ 在生成的“Group”块顶部的文本框中输入宏组名称，完成分组。

另一种情况是先创建分组然后添加宏操作，具体创建步骤如下。

① 在宏设计器编辑区内的“添加新操作”下拉列表中选择“Group”选项，或在“操作目录”窗格中双击或拖动“程序流程”中的“Group”选项，将其添加到编辑区。

② 在生成的“Group”块顶部的文本框中输入宏组名称。

③ 在“Group”块内添加宏操作。

图6-27所示是一个名称为“宏组示例”的宏，其实质是一个包含了两个宏的宏组：宏g-1和宏g-2。其中，宏g-1包含一个操作，执行后弹出“这是宏组中第1个宏，宏名‘g-1’，我是g-1的第一个宏操作!”提示信息对话框（MessageBox宏操作执行结果）；宏g-2包含两个操作，执行后弹出“这是宏组中第2个宏，宏名‘g-2’，我是g-2的第一个宏操作!”提示信息对话框（MessageBox宏操作执行结果），然后计算机发出嘟嘟声（Beep宏操作执行结果）。

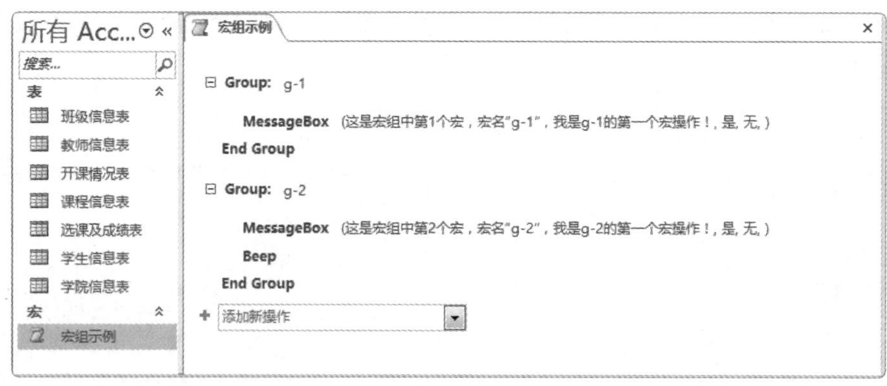

图 6-27　宏组示例

需要注意的是，“Group”块可以包含其他“Group”块，最多可以嵌套9级。

6.3.3 带条件的宏

通常情况下，宏中的各个操作默认是按从上往下的顺序执行的。但在实际应用中，经常会要求能够根据给定的条件判断是否执行宏。Access引入了If宏操作（其实质是If宏操作块），使宏具有了逻辑判断能力，从而较好地解决了这一问题，即只有在符合一定条件时，宏操作才会执行。

If宏操作根据表达式的结果来决定操作块内的操作是否执行，这个表达式就是条件的体现，其计算结果必须为True或False。只有当表达式的结果为True时，相应的宏操作才能执行。此外，还可以使用Else If和Else来扩充If宏操作的功能，从而实现更复杂的流程控制。

创建带条件的宏的具体操作步骤如下。

① 在“添加新操作”下拉列表中选择“If”选项，也可以在“操作目录”窗格中双击或拖动If宏操作实现宏操作的添加。

② 在If宏操作顶部的“条件表达式”文本框中输入表达式（该表达式的计算结果必须为True或False）。

③ 在向If宏操作块内添加宏操作时（其添加方法与为独立宏添加宏操作的方法相同），可以添加一个或多个宏操作，如图6-28所示。当“条件表达式”文本框中的表达式计算结果为True时，If宏操作块内的各个操作会执行；当表达式计算结果为False时，If宏操作块内的各个操作不会执行。

④ 根据实际需求，添加Else If或Else宏操作，这里添加Else宏操作，如图6-29所示。

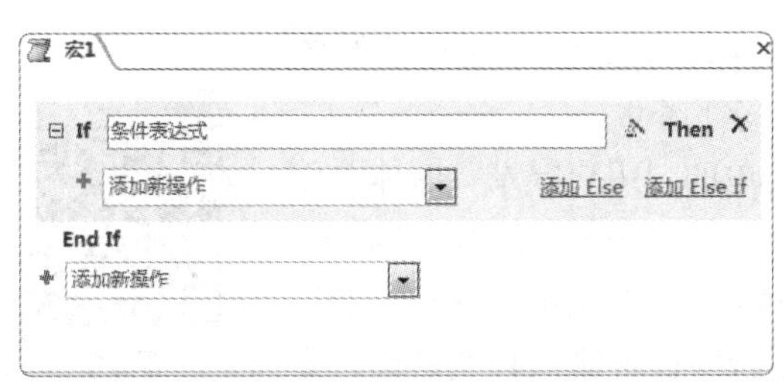

图 6-28　If 宏操作块内添加宏操作

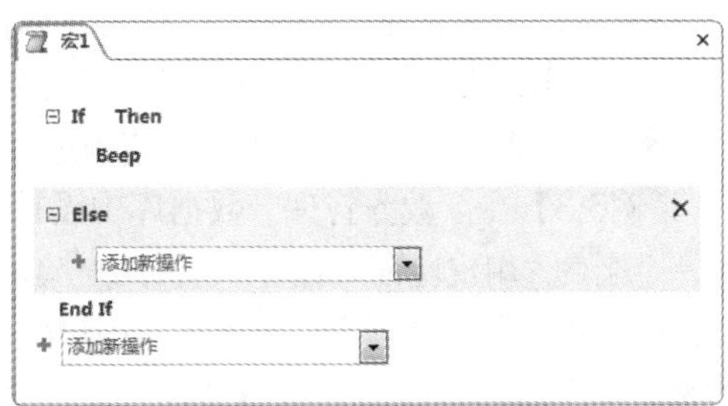

图 6-29　添加 Else 宏操作

图6-30所示为“带条件的宏示例”的设计视图。该示例用于实现根据当前时间判断此时是上午还是下午，并用MessageBox提示并显示上午的当前时间。

图 6-30　“带条件的宏示例”的设计视图

该示例的创建过程如下所示。

① 首先，利用SetTempVar定义临时变量tk，通过内置函数中的Time()函数获取当前时间并赋给tk。

② 其次，利用If宏操作判断当前时间是上午还是下午。如果“Hour(Time())<12”成立（即结果为True），则将MessageBox的“消息”参数设置为“="上午好！现在是"&[TempVars]![tk]”；如果“Hour(Time())<12”不成立（即结果为False），则将MessageBox的“消息”参数设置为“下午好！”。

③ 最后，利用RemoveTempVar删除临时变量tk。

在If宏操作的“条件表达式”文本框中输入表达式时，如需引用窗体、报表或控件，则需按以下格式输入。

- 引用窗体：Forms![窗体名]。
- 引用窗体属性：Forms![窗体名].属性。
- 引用窗体控件：Forms![窗体名]![控件名]或[Forms]![窗体名]![控件名]。
- 引用窗体控件属性：Forms![窗体名]![控件名].属性。
- 引用报表：Reports![报表名]。
- 引用报表属性：Reports![报表名].属性。
- 引用报表控件：Reports![报表名]![控件名]或[Reports]![报表名]![控件名]。
- 引用报表控件属性：Reports![报表名]![控件名].属性。

例6.3

【例6.3】在“教务管理”数据库中设计一个简单的“用户登录”窗体并创建一个名为“用户验证”的宏，将“用户验证”宏与“用户登录”窗体中“确定”按钮的“单击”事件绑定。要求在“用户登录”窗体中，只有输入密码“123”才弹出“密码正确”的提示消息并打开“学生信息表”；若输入其他密码，则提示“密码错误，请重新输入！”并清除文本框中的数据。

具体操作步骤如下。

① 启动Access，打开“教务管理”数据库。

② 创建“用户登录”窗体，如图6-31所示，添加一个名为“text0”的文本框和一个标题为“确定”的按钮。

③ 打开宏设计器，添加If宏操作。在宏设计器编辑区内的“添加新操作”下拉列表中选择“If”选项。

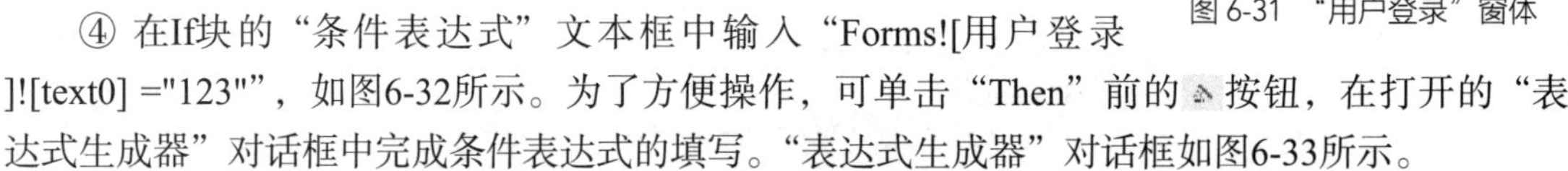

图 6-31 “用户登录”窗体

④ 在If块的“条件表达式”文本框中输入“Forms![用户登录]![text0] ="123"”，如图6-32所示。为了方便操作，可单击“Then”前的按钮，在打开的“表达式生成器”对话框中完成条件表达式的填写。“表达式生成器”对话框如图6-33所示。

⑤ 在If块内的“添加新操作”下拉列表中选择“MessageBox”选项，设置参数。

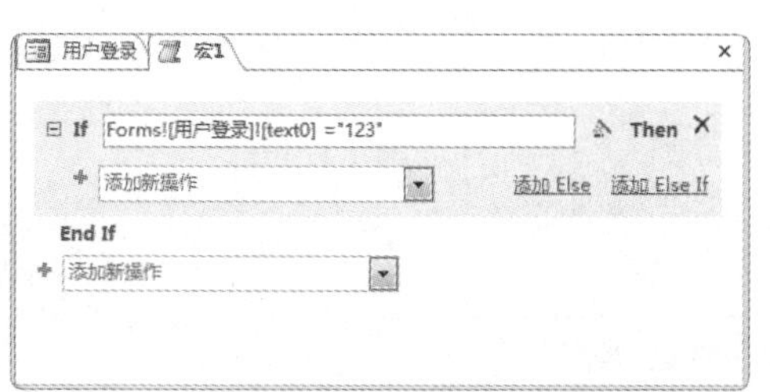

图 6-32 输入条件表达式

图 6-33 “表达式生成器”对话框

⑥ 在If块内的“添加新操作”下拉列表中选择“OpenTable”选项，添加OpenTable宏操作并设置参数，如图6-34所示，实现打开“学生信息表”的功能。

⑦ 添加Else块，在If块内的右下角单击“添加Else”链接。

⑧ 在Else块内的“添加新操作”下拉列表中选择“MessageBox”选项，设置参数；添加SetProperty宏操作（该操作的功能是清除控件中的数据）并设置参数，如图6-35所示。

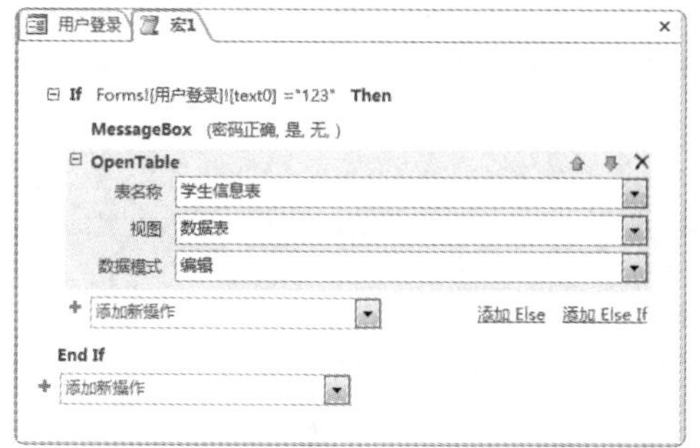

图 6-34　添加 OpenTable 宏操作并设置参数

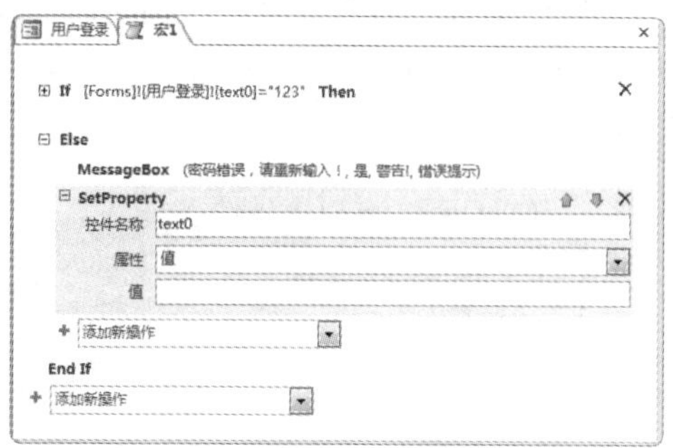

图 6-35　添加 SetProperty 宏操作并设置参数

⑨ 保存宏，并将其命名为“用户验证”。

⑩ 将“用户登录”窗体中“确定”按钮的“单击”事件指定为“用户验证”宏，如图6-36所示，保存“用户登录”窗体。以窗体视图模式打开“用户登录”窗体，输入数据进行验证。

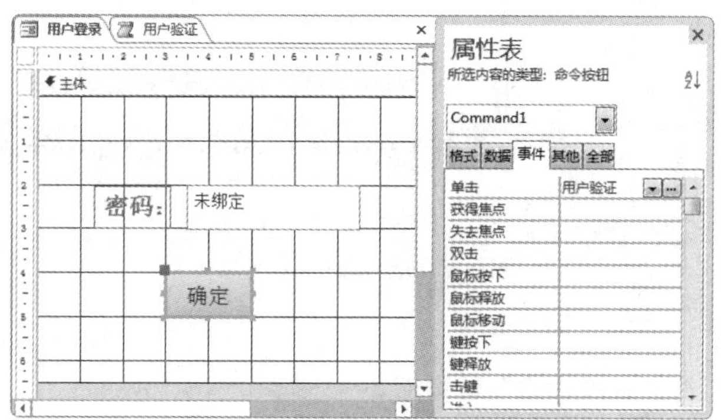

图 6-36　设置“确定”按钮的“单击”事件

在例6.3中，如果单独运行“用户验证”宏，则弹出图6-37所示的提示信息，提示找不到引用的“用户登录”窗体。因为在宏的设计过程中调用了“用户登录”窗体中“text0”控件的值，而在单独运行宏时，因无法准确找到该控件的值，宏无法运行。

图 6-37　单独运行例 6.3 中“用户验证”宏的提示信息

6.3.4 嵌入宏

嵌入宏是指嵌入窗体、报表或控件等对象的事件属性中的宏。与独立宏不

同，嵌入宏作为一个事件属性直接附加在对象上，并不独立显示在宏设计器及导航窗格的宏列表中，而且只能被附加的事件调用。

应用嵌入宏可以使数据库的管理更容易，避免出现例6.3中“用户验证”宏单独运行的问题。在每次复制、导入和导出窗体或报表时，嵌入宏和窗体或报表的其他属性一样依附于窗体或报表，可实现同步转移。

【例6.4】在“教务管理”数据库的“选课及成绩窗体”中创建嵌入宏，实现当单击窗体中的“教师编号”时，打开“教师信息窗体”，并显示相应教师的详细信息。嵌入宏的运行效果如图6-38所示。

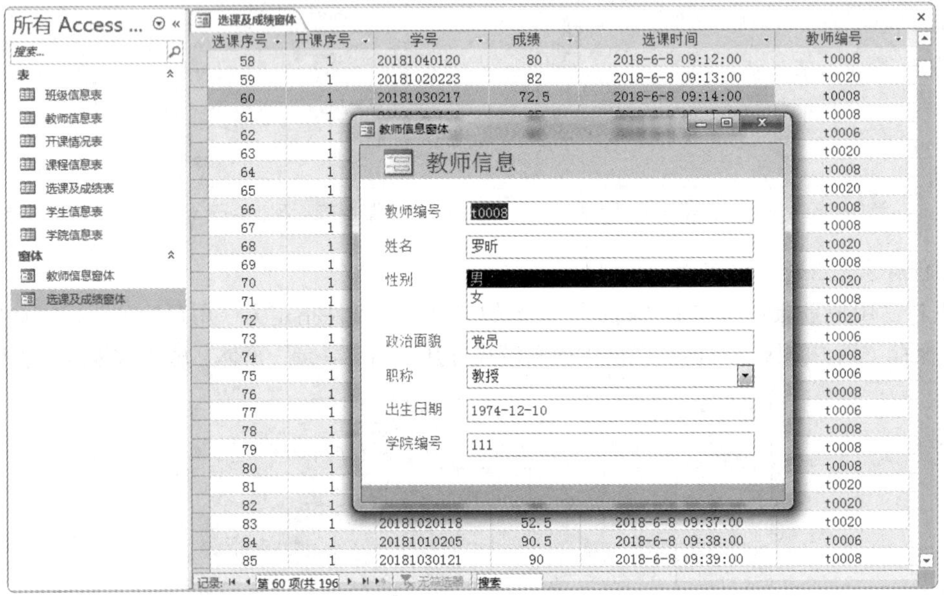

图6-38 嵌入宏的运行效果

具体操作步骤如下。

① 启动Access，打开“教务管理”数据库。

② 以设计视图打开“选课及成绩窗体”，选择“教师编号”文本框，打开“属性表”窗格，单击“事件”选项卡，如图6-39所示。

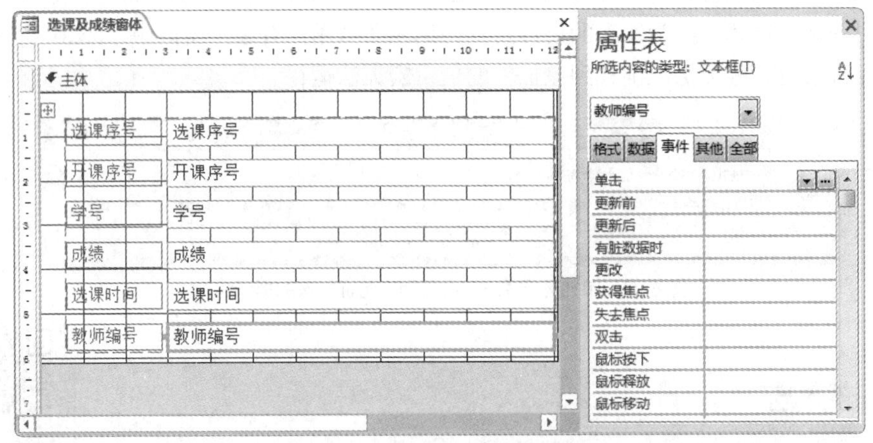

图6-39 单击“属性表”窗格中的“事件”选项卡

③ 单击“单击”选项右侧的[...]按钮，在打开的“选择生成器”对话框中选择“宏生成器”选项，如图6-40所示。单击“确定”按钮，打开宏设计器。

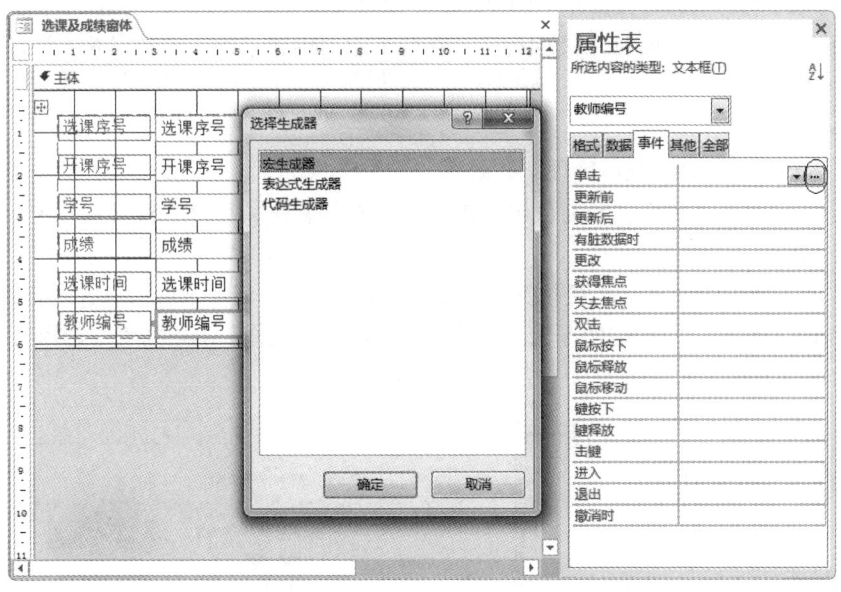

图 6-40 “选择生成器”对话框

④ 在宏设计器中添加OpenForm宏操作并设置参数，如图6-41所示。其中，将“当条件 =”设置为“[教师编号] = Forms![选课及成绩窗体]![教师编号]”，即“教师信息窗体”中的“教师编号”字段值等于“选课及成绩窗体”中的“教师编号”字段值。

⑤ 依次单击“宏工具→设计”选项卡“关闭”组中的“保存”和“关闭”按钮，保存宏并退出宏设计器，完成嵌入宏的创建。此时，“属性表”窗格中“事件”选项卡的“单击”文本框中显示“[嵌入的宏]”，如图6-42所示。

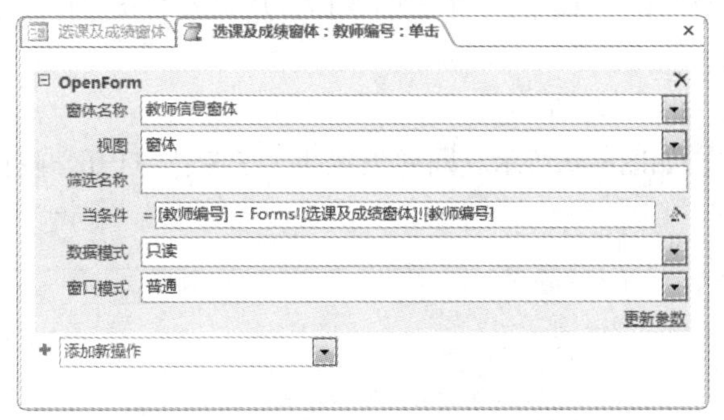

图 6-41 添加 OpenForm 宏操作并设置参数

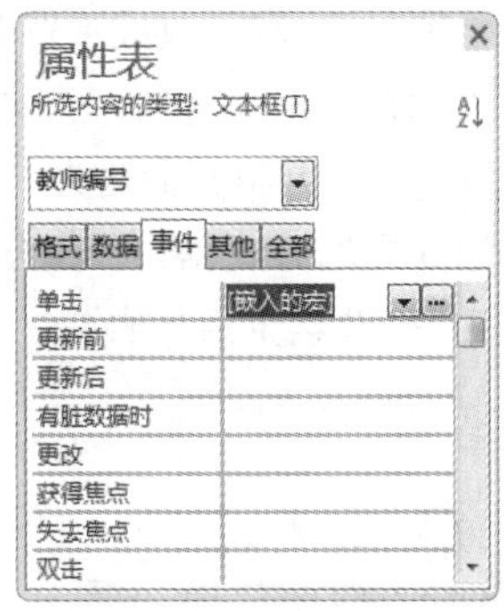

图 6-42 “单击”文本框中显示“[嵌入的宏]”

6.3.5 子宏

子宏（Submacro）是宏的一个组成部分，可以将若干个宏操作定义为一个整体并为其命名，以后就可以按名称直接对其进行调用。

一个宏可以包含多个子宏。每个子宏都有自己的名称，可以包含多个宏操作。在导航窗格中只能看到已经命名的宏，无法看到包含的子宏。

子宏的创建非常简单，选择Submacro宏操作即可。

子宏的调用方式为：宏名.子宏名。

【例6.5】在“教务管理”数据库中创建“教务管理系统”窗体，如图6-43所示。创建两个宏，名称分别为“打开窗体”和“打开数据表”；在两个宏内创建子宏，实现“教务管理系统”窗体中各按钮的功能。

具体操作步骤如下。

① 启动Access，打开“教务管理”数据库。

② 单击“创建”选项卡“宏与代码”组中的“宏”按钮，打开宏设计器，Access会自动创建一个名为“宏1”的空宏。

③ 在“添加新操作”下拉列表中选择“Submacro”选项，将“子宏：”后面的“sub1”修改为“打开教师信息窗体”，即第1个子宏的名称；从“添加新操作”下拉列表中选择“OpenForm”选项，添加OpenForm宏操作并设置参数，如图6-44所示。

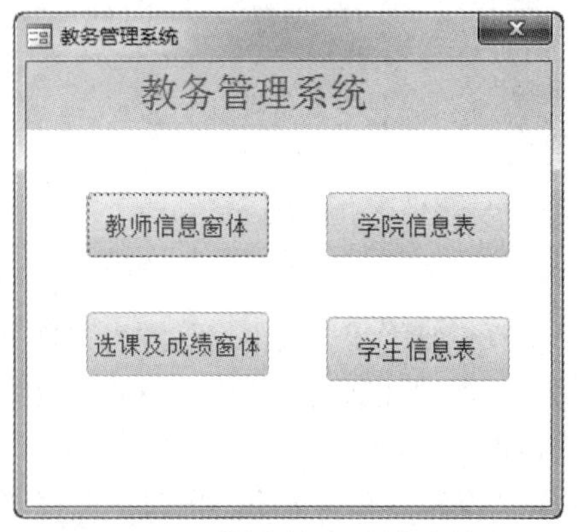

图 6-43 “教务管理系统”窗体

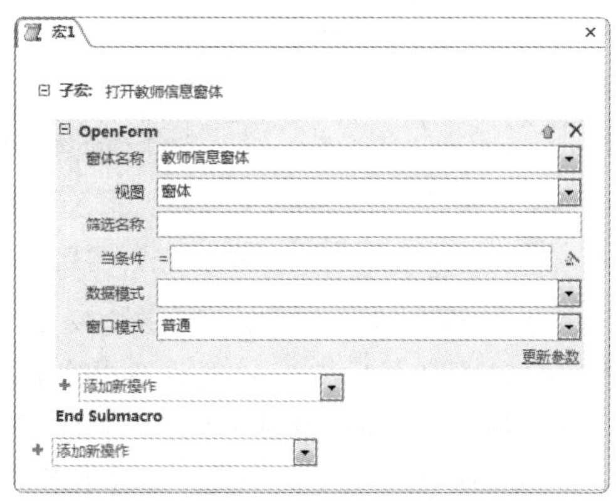

图 6-44 添加 OpenForm 宏操作并设置参数

④ 在“End Submacro”下面的“添加新操作”下拉列表中选择“Submacro”选项，将“子宏：”后面的“sub2”改成“打开选课及成绩窗体”，即第2个子宏的名称；从“添加新操作”下拉列表中选择“OpenForm”选项，设置参数。

⑤ 保存宏，并将其命名为“打开窗体”，如图6-45所示。

⑥ 用同样的方式创建“打开数据表”宏，如图6-46所示。同样创建两个子宏：“打开学院信息表”和“打开学生信息表”。

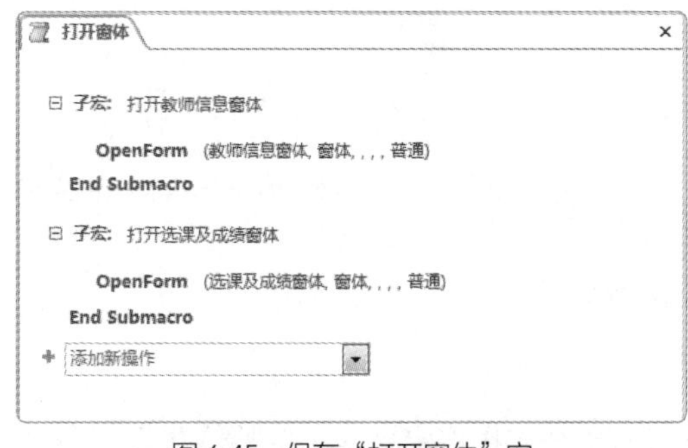

图 6-45 保存“打开窗体”宏

图 6-46 “打开数据表”宏

⑦ 为“教务管理系统”窗体的“教师信息窗体”按钮绑定子宏“打开教师信息窗体”。用设计视图打开“教务管理系统”窗体，单击“教师信息窗体”按钮，打开“属性表”窗格，在其中

的“事件”选项卡的“单击”下拉列表中选择“打开窗体.打开教师信息窗体”选项，将“单击”事件与子宏绑定，如图6-47所示。

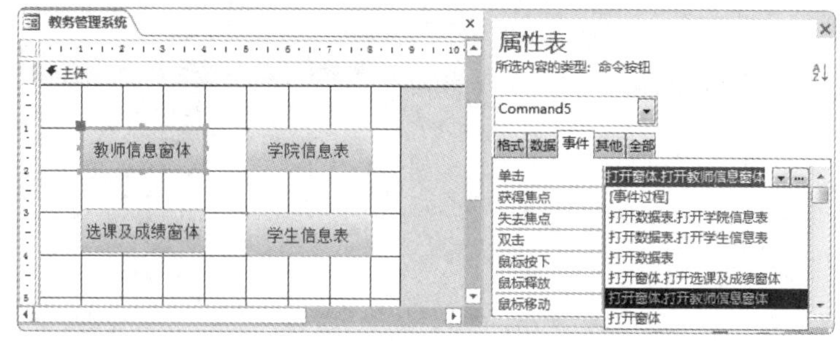

图 6-47 将“单击”事件与子宏绑定

⑧ 用同样的方式，为“教务管理系统”窗体中的其他按钮添加“单击”事件，并绑定对应的子宏。

6.4 数据宏

6.4.1 数据宏的概念

数据宏主要用于在表的事件中添加逻辑。如果用户希望在表中添加、更新或删除数据前（或后），让Access能立即执行一项操作，则可以通过添加数据宏来实现。此外，还可以通过数据宏验证来确保表格中数据的准确性。需要注意的是，数据宏用于在表中实施特定的业务规则，在表中管理面向数据的活动。数据宏能使用的宏操作比标准宏要少得多。

数据宏可在数据表视图中查看，并在“表格工具→表”选项卡中进行管理，其管理界面如图6-48所示，它不会显示在导航窗格的宏列表内。单击功能区中相应事件的按钮或“已命名的宏”按钮，即可进入数据宏的设计界面，如图6-49所示。

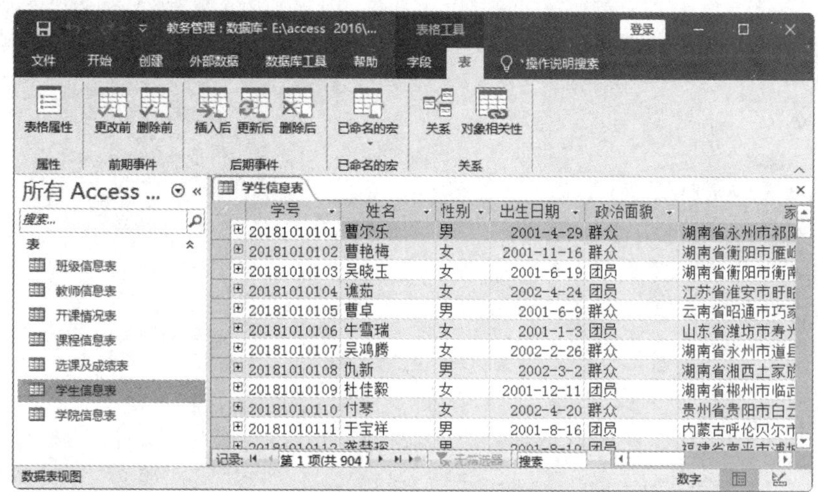

图 6-48 数据宏管理界面

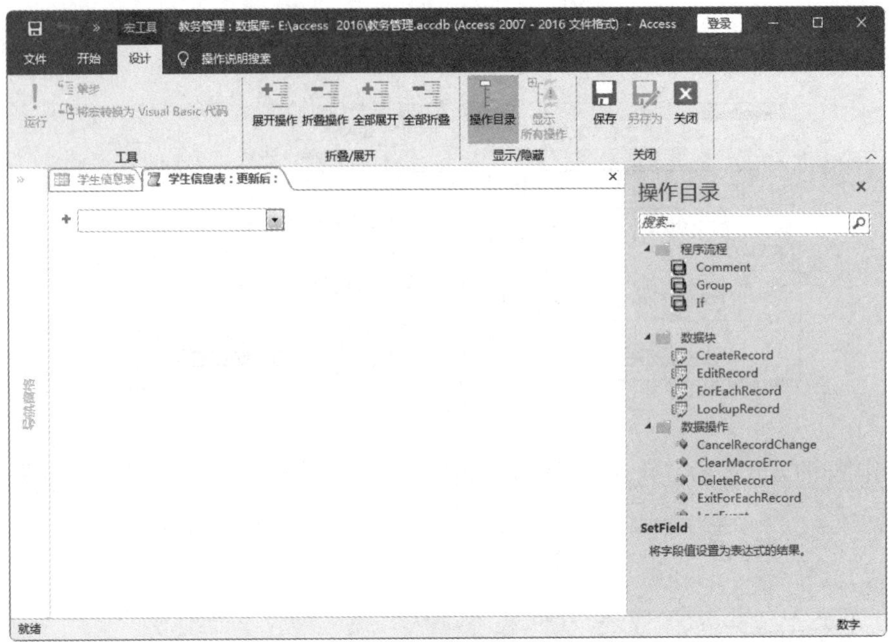

图 6-49　数据宏的设计界面

数据宏主要有两种类型：一种是表事件触发的数据宏，也称事件数据宏；另一种是为响应按名称调用而运行的数据宏，也称已命名的数据宏。

与数据宏相关的事件有两组：前期事件和后期事件。

前期事件发生在对表进行更新前，包含更改前和删除前两种，仅支持少量宏操作。前期事件（更改前）的数据宏操作目录如图6-50所示。

后期事件表示已经完成的更改，包含插入后、更新后、删除后3种，比前期事件更加复杂，支持的宏操作也更多。后期事件（更新后）的数据宏操作目录如图6-51所示。

图 6-50　前期事件（更改前）的数据宏操作目录

图 6-51　后期事件（更新后）的数据宏操作目录

数据宏尽管能为表操作提供诸多便利，但并非无所不能。数据宏由于没有用户界面、无法显示对话框、无法打开窗体或报表等，导致不能使用数据宏向用户告知表中对数据所做的改变或者数据存在的问题。数据宏附属于表而不是表中的各个字段。当必须监控或更新表中多个字段时，数据宏可能变得非常复杂，但用If宏操作可以很好地解决这一问题。所以在向表中添加数据宏之前，应该认真规划。

6.4.2 编辑数据宏

由于数据宏附属于表，没有用户界面，创建的数据宏也不会显示在导航窗格的宏列表中，因此数据宏的创建、修改及删除等操作与前面介绍的宏均不同。

1. 添加事件数据宏

添加事件数据宏的具体操作步骤如下。

① 启动Access，在导航窗格中双击要添加数据宏的表。

② 切换到“表格工具→表”选项卡。

③ 单击相应的按钮，如“更改前”、“删除前”、“插入后”、“更新后”、“删除后”等。

④ 在打开的宏设计器中为数据宏添加宏操作（与添加普通宏操作的方法相同），如图6-52所示，并设置相应参数。

⑤ 单击“宏工具→设计”选项卡“关闭”组中的“保存”按钮，保存数据宏。

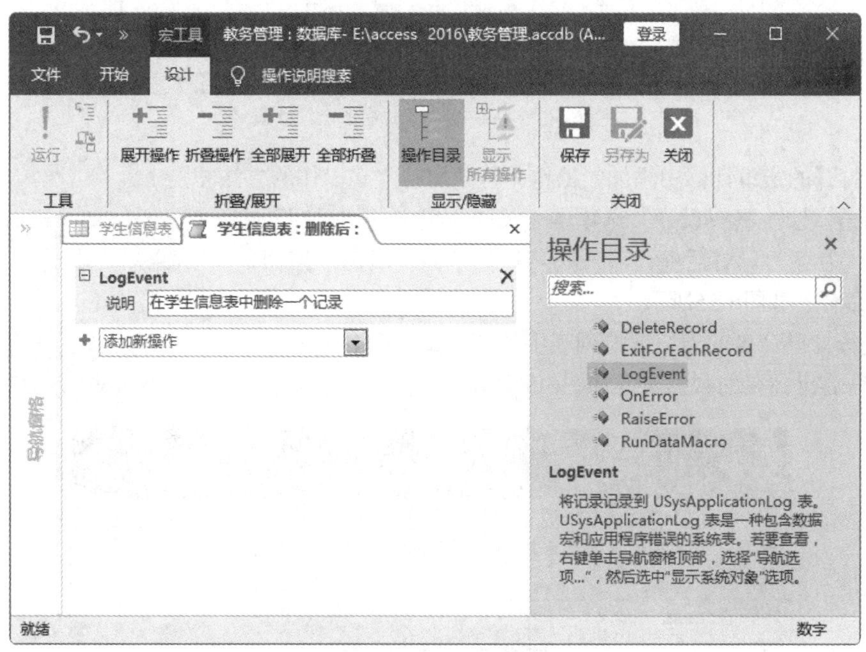

图 6-52　为数据宏添加宏操作

⑥ 单击“宏工具→设计”选项卡“关闭”组中的“关闭”按钮，关闭宏设计器，返回数据表，完成数据宏的创建。

⑦ 添加了数据宏后，相应的按钮会突出显示，如图6-53所示。

图 6-53 添加了数据宏后相应的按钮突出显示

2. 添加已命名的数据宏

添加已命名的数据宏的具体操作步骤如下。

① 启动Access，在导航窗格中双击要添加数据宏的表。

② 单击“表格工具→表”选项卡“已命名的宏”组中的“已命名的宏”按钮，在打开的下拉列表中选择“创建已命名的宏”选项，如图6-54所示。

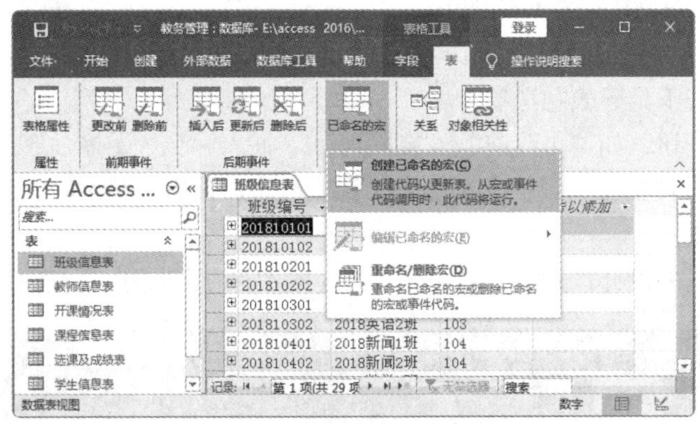

图 6-54 选择“创建已命名的宏”选项

③ 在打开的宏设计器中添加宏操作（与添加独立宏操作的方法相同）。

④ 单击“宏工具→设计”选项卡“关闭”组中的“保存”按钮，打开“另存为”对话框，输入宏名称，单击“确定”按钮，为数据宏命名，如图6-55所示。

图 6-55 为数据宏命名

⑤ 选择“已命名的宏”下拉列表中的“编辑已命名的宏”选项，查看所有已命名的数据宏，如图6-56所示。

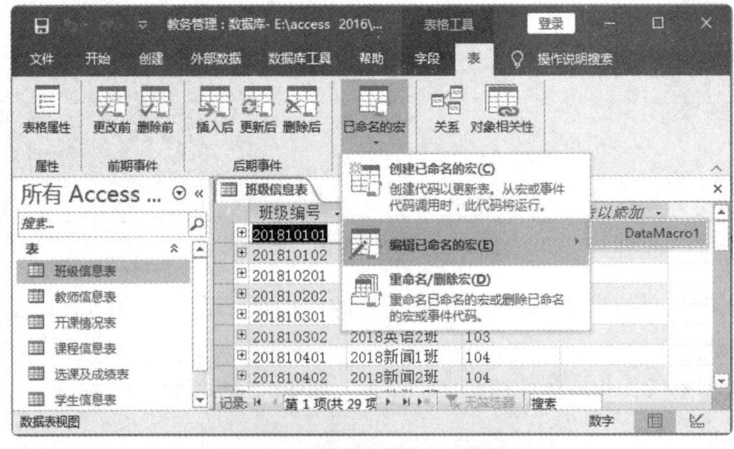

图 6-56 查看所有已命名的数据宏

3. 编辑事件数据宏

编辑事件数据宏的具体操作步骤如下。

① 启动Access，打开需要编辑数据宏的表。

② 单击“表格工具→表”选项卡“前期事件”或“后期事件”组中突出显示的按钮。

③ 在打开的宏设计器中修改宏操作。

④ 单击“宏工具→设计”选项卡“关闭”组中的“保存”按钮和“关闭”按钮，保存宏并退出宏设计器，完成数据宏的编辑。

4. 编辑已命名的数据宏

编辑已命名的数据宏的具体操作步骤如下。

① 启动Access，打开需要编辑数据宏的表。

② 单击“表格工具→表”选项卡“已命名的宏”组中的“已命名的宏”按钮，在打开的下拉列表中选择“编辑已命名的宏”选项，在弹出的宏列表中单击需要编辑的宏。

③ 在打开的宏设计器中修改宏操作。

④ 单击“宏工具→设计”选项卡“关闭”组中的“保存”按钮和“关闭”按钮，保存宏并退出宏设计器，完成数据宏的编辑。

5. 重命名和删除数据宏

重命名和删除数据宏的具体操作步骤如下。

① 启动Access，打开需要重命名或删除数据宏的表。

② 单击“表格工具→表”选项卡“已命名的宏”组中的“已命名的宏”按钮，在打开的下拉列表中选择“重命名/数据宏”选项。

③ 在打开的“数据宏管理器”对话框中单击需要删除的数据宏右侧的“删除”链接，如图6-57所示。

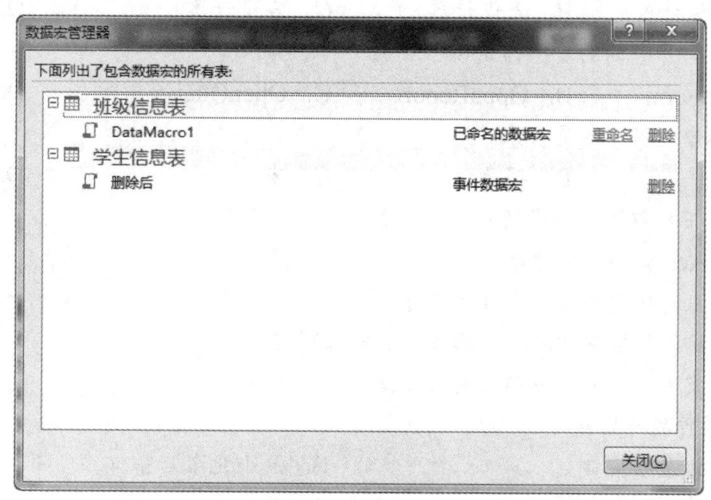

图6-57 单击需要删除的数据宏右侧的“删除”链接

④ 如需修改已命名的数据宏的名称，可以单击宏名称右侧的“重命名”链接，输入新的宏名称。需要注意的是，事件数据宏没有宏名称，不能进行重命名操作。

本章小结

宏是Access数据库中的对象，通过它可以在不编写任何代码的情况下实现一些编程功能。本章重点介绍了宏的概念、宏与其他对象的关系，以及宏的创建及使用。通过宏可以方便、快捷地进行数据操作，尤其是通过宏与事件的配合，可以很好地解决窗体、报表等数据库对象的复杂应用问题。

习题 6

单选题

1. 宏是由一个或多个（　　）组成的集合。
   A. 宏　　B. 条件宏
   C. 操作（或操作命令）　　D. 独立宏
2. OpenForm宏操作的作用是（　　）。
   A. 打开宏　　B. 打开窗体　　C. 打开报表　　D. 打开表
3. 自动运行宏的名称必须是（　　）。
   A. AutoExec　　B. AutoExe
   C. 任意合适的名称　　D. AutoKey
4. 使用SetTempVar创建的临时变量的语法是（　　）。
   A. TempVars!临时变量名　　B. TempVars.临时变量名
   C. [TempVars]![临时变量名]　　D. [TempVars].[临时变量名]
5. 下列能够创建宏的设计器是（　　）。
   A. 窗体设计器　　B. 表设计器　　C. 宏设计器　　D. 报表设计器
6. 下列用于打开查询的宏操作是（　　）。
   A. OpenForm　　B. OpenReport　　C. OpenQuery　　D. OpenTable
7. 在Access中，以下不是对象的是（　　）。
   A. 窗体　　B. 报表　　C. 宏　　D. 数据访问页
8. 关于宏，下列叙述中错误的是（　　）。
   A. 宏是Access的一个对象
   B. 宏的主要功能是使操作自动进行
   C. 只有熟练掌握各种语法、函数，才能编写宏
   D. 使用宏可以完成许多烦杂的人工操作
9. Beep宏操作的作用是（　　）。
   A. 最大化激活窗口　　B. 最小化激活窗口
   C. 使计算机发出嘟嘟声　　D. 退出Access
10. MaximizeWindow宏操作的作用是（　　）。
    A. 最大化激活窗口　　B. 最小化激活窗口
    C. 使计算机发出嘟嘟声　　D. 关闭指定的窗口

11. Access中一次最多能定义（　　）个临时变量。

A. 128　　B. 255　　C. 256　　D. 65 535

12. 如果希望自动运行宏在数据库打开时不执行，应在打开数据库时按住（　　）键。

A. Alt　　B. Enter　　C. Space　　D. Shift

13. 在创建带条件的宏时，如要引用窗体控件，正确的表达式引用方式是（　　）。

A. [窗体名]![控件名]　　B. Forms.[窗体名].[控件名]

C. [窗体名].[控件名]　　D. Forms![窗体名]![控件名]

第7章 VBA程序设计基础

第6章讲解了提升工作效率的工具——宏。宏操作能让Access自动完成一个或一组操作，例如在Access中打开一个窗体。但在面对更复杂的需求时，例如在Access中打开100个窗体，宏操作缺乏效率。

要解决类似的问题，必须了解宏的工作机制，即宏是怎样创建出来的，用什么工具、按什么规则来设计和实现的。在Office中，这一工具就是Visual Basic for Applications（简称VBA），它是微软公司设计的一种程序设计语言。本章主要介绍VBA程序设计的相关内容，以帮助读者高效地使用Access。

本章的学习目标如下。

① 了解算法的基本概念及算法的表示方法。

② 掌握常用的基本算法。

③ 掌握VBA编程环境及VBA基本语法。

④ 了解VBA程序与宏的转换方法。

⑤ 掌握使用VBA程序结合窗体设计界面应用程序的方法。

7.1 算法基础知识

算法是程序的“灵魂”。在了解具体的VBA工具前，本节将介绍算法的概念、算法的表示方法以及一些常用的算法。

7.1.1 算法的概念

通俗地讲，算法是解决问题的方法。在生活中，经常会遇到多种需要解决的问题。例如，怎样设计一条最省时的旅游线路，怎样以最优惠的价格买到所需商品，怎样买卖股票使自己的资产增值等。

算法的概念

如果能找到一系列的步骤或方法来解决这些问题，那么这些步骤和方法就是算法。设计算法不仅需要充足、真实、可信的数据，还需要数学、统计学、决策分析、心理学等相关知识作为支撑。

虽然这看起来有一点复杂，但是并非所有的算法都让人觉得遥不可及，许多基本算法还是非常容易理解的。如果用户希望通过计算机来求解问题，那么一定要先理解问题并找到算法，否则即便是非常简单的问题，计算机也无法给出正确的答案。

【例7.1】从1～100中选取任意一个数（假设这个数为100），尝试用最短的时间把这个数猜出来，在尝试的过程中可以得到“数字太大”“数字太小”“你猜对了”的不同提示。

该如何设计一种算法让计算机猜出这个数字呢？

一种简单的算法是从1开始逐渐往大数猜。

猜“1”，提示“数字太小”。

猜“2”，提示“数字太小”。

猜“3”，提示“数字太小”。

……

猜“100”，提示“你猜对了”。

也许读者认为如果把猜数的顺序倒过来，从100开始依次递减往小数猜，那么第一次就可以猜对。但从概率上讲，两者都是一样的，因为这两种算法的每一步都只能排除一个数字。

有经验的用户会设计一种更有效的算法，即从中间开始猜数。

猜“50”，提示“数字太小”（第一次没有猜中，但是排除了50个数）。

猜“75”，提示“数字太小”（为什么选择75这个数字呢？因为它在50～100的中间）。

……

使用这种算法需要几次能猜到选择的数呢？

上述算法称为二分查找法。它能够大大提升查询的效率。例如，在包含n个元素的列表中查找某个元素，用简单查找最多需要n步，而用二分查找法最多只需要$\log_2 n$步。

下面介绍一个在指定范围内猜数字但过程具有更强适用性的实例。为了便于思考和描述，这里把猜数控制在比较小的范围内。

【例7.2】随机挑选一个1～9中的数作为目标数，在1～9顺序排列的数列中通过二分查找法查找目标数，如表7-1所示。假设目标数为6，左边界为1，右边界为9。

表7-1　　在1～9中通过二分法查找目标数

目标数6	1	2	3	4	5	6	7	8	9
目标数6	1	2	3	4	5	6	7	8	9
目标数6	1	2	3	4	5	6	7	8	9

具体操作过程如下。

① 将1～9的中间数5作为竞猜值。

② 比较目标数6与竞猜值5的大小关系，因为6>5，所以提示“数字太小”，并确定新的左边界为5。

③ 将5～9的中间数7作为竞猜值。

④ 比较目标数6与竞猜值7的大小关系，因为6<7，所以提示“数字太大”，并确定新的右边界为7。

⑤ 将5～7的中间数6作为竞猜值。

⑥ 比较目标数6与竞猜值6的大小关系，因为6=6，所以提示“你猜对了”。

在以上的6个步骤中，第①、③、⑤步的功能一样，第②、④、⑥步的功能一样，可以将它们分开描述；也可以将第①和第②步、第③和第④步、第⑤和第⑥步组合起来描述。找出相似的步骤后，分析并定义动作，尽可能对其进行标准化的描述，如表7-2所示。

表7-2　标准化地描述竞猜过程

输入：目标数为6，左边界为1，右边界为9
第①步： 将根据左、右边界计算出的中间数作为竞猜值
第②步： 如果目标数>竞猜值，则反馈“数字太小”并将中间数作为新的左边界； 如果目标数<竞猜值，则反馈“数字太大”并将中间数作为新的右边界； 如果目标数=竞猜值，则反馈“你猜对了”
第③步： 将根据左、右边界计算出的中间数作为竞猜值
第④步： 如果目标数>竞猜值，则反馈“数字太小”并将中间数作为新的左边界； 如果目标数<竞猜值，则反馈“数字太大”并将中间数作为新的右边界； 如果目标数=竞猜值，则反馈“你猜对了”
第⑤步： 将根据左、右边界计算出的中间数作为竞猜值
第⑥步： 如果目标数>竞猜值，则反馈“数字太小”并将中间数作为新的左边界； 如果目标数<竞猜值，则反馈“数字太大”并将中间数作为新的右边界； 如果目标数=竞猜值，则反馈“你猜对了”
输出：竞猜值

可以将以上步骤看成从n～m顺序排列的数字中查找特定数x的步骤。如果按以上的步骤，有些动作需要重复地写出来，太烦琐了。可以使用“循环”这一规则，让表达更加简洁。使用循环后的竞猜步骤如表7-3所示。

表7-3　使用循环后的竞猜步骤

输入：目标数为x，左边界为n，右边界为m
第①步：重复第②步～第⑤步，直到竞猜值等于目标数； 第②步：将根据左、右边界计算出的中间数作为竞猜值； 第③步：如果目标数>竞猜值，则反馈“数字太小”并将中间数作为新的左边界； 第④步：如果目标数<竞猜值，则反馈“数字太大”并将中间数作为新的右边界； 第⑤步：如果目标数=竞猜值，则反馈“你猜对了”
输出：竞猜值

以上实例讲解了什么是算法，下面给出更正式的算法定义。

算法是一组步骤明确的有序集合，能产生结果并在有限的时间内终止。算法具有如下特点。

① 有序集合。算法必须是一组定义完好且排列有序的指令集合。

② 步骤明确。算法的每一步必须有清晰的定义，不能有歧义。

③ 产生结果。算法有一个或多个输出结果。

④ 在有限时间内终止。一个算法的执行步骤必须在有限时间内终止，否则不能称为算法。

7.1.2 结构化编程的3种结构

结构化编程的3种结构

计算机很擅长计算。这些计算指的是一些基本指令或语句，例如“对两个数进行加法运算”或者“比较两个数的大小”等。但计算机面对复杂的操作就不那么擅长了，例如“对n个数字进行排序”“找出n个数中的最大值”，以及上一小节的“猜数字”游戏等。

面对这些复杂的操作，计算机必须把基本指令和语句通过一定的逻辑结构组合起来，这种组合方式称为结构化编程。

结构化编程有3种结构：顺序结构、选择结构（条件判断）和循环结构。

1．顺序结构

顺序结构是最符合自然语言习惯的一种结构，指令按自上而下的顺序依次执行。

一个典型的例子是：A杯子中装有可乐，B杯子中装有清水，问如何交换两个杯子中的液体。交换顺序（一）如表7-4所示。

表7-4　交换顺序（一）

引入第3个杯子C
第①步：从A倒入C
第②步：从B倒入A
第③步：从C倒入B

交换顺序（二）如表7-5所示。

表7-5　交换顺序（二）

引入第3个杯子C
第①步：(　　) 倒入 (　　)
第②步：(　　) 倒入 (　　)
第③步：(　　) 倒入 (　　)

思考1

写出第2种交换方法。

思考2

顺序结构的执行顺序可以随意打乱吗？为什么？

2．选择结构

选择结构又被称为条件判断结构或分支结构。选择结构会因条件的区别而产生不同的分支。前面介绍的“猜数字”游戏中也用到了这种结构，即当目标数与竞猜值的大小关系不同时，程序下一步要执行的指令也不相同。

选择结构有单分支、双分支或多分支等不同的表达方式。

【例7.3】使用不同的分支结构描述周末天气与周末活动的对应关系。

① 单分支。例如，如果周末天气晴朗，我就去爬山。

说明上述语句限定了爬山这项活动只在周末天气晴朗时发生。

② 双分支。例如，如果周末天气晴朗，我就去爬山，否则就在家看书。

说明周末天气晴朗与否都有对应活动。

③ 多分支。例如，如果周末天气晴朗，我就去爬山；如果周末下雨，我就在家看书；如果周末下雪，我就去堆雪人。

说明3个或3个以上不同的条件都有相应的不同选择。

在选择结构中，条件表达式的返回值一般是一个逻辑值，即True或False，对应条件成立或不成立的情况。

在上述的诸多活动（爬山、看书、堆雪人）中，每次只有一项会被执行。在编写程序时，尤其需要注意后续指令与前期条件的对应关系，否则极易产生算法的错误。

3．循环结构

在某些问题中，一些相同的指令需要重复执行，此时可以用循环结构来解决这个问题。二分查找法中就使用了这种结构。

循环结构有时会被分成两种类型：限次循环和条件循环。严格来讲，限次循环也是条件循环的一种形式。

限次循环是明确限制了循环次数的循环。例如，“将一个单词重复抄写10次”“从1累加到100”等都可以使用限次循环实现。

条件循环即没有限制具体的循环次数，但是设定了循环执行或者结束条件的循环。

设定了循环执行条件的循环一般称为“当型”循环，程序中多用While表示。例如，“当你肚子饿时，啃一口面包”，这里没有限定吃多少口面包，而是当肚子饿的条件成立时就不断重复啃一口面包的动作。

设定了循环结束条件的循环一般称为“直到型”循环，程序中多用Until表示。例如，“啃一口面包，直到你吃饱为止”。

7.1.3 算法的表示方法

7.1.1小节介绍了什么是算法，也初步讲解了如何描述一个算法。算法描述要准确，不能存在“二义性”。伪代码和流程图是描述算法的常用工具。

1．伪代码

伪代码（Pseudocode）是一种用于描述模块结构图的非正式语言。使用伪代码的目的是使描述的算法可以更容易地以任何一种编程语言（Pascal、C、Java等）来实现。因此，伪代码必须结构合理，代码简单，可读性强，并与自然语言类似。

【例7.4】要求输入3个数，输出其中最大的数，可用如下伪代码表示：

```
Begin(算法开始)
输入A、B、C
If A>B则A→Max
否则B→Max
If C>Max则C→Max
Print Max
End(算法结束)
```

2．流程图

流程图（Flow Chart）使用图形表示算法。常用的几种图形及其功能说明如下。

① 圆角矩形表示开始或结束：(开始 / 结束)。

② 矩形表示行动方案、普通工作流程：[工作流程]。

③ 菱形表示问题判断或判定（审核/审批/评审）环节：<判断>。

④ 平行四边形表示输入或输出：/输入 / 输出/。

⑤ 箭头代表工作流方向：↓。

【例7.5】要求输入3个数，输出其中最大的数，可用如图7-1所示的流程图表示。

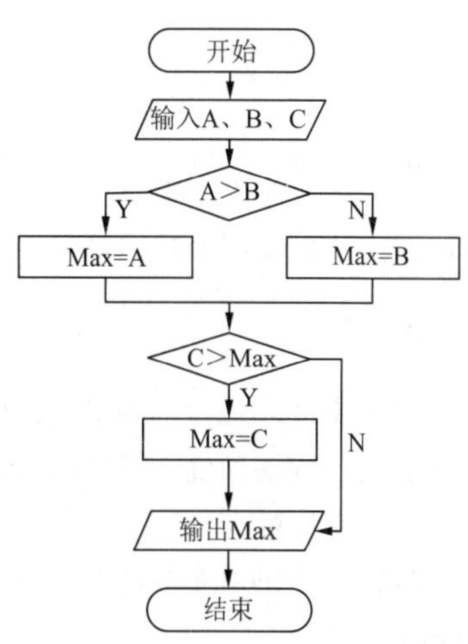

图 7-1 输出 3 个数中最大的数的流程图

7.1.4 基本算法

1．累加求和

累加求和是一种常用算法。例如，把1、2、3、……、100这些数相加。

如果不使用等差数列公式，直接累加求和，可以使用以下算法：

```
Begin
    SUM=0                   '初始化SUM
    N=1                     '初始化循环变量
    LOOP N<=100             '循环100次
        Begin
            SUM=SUM+N
            N=N+1
        End Loop            '结束循环
End
```

2．累乘

如果将上述算法稍做修改，即可实现累乘。例如，求100的阶乘，可以使用以下算法：

```
Begin
```

```
    SUM=1                    '初始化SUM
    N=1                      '初始化循环变量
    LOOP N<=100              '循环100次
        Begin
            SUM=SUM*N
            N=N+1
        End Loop             '结束循环
End
```

3．求最大值或最小值

找出一组数中的最大值或最小值。求最大值，可以使用以下算法：

```
Begin
    List[1,2,3,…]=(n1,n2,n3,…)              '输入一组数字
    Max=List[1]                              '初始设定第一个为最大值
    N=2
    LOOP N<=100                              '循环100次
        Begin
            If Max<List[n] then Max=List[n]
            N=N+1
            End Loop                         '结束循环
End
```

对上述算法只要稍做修改，即可求出最小值。

4．排序

排序是计算机科学中最普遍的一种应用。当数据达到一定数量时，它们的排列是否有规律将直接影响查询的速度。排序的方法有很多，例如冒泡排序法、选择排序法、插入排序法等。下面介绍冒泡排序法。

冒泡排序的基本思想是两个数比较大小，较大的数“下沉”，较小的数“冒”出来。比较过程如下。

① 比较相邻的两个数，如果第二个数小，就交换两个数的位置。

② 从后向前比较相邻数字，直到比较到最前面的两个数。这一步结束后，最小数被交换到起始位置，第一个数的位置就排好了。

③ 重复上述过程，直到将所有数的位置排好。

【例7.6】对下列的数列进行排序。

给定一个无序的数列：2，9，4，8，5，1，0，7，3，6。

比较规则：大于（>）。

第一轮

第一次比较：2和9做比较，2>9吗？假，继续向前。

第二次比较：9和4做比较，9>4吗？真，交换两数的位置。

经过这次交换，数列变成：2，4，9，8，5，1，0，7，3，6。

第三次比较：9和8做比较，9>8吗？真，交换两数的位置。

经过这次交换，数列变成：2，4，8，9，5，1，0，7，3，6。

……

9的位置逐步后移，比较到最后，数组变成：2，4，8，5，1，0，7，3，6，9。

经过第一轮比较，最大的数放到了最后。

第二轮

原数列2，9，4，8，5，1，0，7，3，6已变成2，4，8，5，1，0，7，3，6，9。

第一次比较：2>4吗？假，继续向前。

第二次比较：4>8吗？假，继续向前。

第三次比较：8>5吗？真，交换两数的位置，此时数列变成：2，4，5，8，1，0，7，3，6，9。

第四次比较：8>1吗？真，交换两数的位置，此时数列变成：2，4，5，1，8，0，7，3，6，9。

……

此轮结束后，原数列变成：2，4，5，1，0，7，3，6，8，9。

经过两轮的比较，较大的两位数已经有序排列。

依此类推，比较10轮后，这个数列已经排好顺序。由此可知，冒泡排序的原理即相邻元素比较，每一轮“冒”出一个有序的值。

请读者尝试使用伪代码描述以上算法。

7.2 VBA编程环境

在掌握算法的基础知识后，还需要一个工具来实现它。下面介绍如何在VBA编程环境中编写程序。

7.2.1 进入VBA编程环境

进入VBA编程环境

要在VBA编程环境中编写程序，首先要进入Access中的VBA编程环境。通常可以通过以下几种方法进入。

（1）方法1

① 启动Access，新建数据库或打开已有的数据库。

② 单击“数据库工具”选项卡下“宏”组中的“Visual Basic”按钮。

（2）方法2

① 启动Access，新建数据库或打开已有的数据库。

② 单击“创建”选项卡下“宏与代码”组中的“Visual Basic”按钮。

（3）方法3

① 启动Access，新建数据库或打开已有的数据库。

② 按Alt + F11组合键。

在打开的界面中执行“插入”菜单下的“模块”命令，打开的VBA开发界面如图7-2所示。

VBA开发界面由菜单、快捷工具栏及工程、属性、代码3个窗口组成。

工程窗口如图7-3所示，其中以层次列表结构显示和管理数据库中所有模块和类模块。双击工程窗口中的某个模块，该模块的内容会在代码窗口中显示出来。在层次列表中的项目上单击鼠标右键，可以执行相应的命令对其进行插入或移除操作。

属性窗口如图7-4所示，可在其中显示和设置选中模块的属性。

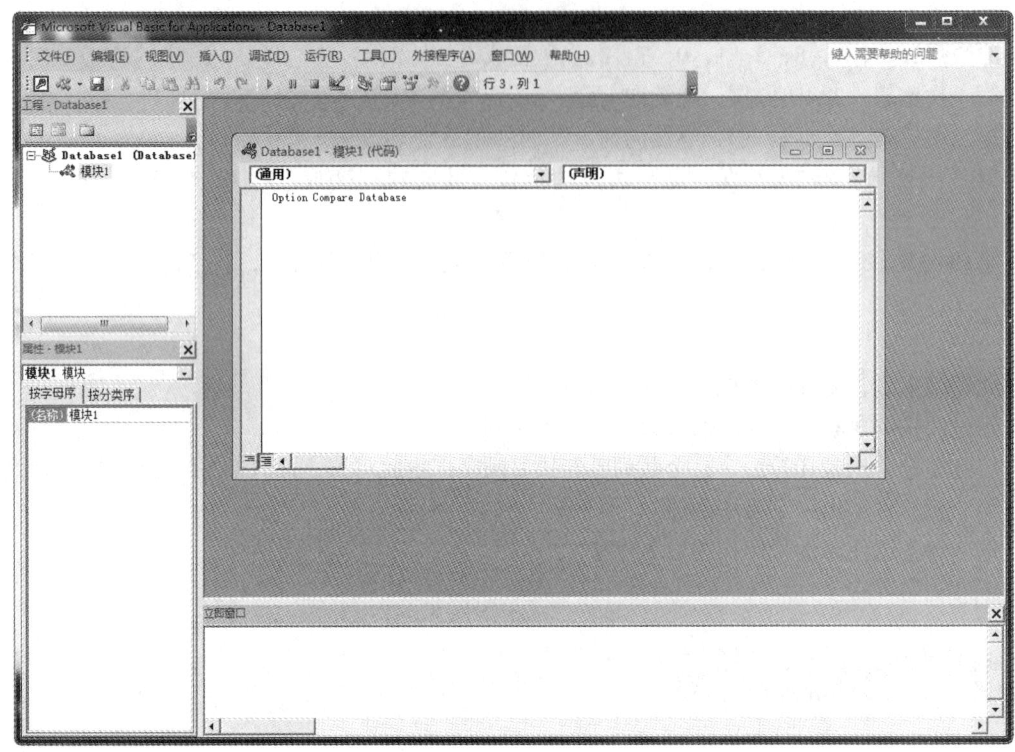

图7-2 VBA开发界面

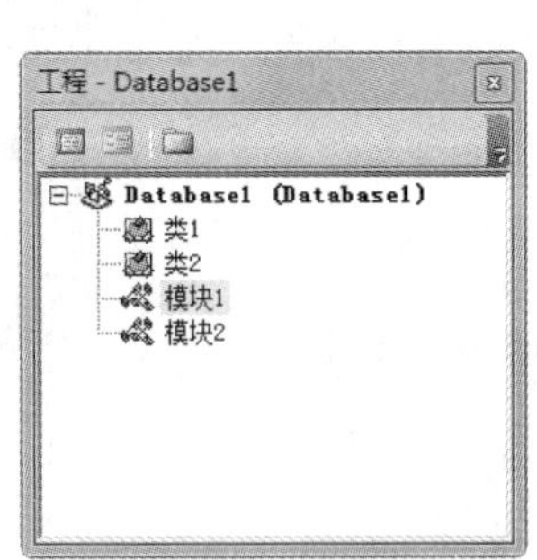

图7-3 工程窗口

图7-4 属性窗口

代码窗口如图7-5所示，可在其中显示和编辑代码。

以上3个窗口在使用VBA编写程序时应用较多，它们的位置可以自由调整，也可以将它们关闭。被关闭的窗口可以通过“视图”菜单重新打开，如图7-6所示。

通过“视图”菜单还可以打开其他窗口，如在“调试”程序时经常用到的“立即窗口”“本地窗口”“监视窗口”，后续要用来进行界面设计的“工具栏”也可通过该菜单打开。

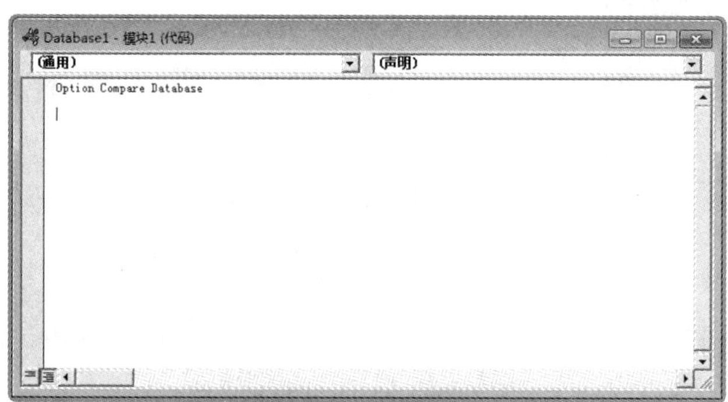

图 7-5　代码窗口

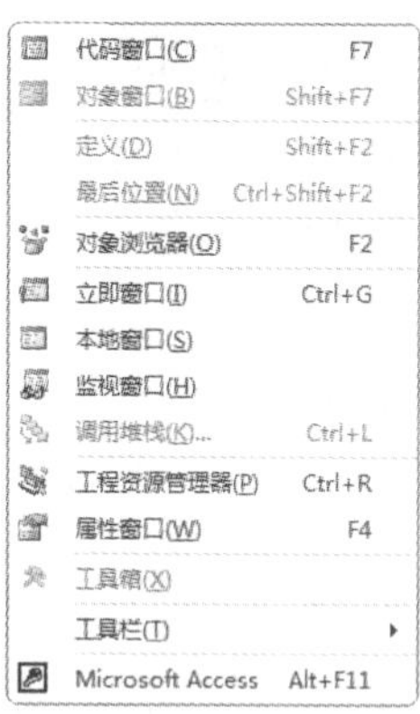

图 7-6　“视图”菜单

7.2.2 简单的VBA编程

简单的VBA编程

进入VBA编程环境后，可以尝试编写第一个程序。

【例7.7】用VBA编写输出“Hello VBA!”的程序，具体操作步骤如下。

① 打开VBA编程环境，在代码窗口的空白处单击，使光标在窗口中闪烁。

② 在“插入”菜单中执行“过程”命令，如图7-7所示。

③ 在弹出的“添加过程”对话框中的“名称”文本框中输入“hello”，然后单击“确定”按钮，如图7-8所示。

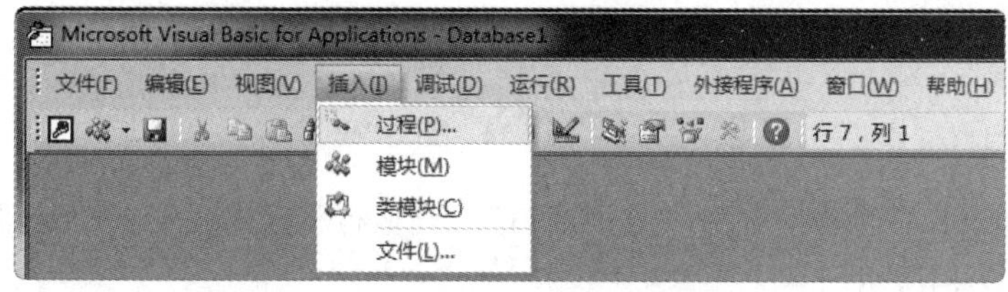

图 7-7　在“插入”菜单中执行“过程”命令

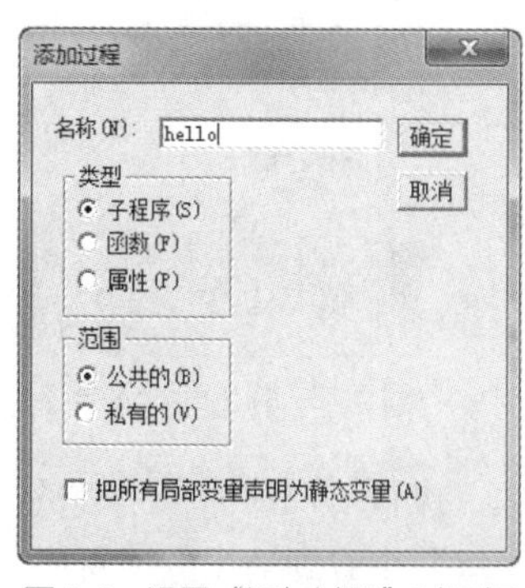

图 7-8　设置“添加过程”对话框

代码窗口中会自动添加以下两行代码：

```
Public Sub hello()

End Sub
```

④ 在这两行代码之间输入以下代码：

```
MsgBox ("Hello VBA!")
```

代码的输入效果如图7-9所示。

⑤ 单击“保存”按钮，在弹出的“另存为”对话框中将该模块命名为“模块1”，如图7-10所示。

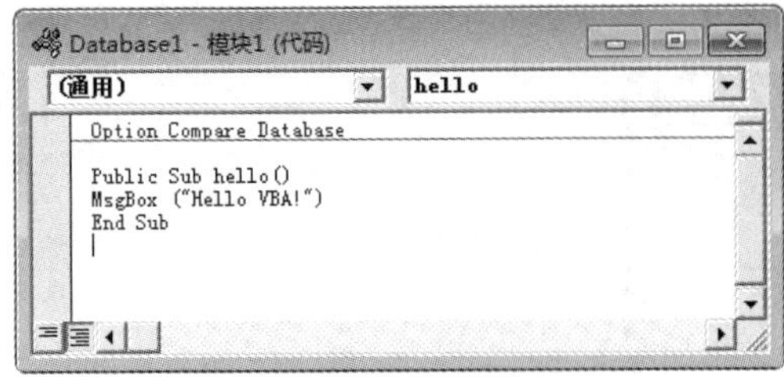

图 7-9　代码的输入效果

图 7-10　“另存为”对话框

⑥ 执行“运行”菜单中的“运行子过程/用户窗体”命令，如图7-11所示，或者按F5快捷键。

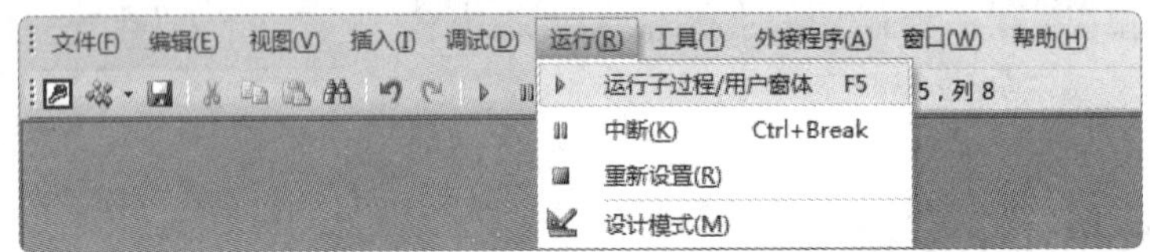

图 7-11　执行“运行子过程 / 用户窗体”命令

⑦ 启动程序，即可看到打开的对话框，如图7-12所示。

也可以把步骤④中输入的代码修改为以下代码：

```
Debug.Print "Hello VBA!"
```

修改后的代码如图7-13所示。

图 7-12　弹出的对话框

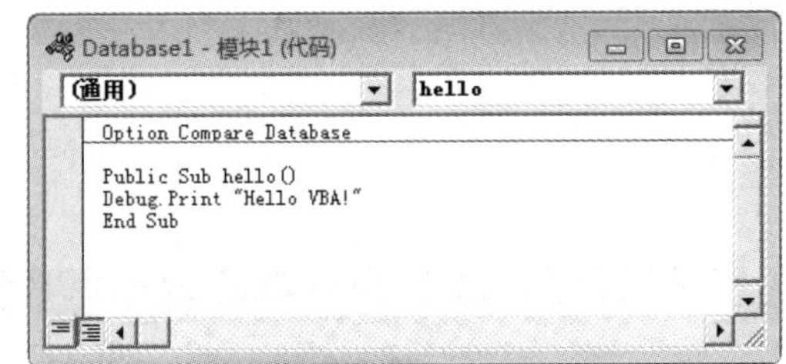

图 7-13　修改代码

执行“视图”菜单中的“立即窗口”命令，打开“立即窗口”。当运行程序时，会在“立即窗口”中看到输出的字符串，如图7-14所示。

图 7-14　“立即窗口”中输出的字符串

以上程序可实现让计算机输出“Hello VBA!”的功能。这个功能虽然简单，但是输出部分是每个程序不可或缺的。

VBA程序的执行以过程为基本单位，一个模块中可以包含多个过程。用户可以通过“插入”菜单添加过程，也可以直接在代码窗口中创建一个过程。

过程有不同的类型和范围。前面创建的是一个公共的（Public）子程序Sub，因此当确定了过程的名称为“hello”后，在名称前输入关键词，并在过程代码全部结束时输入“End Sub”，即可创建一个完整的子程序。

思考1

请尝试不借助菜单创建一个名称为“nihao”、范围为私有的（Private）子程序Sub，并且将显示的内容修改为“你好VBA!”。

思考2

过程的名称可以使用中文吗？为什么？

下面尝试编写几个简单的程序。

一个新的过程就像一个新的段落，可以添加到已有过程的前面或后面。此处，为了更清楚地看到新过程的执行结果，删除了原有的过程，模块中只包含一个过程。

尝试1的代码如下：

```
Public Sub jiafa ()
a = 1
b = 2.6
Debug.Print a + b
End Sub
```

结果显示如下：

```
3.6
```

尝试2的代码如下：

```
Public Sub jiafa ()
a = 1
b ="hello"
Debug.Print a + b
End Sub
```

结果显示的错误提示如图7-15所示。

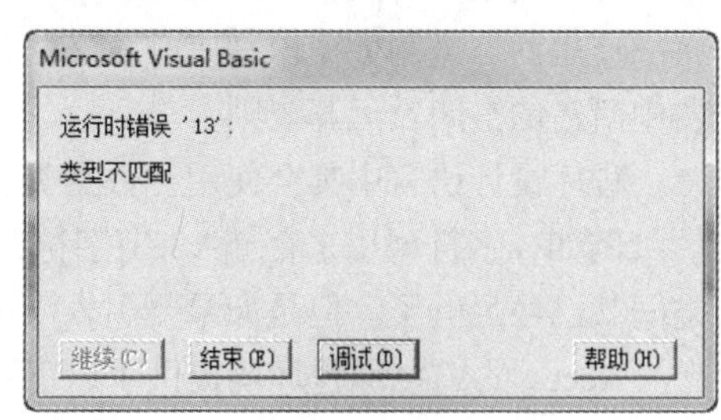

图 7-15　错误提示

在这一次运行VBA代码后，Access通过对话框报告了一个错误，并提示了这个错误发生的原因是“类型不匹配”。在该对话框中有4个按钮，其实现的功能也各不相同。

① 如果单击“帮助”按钮，会打开“Access帮助”窗口，如图7-16所示，告知用户有关错误的信息。

② 如果单击“调试”按钮，会指出错误语句，如图7-17所示。

③ 如果单击“结束”按钮，则停止运行程序。

图7-15所示的错误是在学习程序设计初期经常会遇到的错误，可以称为语法错误，主要是由于不知道语言正确的表达方式而产生的。要避免这类错误的发生，应当清楚地了解这门语言的语法。

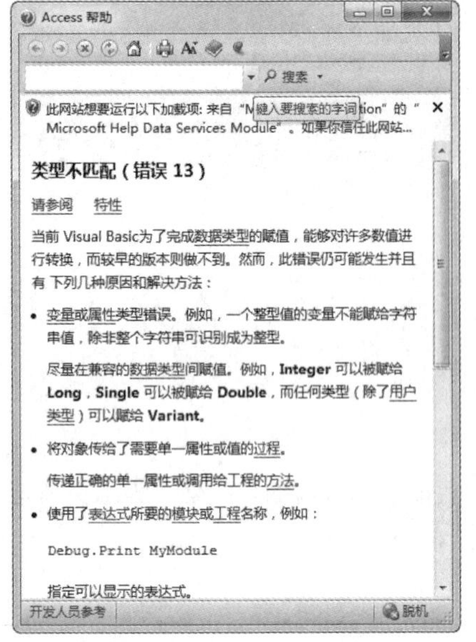

图 7-16 “Access 帮助”窗口

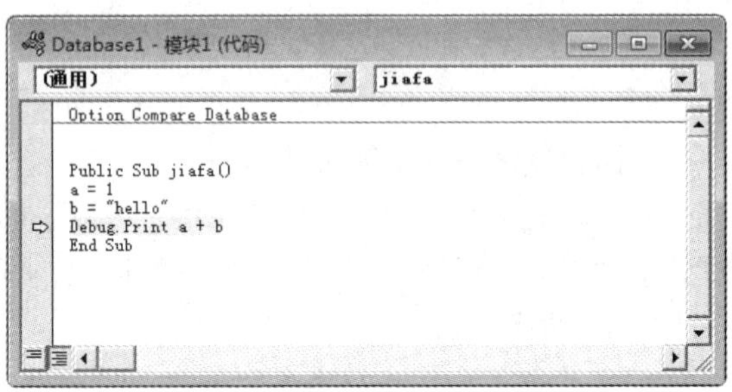

图 7-17 指出错误语句

7.3 VBA语法基础知识

本节将以VBA语法为例，介绍数据类型、常量与变量、表达式、函数的相关规则和概念，目的是让读者能够使用VBA语句准确地表达希望完成的计算。这些规则和概念在不同的编程语言和工具中并不完全相同，但非常相似，了解本节的概念与规则有利于将来学习其他的语言或工具。

7.3.1 数据类型

计算机运算时离不开数据的参与。在计算机中，数据使用二进制的形式存储和传输。程序要将一连串的二进制数据识别成有意义的字符，这需要在存储和使用这些数据时规定好它们在存储器中所占的空间及运算规则。

程序设计语言中都会使用“数据类型”这一概念。

例如，字符型用来存储ASCII字符，因为字符数量较少（128个），所以一般分配两个字节的空间就已经足够了。但是如果要引入汉字或其他字符，就应该使用更多的存储空间。

Access的VBA编程环境提供了以下数据类型，如表7-6所示。

表7-6 VBA编程中的数据类型

序号	类型名	关键字	类型符	存储空间/Byte
1	字节型	Byte	—	1
2	整型	Integer	%	2
3	长整型	Long	&	4

续表

序号	类型名	关键字	类型符	存储空间/Byte
4	单精度浮点型	Single	!	4
5	双精度浮点型	Double	#	8
6	十进制小数型	Decimal	—	14
7	货币型	Currency	@	8
8	字符串型	String	$	按需分配
9	日期型	Date	—	8
10	布尔型	Boolean	—	2
11	变体型	Variant	—	16
12	对象型	Object	—	—

表7-6中的第1～7项，虽然有不同的类型名称，但都是数值型，都可以进行数值运算。这些数据类型之间还可以混合使用。例如，“整型+单精度浮点型”，这种操作在VBA语法中是允许的。

1．字节型

字节型用一个字节（即8位二进制）的空间存储一个无符号整数，取值范围为0～255。

2．整型

整型不等同于整数，因为它只被分配了两个字节（即16位二进制），并且需要表示正数与负数，所以它的取值范围非常小（-32 768～32 767）。

如果在某种数据类型存储单元中存放超过它的取值范围的值，就会弹出溢出错误提示，如图7-18所示。代码如下所示：

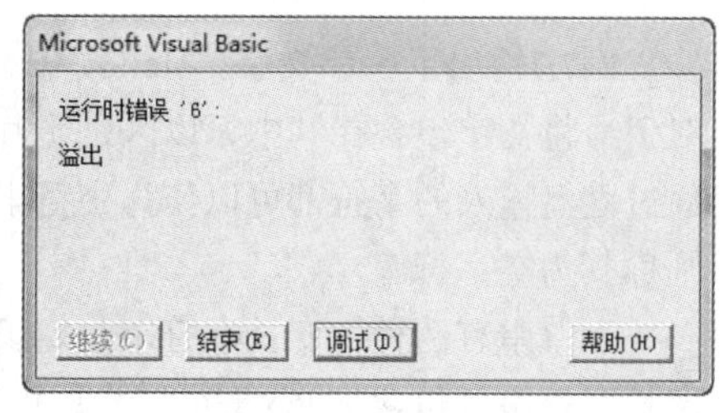

图 7-18　溢出错误提示

```
Public Sub err1 ()
Dim a As Integer                '定义变量a为整型
a = 32767+1                     '给变量a赋值,使其超过整型的取值范围
Debug.Print a                   '输出a的值
End Sub
```

3．长整型

长整型类似于整型，但取值范围比整型大，分配有4个字节（32位二进制），可以用来存储较大的整数（-2 147 483 648～2 147 483 647）。

对只存储整数的数据类型而言，其取值范围由系统分配的空间大小是否需要表示负数而定。

思考

假如系统中设计了一个“更长整型”，分配有8个字节（64位二进制），可以表示正负数，如何确定其取值范围？

4．单精度浮点型

浮点数（Float）是指带有小数部分的数，可简单理解为实数。它与整数在计算机中存储的方式是完全不同的。受存储空间的限制，浮点数的表示不仅在取值范围上受限，还会对精度有影响。

单精度浮点型占4个字节（32位二进制），符号占1位，指数占8位，尾数占23位，可以精确到7位有效数字。

5．双精度浮点型

双精度浮点型占8个字节（64位二进制），符号占1位，指数占11位，尾数占52位，可以精确到15位有效数字。

6．十进制小数型

十进制小数型类似于双精度浮点型，但不可以直接用它定义变量，一般不会使用它。

7．货币型

货币型是专门为记录货币值而设置的数据类型，可精确到小数点后4位，小数点前15位。它具有较大的整数取值范围，小数部分足以满足货币的功能需求。它的存储方式和浮点数的存储方式不同，因为它的小数点位置是固定的，所以它属于定点数据类型。

8．字符串型

例7.7输出了一串文字“Hello VBA!”，它是字符串型的。在编写代码时，需使用半角的一对双引号将文字包含在其中，以区别于其他数据类型。字符串包含的内容是非常丰富的，任何可以通过键盘输入的字符都可以作为字符串的一部分。如果在一对半角双引号之间不输入任何符号，则称其为空字符串。

字符串有两种：变长字符串与定长字符串。变长字符串最多可包含大约20亿（2^{31}）个字符，定长字符串可包含1～65 536（2^{16}）个字符。

当定义一个字符串型变量时，默认其为变长字符串，其长度由它包含的字符内容决定。如果要定义一个变长字符串，可以使用String * n，n为字符串的固定长度。在赋值时，超过长度*n*的部分会被系统丢弃。例如，定义一个存储单元为String * 4，往里存入“123456”，最终保留下来的是“1234”。

9．日期型

日期型用来存储日期和时间。为了与字符串型区分开，日期型通常采用两个“#”将数据括起来。例如，对于#2019/4/20#、#4/20/2019#、#20/4/2019#，系统都会自动将它们转换为“#月/日/年#”的格式。

如果同时有日期和时间，则它们必须使用空格分开（例如#4/20/2019 11:59:59 PM#），否则系统无法正确识别。当然也可以只输入时间，例如#11:59:59 PM# 或者 #10:01:01 AM#。

10．布尔型

布尔型也称为逻辑型，只有True、False两个值，用来表示逻辑判断的结果和状态。当将布尔型作为数字操作时，False的值为0，True的值为-1。如果将数字当作布尔型处理时，0对应的值为

False，非0数字对应的值为True。

11．变体型

如果在声明变量时没有说明具体的数据类型，系统会将其默认设置为变体型。它的特殊性在于似乎可以用来存放任何类型的数据。但建议不要使用变体型，一方面是因为变体型在某些时候会引起一些莫名的错误产生，就像一个什么都能做的人，很难要求他什么都做到最好。另一方面，准确声明合适的数据类型是正确完成计算的基础。应该清楚地向计算机提出明确的数据类型要求，而不是由它来决定。

12．对象型

对象型表示任何对象数据类型，用于存储对象变量。

7.3.2 常量与变量

程序在执行过程中会引用和产生数据，这些数据会被临时存储到计算机的内存（Random Access Memory，RAM）中。如果要找到这些数据则需要通过地址来访问它们。在计算机的世界中，地址由二进制编码组成。对用户来说，这种编码难以记忆和书写。因此，在高级程序设计语言中都会给这些地址赋予有意义的“名字”。通过“名字”，用户可以方便地引用它们指向的数据。

临时存储的数据在整个程序执行过程中大多都会发生变化，存储这种数据的存储单元称为变量。那些不允许内容发生变化的存储单元称为常量。

1．标识符命名规则

在为变量、常量或其他对象命名时，需要遵循标识符命名规则。如果违反了规则，程序就会报错，提示错误的原因是使用了非法的标识符。因此，在为变量或常量命名时，既要便于记忆和理解，也要符合命名规则。在VBA语法中，标识符命名规则有以下几点。

① 以字母或下划线开头，由字母、下划线、数字组成。

② 不超过255个字符。

③ 名称中不能包含空格、小数点等标点符号或加、减、乘、除等运算符号。

④ 不能使用系统已经使用的保留字或关键字作为名称。

⑤ 变量名在有效范围内必须是唯一的，在同一有效范围内不可以有重名变量。

建议命名策略如下。

① 使用数据类型缩写作为名称前缀。

② 使用有意义的单词而不是随意的字母。

③ 名称不超过25个字符。

例如，strName是一个比较合适的名称。str表示类型为字符串，Name表示要存储姓名数据，这比用abc作为名称更容易让人理解。

2．变量定义

在正式编程前，必须先完成变量、常量的定义这一工作。定义通常需要告知计算机以下3点信息。

① 明确数据类型，以确定需要为某一个数据准备多大的存储空间。

② 通过为变量或常量命名，确定引用变量或常量内容的方式。

③ 初始化，给常量赋一个初始值。

对于变量而言，可以在以后的编程中对其再次进行赋值操作。但是对于常量而言，只有这一次赋值的机会。也就是说，在整个程序执行过程中，它的值不能修改。

变量的定义及赋值要求如下。

（1）用数据类型名定义变量

语法格式：定义词 变量名As数据类型名。

① 定义词：可以使用Dim、Static、Public、Private。

② 变量名：符合标识符命名规则。

③ 数据类型名：VBA语法支持的任意数据类型名。

【例7.8】定义字符串型与数值型变量，代码如下：

```
Dim strName As String                    '定义一个字符串型变量strName
Dim x as Single,y As Double              '定义一个单精度型变量x和一个双精度型变量y
```

一行可以定义多个变量，变量以逗号分隔；每个变量必须有自己的类型声明，不可共用。

【例7.9】定义整型变量，代码如下：

```
Dim a,b As Integer
```

像这样定义，类型为整型的变量只有b，变量a的数据类型为变体型。

（2）用数据类型符定义变量

语法格式：定义词 变量名类型符。

部分数据类型具有类型符号，如字符串型变量的类型符号为$；定义时类型符号紧接变量名之后，中间不留空格。

【例7.10】用类型符定义字符串型变量，代码如下：

```
Dim strName$                             '定义一个字符串型变量strName
```

（3）隐式定义——不定义的定义

在使用VBA语法引用变量时，按以上两种方式明确地做好变量的定义与声明并不是必须的，也可以什么都不定义，而在需要时直接引用变量。

【例7.11】隐式定义数值类型变量，代码如下：

```
Score=90
```

与很多其他程序设计语言不同，以上的代码并不会出错，因为VBA中没有强制要求定义清楚每一个变量的数据类型。但是如果不声明就引用变量，这些变量的类型会被默认为变体型。关于这种数据类型的特点前文已做过介绍，建议采用显式的方式来定义变量，以减少错误的发生。

（4）赋值

引用变量通常通过赋值语句实现，主要赋值符号为“=”。

语法格式为：变量名 = 表达式。

3．常量定义

常量分为值常量和符号常量两种形式。

（1）值常量

值常量又称为直接常量或字面常量，是指源程序中表示固定值的符号，是最常用的一种常量表示形式。不同类型值常量的表示方法也不同。

① 数值型常量（十进制、八进制、十六进制）的示例代码如下：

```
3.14                        '正数
-0.618                      '负数
2.8E+3                      '相当于2800,E表示10的幂,也就是10的多少次方
&O11                        '十进制值为9,&O开头表示该值为八进制
&H11                        '十进制值为17,&H开头表示该值为十六进制
```

数值型常量由数字、小数点、正负符号、&O、&H或A～F这些字符组成，表示一个具体的数。

② 字符串型常量的示例代码如下：

```
"123456"                    '纯数字字符串
"12ab34"                    '非纯数字字符串
" "                         '空字符串
```

字符串型常量必须使用半角的双引号引起来，双引号是与其他常量类型区分的定界符。

③ 日期型常量的示例代码如下：

```
#2019/5/1#                  '2019年5月1日
#9:00:00 AM#                '上午9点整
#2019/5/1 9:00:00AM#        '2019年5月1日上午9点整
```

日期型常量使用一对“#”作为定界符，可以包含日期与时间。如果同时包含日期与时间，两个部分之间用空格分隔。

④ 逻辑型常量的示例代码如下：

```
True                        '真
False                       '假
```

（2）符号常量

对于会反复使用的常量，为方便阅读与修改，可以将其定义为符号常量，即给值常量加上一个特定的名称。这会使它和变量有些相似，但二者在定义和引用时有很大不同。定义符号常量的语法格式为：Const符号常量名As数据类型 = 表达式。符号常量的值必须在声明时通过表达式或直接进行初始化来设置，之后不能修改。

为增强程序可读性，VBA中内置了一些系统定义的符号常量。例如，表示颜色的系统常量vbRed、vbBlue，可用来替代颜色的数字编码。

4．作用域

在定义变量时，使用的定义词不同或者声明语句在程序中的位置不同，都会使变量可被引用的范围有所区别。变量可被引用的范围称为作用域。具有不同作用域的变量定义如图7-19所示。

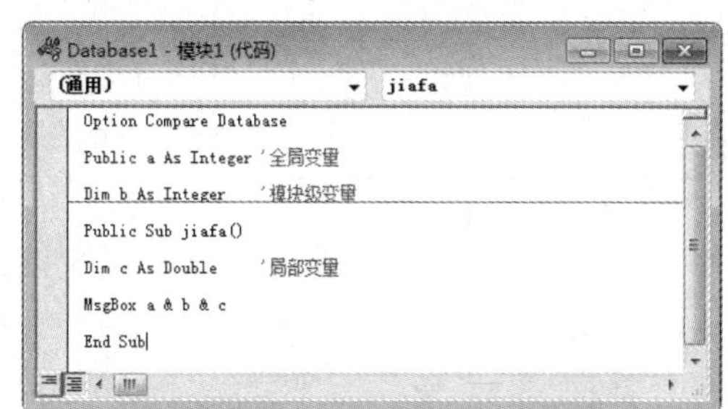

图 7-19　具有不同作用域的变量定义

① 全局变量：使用Public关键字定义在标准模块通用声明段，一般出现在模块（所有过程以外）的起始位置。全局变量可以被它所在工程中所有模块包含的过程引用。

② 模块级变量：使用Dim、Static、Private关键字定义在模块通用声明段，一般出现在模块（所有过程以外）的起始位置。模块级变量可以被它所在模块中的所有过程引用。

③ 局部变量：使用Dim或Static关键字定义在过程代码内，即在Sub与End Sub之间的变量。局部变量只能在本过程内被引用，其他过程不能访问；在变量被调用时为其分配存储空间，过程结束时释放存储空间。

5．生存周期

生存周期是指变量从系统为其分配空间到系统撤销其空间的这一段时间。VBA程序的执行以过程为单位。当过程结束时，过程中定义的局部变量可以由用户决定是否马上撤销。

① 动态变量是用Dim关键字声明的变量，在其过程执行结束时自动释放存储空间，不保留已有数据。即使同一过程反复多次执行，其变量每一次都会被重新初始化。

② 静态变量是用Static关键字声明的变量，在其过程执行结束时保留原存储空间数据。当同一过程反复多次执行时，其静态变量只会在第一次执行时初始化，其后会保留上一次执行后的数据。

7.3.3 表达式

确定数据类型、定义常量与变量的目的是在VBA语法规则下完成运算，这些运算是通过不同类型的表达式完成的。

表达式一般由运算符和数据组成，运算符与参加运算数据的类型必须相互匹配，否则会弹出错误提示。VBA提供了以下几类运算符。

1．算术运算符

算术运算符用于基本的数学计算，其优先级如表7-7所示。

表7-7　算术运算符的优先级

优先级	运算符	功能	表达式	示例	结果
1	^	幂指运算	A ^ B	3 ^ 2	9
2	-	取负数	-A	-3	-3
3	*	乘法	A * B	2 * 3	6
	/	除法	A / B	3 / 2	1.5
4	\	整除	A \ B	3 \ 2	1
5	Mod	取余数	A Mod B	23 Mod 10	3
				10 Mod 23	10
6	+	加法	A + B	2 + 3	5
	-	减法	A - B	2 - 3	-1

在算术表达式中，必须严格按照优先级先后顺序进行运算，同级运算从左至右进行；若需改变优先级，可以使用圆括号“( )”将相应表达式括起来；括号可以嵌套，按照从内往外的顺序计算每一个表达式。

取余数的运算符Mod为字母组合，必须在此运算符与左右两边参与运算的数之间手动留出空格。其他运算符会在换行时自动留出空格。

取余数运算、整除运算都要求运算符左右两边的数为整数。如果包含小数，系统会自动按“奇进偶舍”的原则将小数转换为整数后再做运算。“奇进偶舍”是一种记数保留法，是一种数值修约规则。从统计学的角度看，“奇进偶舍”比“四舍五入”更精确。在大量运算时，采用“奇进偶舍”舍入后的结果有的变小，有的变大，舍入后的结果误差均值趋于0；而不是像“四舍五入”那样逢五就进位，导致结果偏大，使误差积累，产生系统误差。“奇进偶舍”可使结果受舍入误差的影响降低。简单来说，当小数部分不是0.5时，“奇进偶舍”的取整规则与“四舍五入”一致；当小数部分是0.5时，如果个位为奇数则进位，如果个位为偶数则舍去。

【例7.12】用奇进偶舍规则取整，如下所示。

6.5奇进偶舍取整结果为6。

7.5奇进偶舍取整结果为8。

思考

尝试按VBA语法规则描述以下算术表达式：

$$x=\frac{-b\pm\sqrt{b^2-4ac}}{2a}$$

2．字符串连接运算符

字符串连接运算符有“&”和“+”两种，用来把两个字符串连接起来，合并成一个新字符串。字符串型变量、常量、函数通过字符串运算符组合而成的表达式称为字符串表达式，其值为一个字符串。

【例7.13】进行字符连接运算，如下所示：

```
"abc" & "cde"                   '"abccde"
"123" & "456"                   '"123456"
123 + "456"                     '579
123 + "abc"                     '报错,数据类型不匹配
```

“&”与“+”的区别如下。

①“&”连接符两边不管是字符型还是数值型数据，系统都自动将非字符型数据转换成字符型数据再连接。另外，在字符串型变量后使用“&”时，应在变量与运算符“&”之间加一个空格。因为“&”是长整型的类型符。当变量与符号“&”连在一起时，系统会把它作为类型符处理。

②“+”连接符两边应为字符型数据。若连接符两边是数值型数据，则进行算术加运算；若一个是数字字符，另一个是数值，则自动将数字字符转换为数值，再进行算术加运算；若一个是非数字字符，另一个是数值，则报错。

3．关系运算符

关系运算符用于比较两个操作数的大小，运算结果只能是逻辑值True或False。关系运算符的优先级低于算术运算符，各关系运算符的优先级是相同的，在运算时按顺序从左到右进行即可。表7-8列出了VBA中的关系运算符。

表7-8　VBA中的关系运算符

运算符	功能	表达式	示例	结果
<	小于	A<B	6<7	True
<=	小于或等于	A<=B	6<=7	True
>	大于	A>B	"a">"b"	False
>=	大于或等于	A>=B	"A"<"a"	True
=	等于	A=B	1+1=2	True
<>	不等于	A<>B	"a b c"< >"abc"	True

关系运算的规则如下。

① 当两个操作数均为数值型数据时，按数值大小比较。

② 当两个操作数均为字符串型数据时，按字符的ASCII值从左到右一一比较，直到出现不同的字符为止。字符的ASCII值从大到小的排列规律一般为：汉字 > 小写字母 > 大写字母 > 数字 > 空格 > 所有控制符。

数值型与可转换为数值型的数据的比较如下所示：

```
"7" > 6            'True
```

数值型与不可转换为数值型的数据的比较如下所示：

```
"A" > 6            '报错,数据类型不匹配
```

4．逻辑运算符

逻辑运算符用于对由多个表达式组成的条件进行判断，运算结果为Ture或False。表7-9列出了VBA中的逻辑运算符。

表7-9　VBA中的逻辑运算符

运算符	功能	表达式	示例	结果
Not	逻辑非	Not A	Not True	False
			Not False	True
And	逻辑与	A And B	True And False	False
			False And False	False
			False And True	False
			True And True	True

续表

运算符	功能	表达式	示例	结果
Or	逻辑或	A Or B	True Or False	True
			True Or True	True
			False Or False	False
			False Or True	True
Xor	逻辑异或	A Xor B	True Xor False	True
			True Xor True	False
			False Xor False	False
			False Xor True	True

逻辑运算符的优先级低于关系运算符，各个逻辑运算符的优先级从高到低依次为Not > And >Or> Xor。

常用的逻辑运算符是Not、And和Or，它们用于连接多个关系表达式进行逻辑判断。

例如，要表达2大于1且小于3，必须使用逻辑表达式，如下所示：

```
3 > 2 And 2 > 1                    'True
```

而不能写成以下形式：

```
3 > 2 > 1                          '此表达式的运算结果为False
```

通常表达式会由以上4种运算中的两种或两种以上组合而成。当不同类型的运算同时出现时，VBA规定优先级为算术运算 > 字符串运算 > 关系运算 > 逻辑运算。

逻辑运算会在最后进行，最终的值是一个逻辑值。

7.3.4 标准内部函数

函数是VBA语句的重要组成部分，一般以英文单词或英文单词缩写为函数名，实质是解决某一特定问题的代码。系统往往会提供一些函数供用户使用，该类函数称为内部函数。用户可以根据语法规则设计自定义函数，以增强程序的可读性，其格式如下：

```
函数格式：函数名(参数列表)          '参数列表中包含0个或多个参数
```

对于函数，应该记住函数的名称和参数及其功能。

按照函数处理的数据类型，内部函数一般分为以下几类。

1. 算术函数

① Abs(x)：返回x的绝对值。例如，Abs(−9)结果为9。

② Sqr(x)：求x的平方根，此函数要求$x \geqslant 0$。例如，Sqr(2)结果为1.4142。

③ Fix(x)：返回x的整数部分，小数部分直接舍去。例如，Fix(3.14)结果为3。

④ Int(x)：返回不大于x的最大整数。例如，Int(3.6)结果为3，Int(−3.6)结果为−4。

⑤ Round(x,y)：对x进行“奇进偶舍”，保留小数点后y位。例如，Round(3.25,1)结果为3.2，Round（3.35,1）结果为3.4。

⑥ Rnd(x)：产生[0,1)范围内的随机数，x为随机数种子，决定产生随机数的方式。

- 若x<0，则每次产生相同随机数。
- 若x>0，则每次产生新随机数。
- 若x=0，则产生最近生成的随机数，每次序列相同。
- 若省略参数，则默认参数值大于0。

在调用此函数前，一般使用Randomize语句初始化随机数生成器，以产生不同的随机数序列。为产生指定范围内的整型随机数，需使用如下所示的取整函数：

```
Fix(Rnd*10)            '产生[0,9]范围内的随机整数
Fix(Rnd*10)+ 1         '产生[1,10]范围内的随机整数
```

⑦ Sgn(x)：符号函数，根据x的值（正、零或负）返回相应的值（1、0或-1）。例如，Sgn(-99)结果为-1。

2．字符串函数

① Left(s,n)：取s字符串最左边的n个字符。例如，Left("1234",2)结果为"12"。

② Right(s,n)：取s字符串最右边的n个字符。例如，Right("1234",2)结果为"34"。

③ Mid(s,n,x)：取s字符串从第n个字符开始的x个字符。例如，Mid("1234",2,2)结果为"23"。若参数x省略则一直取到字符串末尾。例如，Mid("1234",2)结果为"234"。

④ Len(s)：返回字符串s的长度。例如，Len("1234")结果为4。

3．日期和时间函数

① Date()：返回当前系统日期，例如2019/12/3。

② Time()：返回当前系统时间，例如14:52:03。

③ Now()：返回当前系统日期和时间，例如2019/12/3 14:52:03。

④ Year(date)：返回日期的年份。例如，Year(#2019/12/3#)结果为2019。

⑤ Month(date)：返回日期的月份。例如，Month(#2019/12/3#)结果为12。

⑥ Day(date)：返回日期为当月的几号。例如，Day(#2019/12/3#)结果为3。

4．转换函数

① Val(s)：将字符串s转换为数值。例如，Val("123")结果为123。

② Asc(s)：返回字符串s首字符的ASCII值。例如，Asc("abc")结果为97。

③ Chr(n)：返回ASCII值n对应的字符。例如，Chr(65)结果为"A"。

④ Str(n)：将数字n转换为字符串类型。例如，Str(123)结果为"123"。

7.4 VBA结构化程序设计

VBA程序的代码主要由能完成特定功能的表达式、函数、功能语句及控制程序走向的结构

类语句组成。7.1.2小节已经简单介绍了结构化程序设计的3种结构，本节将介绍在VBA程序中这些结构的实现方法以及代码的书写规则。

7.4.1 书写规则

VBA和其他程序设计语言一样，有一定的代码书写规则，主要规则如下。

① 为了便于程序的阅读，VBA自动将关键字的首字母转换成大写，其余字母转换成小写。

② 若关键字由多个英文单词组成，VBA自动将每个单词的首字母转换成大写。

③ 对于用户自定义的变量、过程名，VBA以第一次定义的为准，以后输入的自动转换成首次定义的形式。

④ 语句书写自由，一行最多允许书写255个字符。同一行中可以书写一条或多条语句；若书写多条语句，则语句间用冒号“:”分隔。

⑤ 存在注释语句。在为程序适当地添加注释后，能够提高阅读程序的效率。注释语句是非执行语句，不编译和执行。注释以“Rem”开头，或用“'”作为注释符。用“'”注释的内容，可以直接书写在语句的后面。注释内容以绿色文字显示。

【例7.14】注释语句的用法代码如下：

```
Rem This is VBA                    'This is VBA
```

⑥ 使用缩进格式。在编写程序代码时，为了增强程序的可读性，可以使用缩进格式反映代码的逻辑结构和嵌套关系。

7.4.2 顺序结构

顺序结构的程序自上而下地执行。下面主要介绍如何在VBA程序中实现基本的输入和输出操作。输入和输出函数是VBA程序中实现交互的一种方式。

1．输出函数

输出函数在前面的程序中已经多次使用过，下面具体介绍该函数的功能。MsgBox()函数如下所示：

```
MsgBox(prompt[, buttons] [, title] [, helpfile, context])
```

参数说明如下。

① prompt：此参数为必选参数，必须是字符串表达式，作为显示在对话框中的信息。

② buttons：此参数为可选参数，以数值表达式形式指定对话框中使用的按钮种类（如表7-10所示）、图标样式（如表7-11所示）以及默认按钮（如表7-12所示），其值由以上3个部分对应的符号常量或值相加表示。

③ title：此参数为可选参数，以字符串表达式作为显示在对话框标题栏中的信息。

④ helpfile：此参数为可选参数，为字符串表达式，用于标识在对话框中提供上下文相关帮助的帮助文件。如果提供了helpfile参数，则必须提供context参数。

⑤ context：此参数为可选参数，为数值表达式，表示由帮助文件的作者指定的适当帮助主题的上下文编号。如果提供了context参数，则必须提供helpfile参数。

表7-10　　buttons参数指定的按钮种类

常量	值	描述
vbOKOnly	0	只显示“是”（“OK”）按钮
vbOKCancel	1	显示“是”（“OK”）按钮及“取消”（“Cancel”）按钮
vbAbortRetryIgnore	2	显示“中止”（“Abort”）按钮、“重试”（“Retry”）按钮及“忽略”（“Ignore”）按钮
vbYesNoCancel	3	显示“是”（“Yes”）按钮、“否”（“NO”）按钮及“取消”（“Cancel”）按钮
vbYesNo	4	显示“是”（“Yes”）按钮及“否”（“NO”）按钮
vbRetryCancel	5	显示“重试”（“Retry”）按钮及“取消”（“Cancel”）按钮

表7-11　　buttons参数指定的图标样式

常量	值	描述
vbCritical	16	显示Critical Message图标
vbQuestion	32	显示Warning Query图标
vbExclamation	48	显示Warning Message图标
vbInformation	64	显示Information Message图标

表7-12　　buttons参数指定的默认按钮

常量	值	描述
vbDefaultButton1	0	第1组按钮是默认值
vbDefaultButton2	256	第2组按钮是默认值
vbDefaultButton3	512	第3组按钮是默认值
vbDefaultButton4	768	第4组按钮是默认值

单击的按钮也可以通过MxgBox()函数的返回值获得，如表7-13所示。

表7-13　　MxgBox()函数的返回值

常量	值	描述
vbOK	1	“OK”按钮
vbCancel	2	“Cancel”按钮
vbAbort	3	“Abort”按钮
vbRetry	4	“Retry”按钮
vbIgnore	5	“Ignore”按钮
vbYes	6	“Yes”按钮
vbNo	7	“No”按钮

【例7.15】生成一个包含“是”“否”“取消”3个按钮、图标为Information Message、默认按钮为第3个按钮、标题为“Hello”、显示内容为“VBA”的消息对话框，核心代码如下。

```
x = MsgBox("VBA", vbYesNoCancel + vbInformation + vbDefaultButton3, "Hello")
```

代码的显示效果如图7-20所示。

如果单击默认的“取消”按钮（vbCancel），则x的值为2。

思考

如果要生成图7-21所示的消息对话框，函数MsgBox()应该如何设置参数？

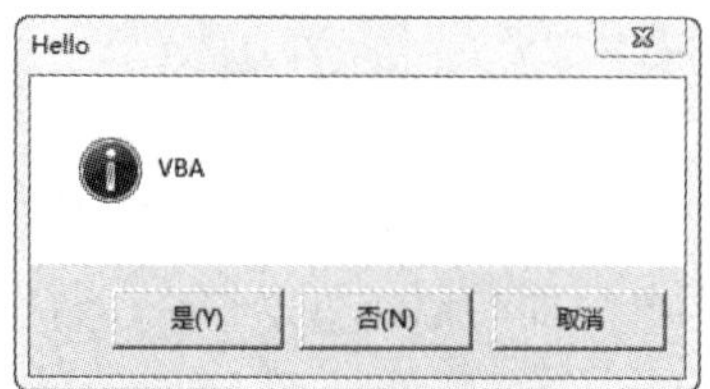

图 7-20　消息对话框（1）

图 7-21　消息对话框（2）

2．输入函数

输入函数用来在一个对话框中显示提示信息，等待用户输入数据或单击按钮，并返回包含文本框内容的字符串。InputBox()函数如下所示：

```
InputBox(prompt[, title] [, default] [, xpos] [, ypos] [, helpfile, context])
```

参数说明如下：

① prompt：必选参数，字符串表达式，作为对话框消息出现。

② title：可选参数，字符串表达式，显示在对话框标题栏中。

③ default：可选参数，字符串表达式，显示在文本框中，在没有其他输入数据时保留默认值。

④ xpos、ypos：可选参数，成对出现，用于指定对话框出现在界面中的位置。

【例7.16】 编写输入函数获取两个整数，如图7-22和图7-23所示，将其相加后的结果通过输出函数显示出来，如图7-24所示。核心代码如下：

图 7-22　输入 x 值

图 7-23　输入 y 值

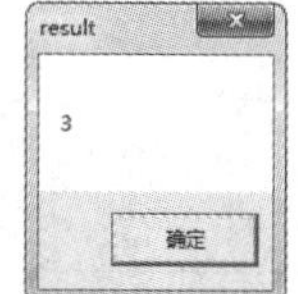

图 7-24　显示相加的结果

```
x = Val(InputBox("x=", "first"))
y = Val(InputBox("y=", "second"))
MsgBox x + y,vbOK , "result"
```

思考

尝试编写输入和输出函数实现如下功能。

输入一个一元二次方程$ax^2+bx+c=0$的3个参数a、b、c的值，且$b^2-4ac\geq0$，使用求根公式计算出它的所有解。

7.4.3 选择结构

在VBA程序中实现选择结构有如下多种方式，必须至少熟练掌握其中一种。

1．条件语句

条件语句有两种，即单行结构If语句和块结构If语句。

（1）单行结构If语句。

语法格式为：If条件Then语句1 Else语句2。

判断条件若为真，执行语句1，否则执行语句2。Else及其后面的语句可以省略；若省略，则当判断条件为假时直接跳过该If语句。

例如，输入一个数字作为成绩，当分数≥60时，显示“Pass”，否则显示“Fail”。代码如下：

```
Public Sub ex1()
score = Val(InputBox("成绩"))
If score >= 60 Then r = "Pass" Else r = "Fail"
MsgBox r
End Sub
```

如果省略语句Else r = "Fail"，则程序运行结果为空。

（2）块结构If语句。

语法格式如下：

```
If条件1 Then
    语句块1
Elseif条件2 Then
    语句块2
Elseif条件3 Then
    语句块3
…
Else
    语句块n
End if
```

相对于单行结构If语句来说，块结构If语句的可读性更强，并且当满足某一条件时执行多条语句（一个语句块），还增加了Elseif语句，以实现多条件的判断。在执行块结构If语句时，先判断条件1，如果成立，则执行语句块1，然后结束条件的判断；如果不成立，则依次判断“条件2”“条件3”……若以上条件都不成立，则执行Else后的语句块*n*。

在使用此结构时，需要注意它与单行结构If语句的格式区别，如关键字Then后留空、Elseif之间没有空格、以End if结束整个条件判断等。

【例7.17】输入一个数字作为分数，分数大于60显示“不及格”，分数在60～80范围内显示“及格”，分数在80～90范围内显示“良好”，分数在90～100范围内显示“优秀”。代码如下：

```
Public Sub ex1()
score = Val(InputBox("成绩"))
If score < 60 Then
r = "不及格"
Elseif score<80 Then
```

```
r = "及格"
Elseif score<90 Then
r = "良好"
Else
r="优秀"
End if
MsgBox r
End Sub
```

思考

如果输入的数字大于100（如200），程序会输出什么结果？该结果是否合理？应该如何修改程序？

2．选择语句

选择语句比块结构If语句的可读性更强，其一般的语法格式如下：

```
Select Case测试表达式
Case表达式1
      语句块1
Case表达式2
      语句块2
……
Case表达式n
      语句块n
Case Else
      语句块n+1
End Select
```

在选择语句执行时，根据测试表达式的值，从多个语句块中选择一个符合条件的语句块执行。语句自上而下执行，一旦条件满足就执行对应语句块并跳转到End Select以后的语句。测试表达式可以是数值表达式或是字符表达式，通常为变量或常量。每个语句块由一行或多行合法的语句组成。表达式1、表达式2等称为值域，可以是下列形式之一。

① 表达式1[,表达式2]……。例如，Case 2, 4, 6, 8。

② 表达式To表达式。在这种形式中，必须把较小的值放在前面，把较大的值放在后面；字符串常量必须按字母A～Z的顺序写出，如下所示：

```
Case 1 To 5
Case "A" To "Z"
```

③ Is关系运算表达式。其使用的运算符包括<、<=、>、>=、<>、=。例如，Case Is < 12。

要特别注意以下两点。

① 表达式列表中的表达式必须与测试表达式的数据类型相同。

② 当用关键字Is定义条件时，只能定义简单的条件，不能用逻辑运算符将两个或多个简单条件组合在一起，如Case Is >10 And Is <20是不合法的。

例如，输入一个数字作为月份，输出该月份包含的天数（不考虑闰年），代码如下：

```
Public Sub ex1()
```

```
mon = Val(InputBox("月份"))
Select Case mon
Case 2
  d=28
Case 4,6,9,11
  d=30
Case Else
  d=31
End Select
Msgbox d
End Sub
```

7.4.4 循环结构

循环结构分为限次循环与条件循环两种形式。

1．限次循环For…Next

限次循环的语法格式如下：

```
For循环变量=初始值to终止值step步长
    语句块(循环体)
    [Exit For]
Next循环变量
```

说明

循环变量通过初始值、终止值和步长共同控制循环执行的次数。当步长为正数时，初始值必须小于终止值，否则循环不会执行。循环语句每次执行Next语句后，循环变量会自动增加一个步长的值。若步长省略，则步长的值为1。当循环变量超过终止值时，循环结束。

计数

Exit For语句的功能为退出当前循环，一般将其包含在条件语句中，使程序在满足某一条件后，即使循环变量未达到终止值也会自动结束循环。

常用的两种经典计算如下。

（1）求和

求1+2+3+……+100的值，具体代码如下：

```
Public Sub ex1()
s=0
For i=1 to 100
  s=s+i
Next i
Msgbox s
End Sub
```

（2）计数

统计1～100范围内有多少个数能被3整除，具体代码如下：

```
Public Sub ex1()
c=0
For i=1 to 100
  If i mod 3 =0 Then
       c=c+1
  End if
Next i
Msgbox c
End Sub
```

2. 条件循环Do…Loop

当循环的次数不确定，而是通过某种逻辑判断是否循环时，一般采用Do…Loop循环结构。根据循环开始与终止的逻辑条件的不同，Do…Loop循环结构有以下4种形式。

（1）Do While…Loop

语法格式如下：

```
Do While条件表达式
    语句块(循环体)
    [Exit Do]
Loop
```

（2）Do Until…Loop

语法格式如下：

```
Do Until条件表达式
    语句块(循环体)
    [Exit Do]
Loop
```

（3）Do…Loop While

语法格式如下：

```
Do
    语句块(循环体)
    [Exit Do]
Loop While条件表达式
```

（4）Do…Loop Until

语法格式如下：

```
Do
    语句块(循环体)
    [Exit Do]
Loop Until条件表达式
```

说明如下。

① 关键字While和Until都用来设置Do…Loop结构的循环条件。

② While后的条件表达式的值为False，则结束当前循环；值为True，则继续当前循环。

③ Until后的条件表达式的值为True，则结束当前循环；值为False，则继续当前循环。

④ 循环条件放在循环开始处即Do语句后，如结构（1）和结构（2），先判断条件再决定是否执行循环体中的语句块，Loop语句执行后，跳回到Do语句，进行下一次的条件判断。

⑤ 循环条件放在循环结尾处即Loop语句后，如结构（3）和结构（4），先执行一次循环体语句块，再判断条件以决定是否继续执行循环。若继续执行循环，则跳回到Do语句再执行一次循环体语句块。此结构可以保证循环体语句块至少被执行一次。

⑥ Exit Do语句的功能为退出当前的Do…Loop循环，一般将其包含在条件语句中，使程序在满足某一条件后，自动结束循环。

⑦ Do…Loop循环的循环体语句块中一定要有相关语句来改变循环条件，使循环得以终止；否则，循环永远不会终止，这种循环称为死循环。

用Do…Loop循环实现求1～100的和，具体代码如下：

```
Public Sub ex1()
s=0
i=1
Do While i<=100
   s=s+i
   i=i+1
Loop
Msgbox s
End Sub
```

请读者尝试用Do…Loop循环的其他3种形式实现求1～100的和。

7.5 VBA程序与宏

在第6章中介绍过宏操作，宏操作就是基于VBA程序来实现的。本节将介绍VBA程序与宏的常用操作。

7.5.1 将宏转换成VBA程序

下面通过一个简单的例子来讲解宏是如何转换成VBA程序的。

【例7.18】将一个宏转换为VBA程序，具体操作步骤如下。

① 单击“创建”选项卡中“宏与代码”组中的“宏”按钮，如图7-25所示。

图7-25 单击“宏”按钮

② 在宏设计器中添加一个名为“MessageBox”的宏操作，如图7-26所示。

③ 单击“宏工具→设计”选项卡“工具”组中的“将宏转换为Visual Basic代码”按钮，如

图7-27所示；在弹出的“转换宏:宏1”对话框中单击“转换”按钮，如图7-28所示。

④ 在VBA代码窗口中，可以看到“被转换的宏—宏1”，如图7-29所示。

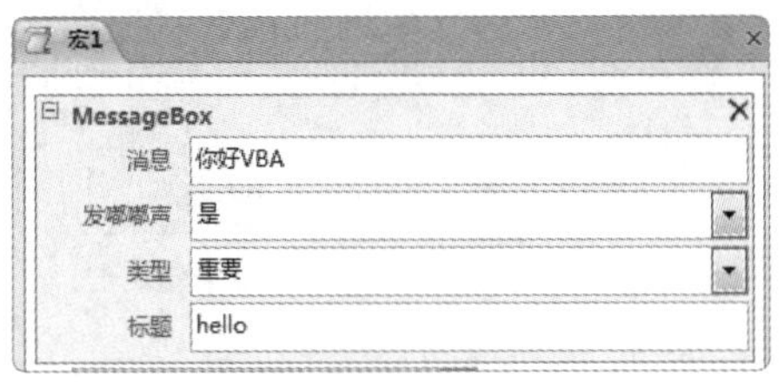

图 7-26 添加宏操作

图 7-27 单击“将宏转换为 Visual Basic 代码”按钮

图 7-28 单击“转换”按钮

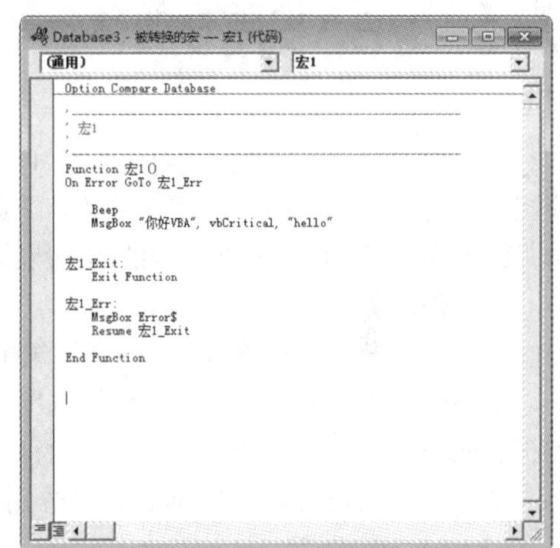

图 7-29 被转换的宏

从图7-29所示的VBA代码中可以看出，添加的宏操作MessageBox实际上对应一段用VBA编写的代码，其主体功能由VBA内部函数MsgBox()实现。

相对于宏而言，VBA程序支持循环结构，实现方式也更灵活。

7.5.2 在VBA程序中执行宏

在VBA代码中，使用DoCmd对象的RunMacro()方法，可以执行已创建好的宏。其语法格式为：DoCmd.RunMacro宏名,重复次数,重复表达式。

参数说明如下：

① 宏名：要运行的宏的名称。此参数为必选参数。

② 重复次数：宏将运行的次数。如果将此参数设置为空，则该宏将运行一次。

③ 重复表达式：计算结果为True（-1）或False（0）的表达式，每当宏运行时都会计算该表达式。如果表达式的计算结果为False，宏将停止运行。

【例7.19】创建宏并在VBA程序中调用它，具体操作步骤如下。

① 创建包含MessageBox宏操作的宏并命名为“宏1”。

② 创建一个VBA模块并在模块中创建过程。

③ 过程代码如图7-30所示。

④ 运行代码后弹出结果对话框，如图7-31所示。若设置“重复次数”参数为“2”，则此对话框会弹出两次。

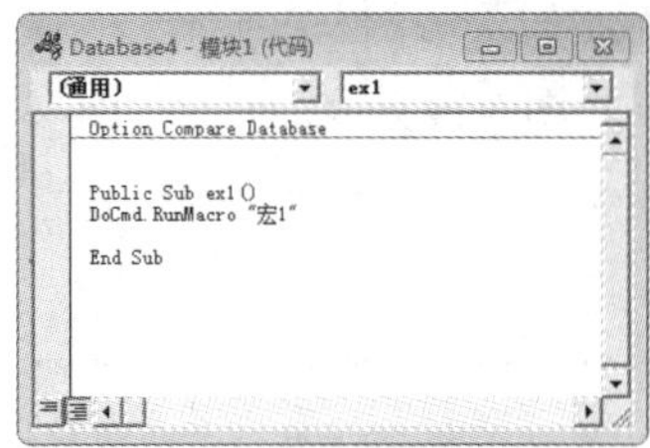

图 7-30　过程代码

图 7-31　结果对话框

7.6 VBA程序与窗体

在前面的章节中，我们学习了创建和设计窗体的方法以及用于交互的控件。对于这些控件，应当熟悉其外观、属性和可触发的事件。下面将窗体与VBA程序结合，设计界面美观的实用程序。

【例7.20】 创建一个100以内的加法测验工具，具体操作步骤如下。

（1）创建窗体

① 单击“创建”选项卡中“窗体”组中的“窗体设计”按钮。

② 单击“窗体设计工具→设计”选项卡中“控件”组的相应按钮，向窗体中添加3个空白文本框、两个标签、两个按钮，并修改其标题，窗体设计如图7-32所示。

③ 从左至右设置3个文本框的名称分别为Text0、Text2、Text5。

（2）编写事件代码

① 选中“出题”按钮，在“属性表”窗格的“事件”选项卡中将“单击”事件设置为“[事件过程]”，如图7-33所示。

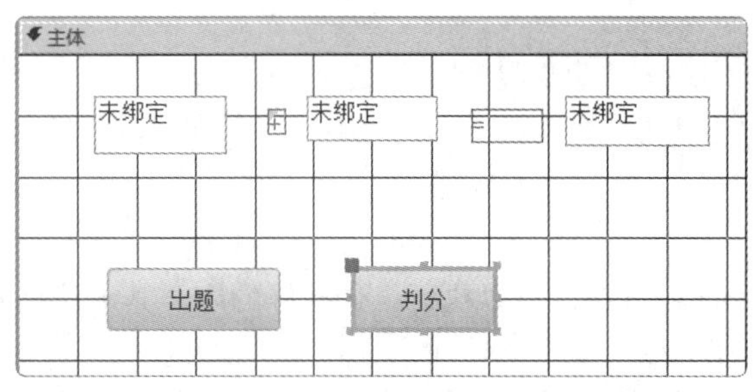

图 7-32　窗体设计

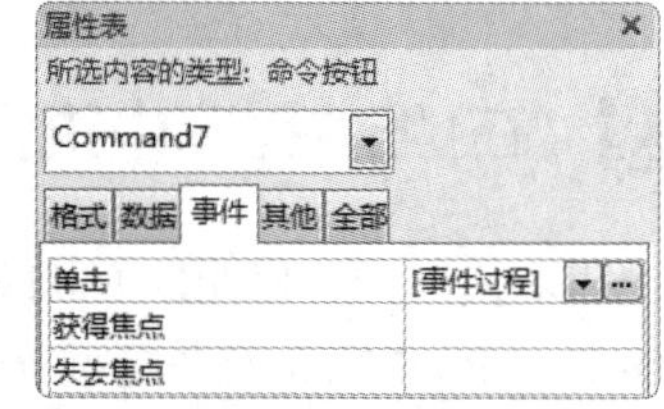

图 7-33　设置“出题”按钮的“单击”事件

② 单击“[事件过程]”右侧的按钮，打开代码编辑窗口，编写如下代码：

```
Private Sub Command7_Click()
Randomize
a = Fix(Rnd()* 90)+ 10
b = Fix(Rnd()* 90)+ 10
Text0.SetFocus
Text0.Text = a
Text2.SetFocus
Text2.Text = b
End Sub
```

③ 选中“判分”按钮，在“属性表”窗格的“事件”选项卡中将“单击”事件设置为“[事件过程]”。单击“[事件过程]”右侧的…按钮，打开代码编辑窗口，编写如下代码：

```
Private Sub Command8_Click()
Text5.SetFocus
c = Val(Text5.Text)
Text0.SetFocus
a = Val(Text0.Text)
Text2.SetFocus
b = Val(Text2.Text)
If a + b = c Then
      MsgBox ("恭喜答对!")
Else
      MsgBox ("错了!")
End If
End Sub
```

（3）执行程序

① 在“Form_窗体1”上单击鼠标右键，在弹出的快捷菜单中执行“查看对象”命令，如图7-34所示，切换回窗体界面。

② 在窗体1标签上单击鼠标右键，在弹出的快捷菜单中执行“窗体视图”命令，如图7-35所示，切换至窗体视图。

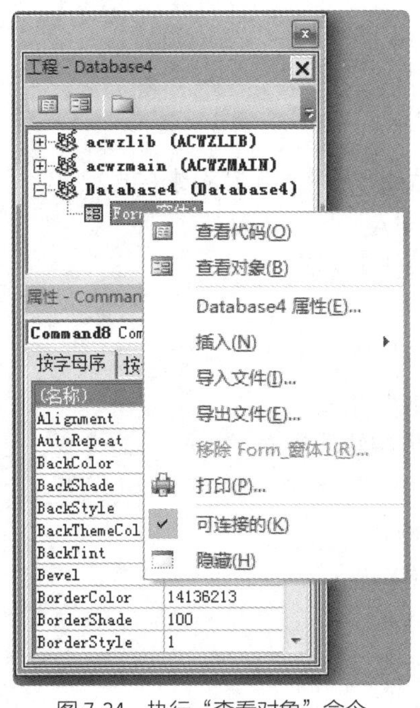

图7-34 执行“查看对象”命令

图7-35 执行“窗体视图”命令

③ 运行程序，单击“出题”按钮，则前两个文本框会自动产生1～100的随机数。手动在第3个文本框中填入计算结果，单击“判分”按钮，则会根据答案返回对错信息。

④ 答错时的提示信息如图7-36所示，答对时的提示信息如图7-37所示。

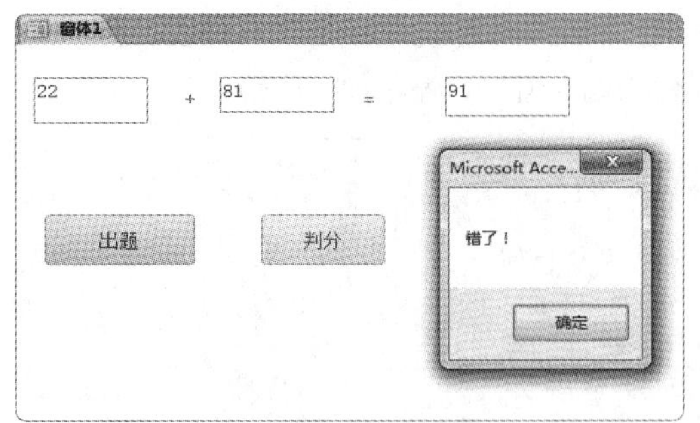

图 7-36　答错时的提示信息

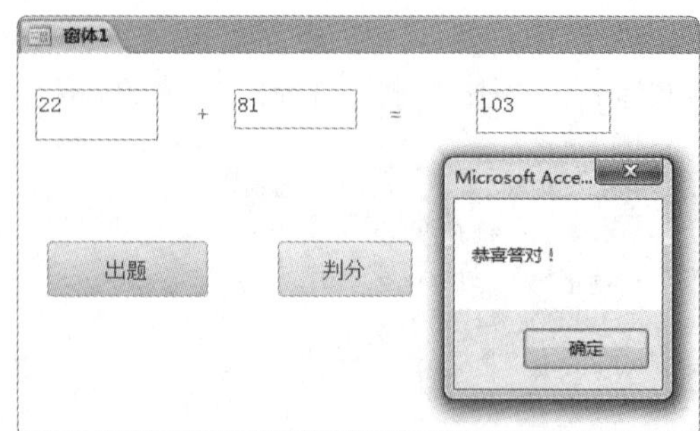

图 7-37　答对时的提示信息

本章小结

本章主要介绍了算法的基本概念及其表示方法，常用的基本算法，VBA的编程环境及基本语法、数据类型、运算规则与程序结构，以及如何将VBA与宏和窗体结合来设计出实用的程序。本章内容为读者学习后续的数据库编程奠定了基础。

习题 7

一、单选题

1. 与宏的操作相同的功能都可以在模块对象中通过编写（　　）语句来实现。

   A. SQL　　B. VBA

   C. VB　　D. 以上都不是

2. 下面属于VBA常用标准数据类型的是（　　）。

   A. 数值型　　B. 字符型

   C. 货币型　　D. 以上都是

3. 在VBA中，表达式4 * 6 Mod 16 / 4 * (2 + 3) 的运算结果是（　　）。

   A. 4　　B. 10

   C. 16　　D. 80

4. VBA的逻辑值在进行算术运算时，True被当作（　　）。

   A. 0　　B. -1

   C. 1　　D. 任意值

5. 下列变量名中，符合VBA命名规则的是（　　）。

   A. 3M　　B. Time.txt

   C. Dim　　D. Sel_One

6. VBA中用来声明静态变量的是（　　）。

   A. Public　　B. Private

   C. Static　　D. Dim

二、填空题

1. VBA程序中用于流程控制的3种结构分别为________、________、________。
2. 在VBA中，能自动检查出来的错误是________________。
3. VBA的全称是________________。
4. 在VBA中，双精度类型的标志是________________。
5. 由 For i=1 to 9 Step −3决定的循环结构，其循环体将被执行________次。
6. 要显示当前过程中的所有变量及对象的值，可以利用____________窗口。

三、编程题

使用VBA设计一个程序，计算10以内任一自然数的阶乘。

注意：n的阶乘记作$n!=1\times 2\times 3\times \dots \times n$。

第8章 VBA数据库编程

VBA是由微软公司开发的一种通用的自动化编程语言，能够应用于微软的桌面应用程序中。VBA主要用来扩展Windows操作系统的应用程序功能，Access提供的VBA编程语言中内置了功能丰富的函数，高级用户可以使用VBA开发功能更丰富、更多样化的数据库系统。本章主要介绍VBA应用于数据库的常用技术和方法。通过学习本章内容，读者可以创建自定义的解决方案，快速、有效地管理数据库，开发出更具使用价值的数据库应用程序。

本章的学习目标如下。

① 了解数据库引擎及其体系结构。

② 熟悉VBA数据库编程常用的几种数据库访问技术。

③ 熟练掌握使用DAO和ADO访问技术读取和修改数据库中数据的方法。

④ 熟练掌握应用VBA数据库编程技术完善数据库功能的方法。

8.1 VBA数据库编程技术概述

8.1.1 Access中的数据库引擎及其体系结构

数据库引擎是用于存储、处理和保护数据的核心，可以创建用于存储数据的表及用于查看、管理和保护数据安全的数据库对象。数据库引擎以一种通用的接口形式，建立应用程序与数据库之间的连接和交互。VBA通过数据库引擎完成对数据库的访问。这些数据库引擎相当于一组动态链接库（Dynamic Link Library，DLL），在运行时被链接到VBA程序，从而实现对数据库的访问功能。可以说，它们是应用程序和数据库之间的桥梁。

VBA使用的数据库引擎技术主要有Microsoft连接性引擎技术（Joint Engine Technology，JET）和Microsoft Access数据库引擎（ACE）技术。其中，通过JET可以访问Office 97～2003。在Access 2007以后，JET已被ACE引擎替代。ACE是随着Office 2007一起发布的集成和改进后的Microsoft Access数据库引擎，既可以访问Office 2007及以后的版本，也可以访问Office 97～2003。

Access 2016数据库应用体系结构包括Access用户界面（Access User Interface，Access

UI）、ACE、数据库文件和数据服务，如图8-1所示。

① Access用户界面：决定用户通过查询、窗体、宏、报表等查看、编辑和使用数据的方式。

② ACE：提供核心数据库管理服务。

③ 数据库文件：Access 2016支持.accdb、.accde、.accdr、.mdb、.mde等文件格式。

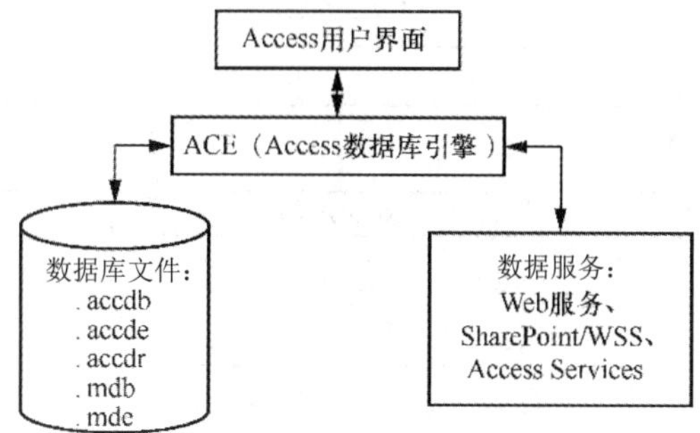

图 8-1 Access 2016 数据库应用体系结构

④ 数据服务：包括数据存储、数据定义、数据完整性、数据操作、数据检索、数据加密、数据共享、数据发布、数据导入/导出和链接等数据库管理服务。

- 数据存储：该项服务主要负责将数据存储至文件系统中。
- 数据定义：该项服务提供创建、编辑或删除用于存储表、字段等数据的结构的功能。
- 数据完整性：该项服务定义了一系列用于防止数据损坏的关系规则，且在使用数据库时需严格遵守并强制执行该系列规则。
- 数据操作：该项服务保证对数据库内现有数据进行添加、编辑、删除或排序等功能的使用。
- 数据检索：该项服务提供使用SQL检索系统中数据的功能。
- 数据加密：该项服务保证数据的安全性，保护数据不被未经授权的用户和程序使用。
- 数据共享：该项服务给多用户网络共享数据提供支持。
- 数据发布：该项服务提供发布数据的功能，并支持在客户端或服务器Web环境中的数据发布工作。
- 数据导入/导出和链接：该项服务保证Access 2016可以处理来自Web服务数据、SharePoint/WSS等不同数据源的数据。

8.1.2 Access中的数据库访问技术

为了可以从任意类型计算机上的任意应用程序中访问任意类型的数据源，微软公司提出了通用数据访问（Universal Data Access，UDA）技术。

UDA技术提供简洁的数据访问层来解决异构数据访问的问题，使程序员可以使用统一的接口访问包括SQL类型数据、No SQL（Not Only SQL，非关系型数据库）类型数据、大型机及遗留数据等在内的不同类型的数据源。UDA技术的关键是数据访问的透明性，其主要技术是OLE DB（Object Linking and Embedding Database，对象连接与嵌入数据库）的低级数据访问组件结构和ADO（Data Access Object，数据访问对象）对应于OLE DB的高级编程接口技术。UDA技术的逻辑结构如图8-2所示。

数据库访问接口是实现VBA与数据库后台连接的方法和途径。微软公司提供了ODBC、DAO、OLE DB、ActiveX数据对象（ActiveX Data Object，ADO）和ADO.NET 5种适用于Access的数据库访问接口。

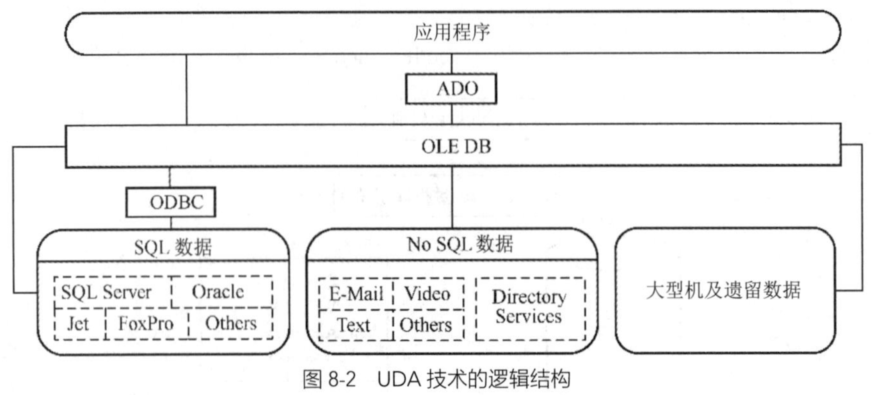

图 8-2　UDA 技术的逻辑结构

Access 2016支持其中4种数据库访问接口——ODBC、DAO、OLE DB和ADO。

1．ODBC

ODBC是一种关系数据源的界面接口。ODBC基于SQL，把SQL作为访问数据库的标准，一个应用程序可通过一组通用代码访问不同的数据库管理系统。ODBC可以为不同的数据库提供相应的驱动程序。Windows操作系统提供的ODBC驱动程序（32位/64位）适用于每一种客户端/服务器（C/S）RDBMS（Relational Database Management System，关系数据库管理系统）以及采用索引顺序访问方法（Indexed Sequential Access Method，ISAM）的数据库（dBase、FoxBASE和FoxPro等）。

在Access中使用ODBC时，需要使用大量的VBA函数进行声明，编程过程烦琐，重复度高。因此，在实际编程应用中较少使用ODBC接口访问数据库。

2．DAO

DAO是一种面向对象的界面接口，它提供一个访问数据库的对象模型，用其中定义的一系列数据访问对象（如Database、QueryDef、RecordSet等）实现对数据库的多种操作。DAO是微软公司最初为Access开发人员提供的专用数据访问方法。

DAO适合单系统应用程序或小范围本地分布使用，封装了数据库应用程序中所有对数据源的访问操作，使用起来方便、快捷。因此，当Access作为本地数据库应用时，常用DAO访问数据库。

3．OLE DB

OLE DB是微软公司战略性的、用于连接不同数据源的低级应用程序接口。OLE DB不仅支持标准数据接口ODBC的SQL，还具有面向其他非SQL的通道，是Microsoft系统级别的编程接口。OLE DB是支撑ADO的基本技术。

OLE DB定义了一组COM（Component Object Model，组件对象模型）接口规范，COM封装了使用通用数据访问细节的数据库管理系统服务。这种组件模型的主要部分介绍如下。

① 数据提供者（Data Provider）：通过OLE DB提供数据的软件或组件，例如SQL Server数据

库中的数据表或.mdb格式的Access文件等。

② 数据使用者（Data Consumer）：访问和使用OLE DB来获取数据的软件或组件，例如数据库应用程序、网页及访问不同数据源的开发工具和语言。

③ 服务组件（Service Component）：完成数据提供者与数据使用者之间数据传递工作的可重用功能组件。例如，在数据使用者向数据提供者要求数据时，通过OLE DB服务组件的查询处理器进行查询工作，而查询结果由指针引擎来管理。

OLE DB以数据提供者和数据使用者概念为中心，数据提供者将数据以表格的形式传递给数据使用者。OLE DB设计了简单易用的COM组件，数据使用者可以使用任意支持COM组件的编程语言访问数据源。

4．ADO

ADO是基于COM的自动化数据库编程接口。ADO通过COM组件能够访问多种数据类型的连接机制，可以方便地连接任何符合ODBC标准的数据库。

分析DAO和ADO两种数据访问技术可知，ADO对DAO使用的层次对象模型进行了扩展和改进，用较少的对象，更多的属性、方法、参数及事件来进行数据库访问操作，是当前开发数据库的主流技术。Access 2016同时支持ADO（ADO+ODBC、ADO+OLE DB）和DAO的数据访问。

VBA可访问的3种数据库如下。

① 本地数据库，如Access。

② 外部数据库。

③ ODBC数据库，即所有遵循ODBC标准的C/S数据库，如Oracle、Sybase、SQL Server。

8.1.3 数据访问对象

数据访问对象是VBA提供的一种面向对象的数据访问接口。借助VBA，用户可以根据需要自定义访问数据库的操作和方法，包括创建数据库、定义表和查询等。

1．引用DAO库

因为创建数据库时系统不能自动引用DAO库，所以需要用户在确认系统安装有DAO后自行设置DAO库的引用。在Access中，引用DAO库的方法如下。

① 在VBA编程环境中，执行“工具”菜单中的“引用”命令，打开相应的对话框。

② 在“可使用的引用”列表框中勾选“Microsoft Office 16.0 Access Database Engine Object Library”复选框，出现复选标志“√”后，单击“确定”按钮。

2．DAO模型结构

DAO模型是设计关系数据库系统的对象类集合，提供了管理关系数据库系统所需的全部操作的属性和方法，包括创建数据库，定义表、字段和索引，建立表间的关系，定位和查询数据库等。DAO模型结构如图8-3所示，其中主要包括DBEngine、Workspace（s）、Database（s）、RecordSet（s）、Field（s）、QueryDef（s）和Error（s）这7种对象。

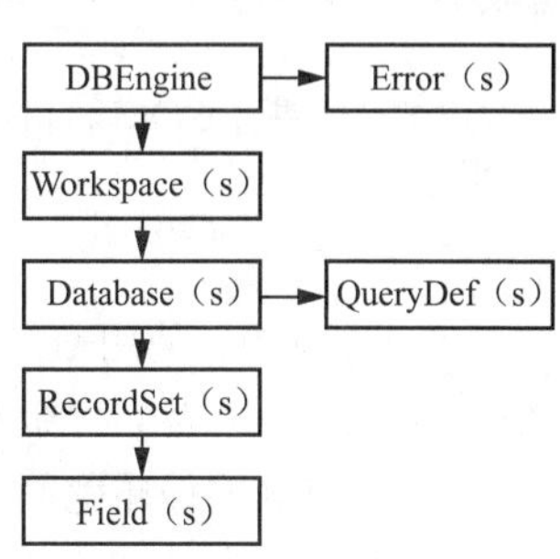

图 8-3 DAO 模型结构

① DBEngine对象：位于DAO模型的顶层，表示Microsoft Jet数据库引擎，是模型中唯一不被其他对象包含的对象，包含并控制DAO模型中的其他对象。

② Workspace（s）对象：表示工作区，可以使用隐式的Workspace（s）对象。

③ Database（s）对象：表示操作的数据库对象。

④ RecordSet（s）对象：表示数据库操作返回的记录集，即一个数据记录的集合。该集合的记录可来自一个表、一个查询或一条SQL语句的执行结果。

⑤ Field（s）对象：表示记录集中的字段数据。

⑥ QueryDef（s）对象：表示数据库查询信息。

⑦ Error（s）对象：表示数据提供程序出错时的扩展信息。

3．用DAO访问数据库

在使用DAO访问数据库时，首先在VBA中设置对象变量，然后通过对象变量调用访问对象的方法、设置访问对象的属性，从而实现对数据库的访问。定义DAO对象时需要在对象前面加上前缀“DAO.”。

使用DAO访问数据库的一般语句如下：

```
Dim ws As DAO.Workspace                              '定义Workspace对象
Dim db As DAO.Database                               '定义Database对象
Dim rs As DAO.RecordSet                              '定义RecordSet对象
Dim fd As DAO.Field                                  '定义Field对象
                                                     '通过Set语句设置各个对象变量的值
Set ws=DBEngine.Workspace(0)                         '打开默认工作区
Set db=ws.OpenDatabase <数据库的地址和文件名>          '打开数据库
Set rs=db.OpenRecordSet <表名、查询名或SQL语句>        '打开记录集
Do While Not rs.EOF                                  '循环遍历整个记录，直至末尾
…                                                    '对字段进行多种操作
rs.MoveNext                                          '记录指针移到下一条记录
Loop                                                 '返回到循环开始处
rs.Close                                             '关闭记录集
db.Close                                             '关闭数据库
Set rs=Nothing                                       '释放记录集对象变量所占的内存空间
Set db=Nothing                                       '释放数据库对象变量所占的内存空间
```

如果将Access作为本地数据库使用，可以省略定义Workspace对象变量的语句，打开工作区和打开数据库的两条语句可使用“Set db=CurrentDb()”一条语句替代。该语句是Access 2016中的VBA为DAO提供的数据库打开快捷方式。

8.1.4 ActiveX数据对象

ActiveX数据对象

ADO是基于COM的自动化数据库编程接口。

1．设置ADO引用

在Access中，使用ADO的各个组件对象时需要设置ADO库的引用。Access中提供了2.0、2.1、2.5、2.6、2.7、2.8及6.1等版本的ADO引用库，其设置方法与8.1.3小节中设置DAO库的方法类似。

① 在VBA编程环境中，执行“工具”菜单中的“引用”命令，打开相应的对话框。

② 在“可使用的引用”列表框中勾选“Microsoft ActiveX Data Objects 6.1 Library”或其他版

本的复选框，出现复选标志“√”后，单击“确定”按钮。

注意：Access能够同时支持DAO和ADO的数据库访问。

在设置完成后，当新建一个Access文件（.accdb）时，Access会自动增加对ACE引擎（Microsoft Office 16.0 Access Database Engine Object Library）的引用。此时，辅以相应的数据库引用，VBA可以同时兼容使用DAO和ADO访问数据库的有关操作。

需要注意的是，从DAO和ADO的模型结构中可以看出，两者存在一些同名对象（如Field对象、RecordSet对象）。为了避免DAO和ADO因同名对象存在歧义而可能产生错误，因此，在引用ADO库与DAO库中同名的对象时，需要在ADO对象名前加上“ADODB.”前缀，用以区分与DAO库中同名的ADO对象。

例如，Dim fd As NEW ADODB.Field语句，用于定义一个ADO类型库的Field对象变量fd。

2．ADO模型结构

ADO模型是一系列对象的集合，其对象不分级，可直接创建（Field对象和Error对象除外）。在使用ADO访问数据库时，可以直接在程序中创建对象变量来链接数据库，通过定义好的对象变量来调用访问对象方法、设置访问对象属性，实现数据库的各项访问操作。ADO模型结构如图8-4所示，其中主要包括Connection、Command、RecordSet、Field（s）和Error（s）这5种对象。

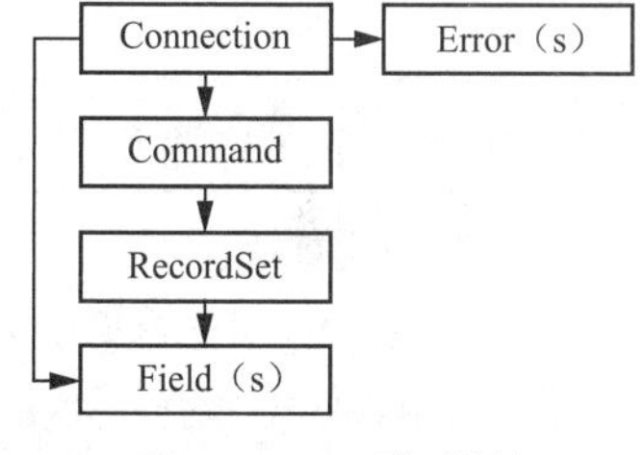

图 8-4 ADO 模型结构

① Connection对象：用于建立与数据库的连接，通过连接可以使应用程序访问数据库。

② Command对象：用于表示一个命令，在建立数据库连接后，可以发出命令来操作数据库。

③ RecordSet对象：用于表示数据库操作返回的记录集，即一个数据记录的集合。该集合的记录可来自一个表、一个查询或一条SQL语句的执行结果。

④ Field（s）对象：用于表示记录集中的字段数据。

⑤ Error（s）对象：用于表示数据提供程序出错时的扩展信息。

3．主要ADO对象的使用方法

ADO对象不分级，各对象之间存在一定的联系。了解和掌握ADO对象的功能、各对象间的联系形式和联系方法是使用ADO技术的基础。ADO对象间的联系如图8-5所示。

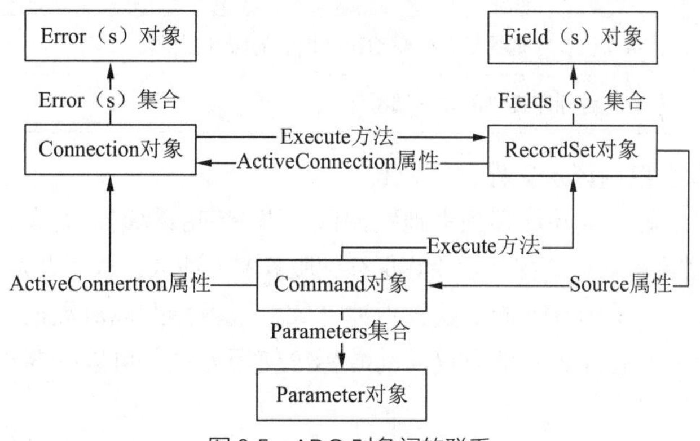

图 8-5 ADO 对象间的联系

在使用ADO访问数据库的过程中，对数据进行存取所需的主要对象操作包括连接数据源、打开记录集对象或执行查询、使用数据集。

（1）连接数据源

Connection对象可以建立应用程序与数据库的连接，即使用Connection对象的Open()方法可以创建数据源的连接。

语法规则如下：

```
Dim cn As new ADODB.Connection                          '定义Connection对象变量cn
cn.Open [ConnectionString] [,UserID] [,PassWord] [,OpenOptinos]   '打开连接
```

参数说明如下。

ConnectionString：可选参数，用于连接数据库信息，需要体现OLE DB主要环节的数据提供者的信息。连接各种类型的数据源需要使用规定的数据提供者。

在具体编程过程中，可以在定义了连接对象变量后、调用连接对象变量的Open()方法之前，设置该连接对象变量的数据提供者。例如，连接对象变量cn的数据提供者（Access数据源）的设置方式如下：

```
cn.Provider="Microsoft.ACE.OLEDB. 16.0"                 '设置cn的数据提供者
```

参数说明如下。

① UserID：可选参数，用于确定建立连接的用户名。

② PassWord：可选参数，用于确定建立连接的用户密码。

③ OpenOptions：可选参数。若其值为adConnectAsync，连接可支持异步打开。

此外，在利用Connection对象连接数据库之前，还需考虑记录集的游标位置。它是通过CursorLocation属性进行设置的。

语法规则如下：

```
cn. CursorLocation=Location                             '记录游标位置
```

参数说明如下。

Location：用于指明记录集的存放位置，其具体取值及说明如表8-1所示。

表8-1　Location的取值及说明

常量	值	说明
adUseServer	2	默认值。数据提供者或驱动程序提供的服务器游标
adUseClient	3	本地游标库提供的客户端游标

CursorLocation属性控制记录集保存的位置。

客户端游标将记录集下载并保存到本地缓冲区。当查询的数据量庞大时，会严重占用网络资源。与之相比，服务器游标可以直接将记录集保存到服务器缓冲区，从而大大提高页面的处理速度。

服务器游标和客户端游标有不同的数据缓冲方式，服务器游标对数据变化的敏感性强；客户端游标处理记录集的速度有优势，辅以仅向前游标等使用方式，可以提高程序性能，减少对网络资源的占用。

在获取数据集并修改数据库中数据后，使用服务器游标，辅以动态游标的方式就可以获取最新数据。与之相较，使用客户端游标就无法同步更新因动态数据操作产生的数据变化。

（2）打开记录集对象或执行查询

RecordSet对象是一个数据记录的集合，该集合是通过数据库操作返回的结果集。执行查询时根据应用需求，对访问和连接的数据库中的目标表直接进行追加、更新和删除记录的操作。

打开记录集只涉及记录集的操作；执行查询包括打开记录集并执行查询两个部分的操作。上述操作一般包括3种处理方法：调用记录集的Open()方法打开记录集；调用Connection对象的Execute()方法；调用Command对象的Execute()方法。其中后两种方法是执行查询需要使用的方法。

① 记录集的Open()方法，语法规则如下：

```
Dim rs As new ADODB. RecordSet                     '定义RecordSet对象变量rs
                                                   '打开记录集
rs.Open [Source] [,ActiveConnection] [,CursorType] [,LockType] [,Options]
```

参数说明如下。

- Source：可选参数，用于打开记录集的信息，可以是表名、查询名或SQL语句等。
- ActiveConnection：可选参数，可以是已打开的Connection对象名或包含ConnectionString参数的字符串。
- CursorType：可选参数，用于确定打开记录集对象使用的游标类型，其具体取值及说明如表8-2所示。

表8-2　CursorType的取值及说明

常量	值	说明
adOpenForwardOnly	0	默认值。除在记录中只能向前滚动以外，均与静态游标相同
adOpenKeyset	1	键集游标。不能访问其他用户删除的记录。除无法查看其他用户添加的记录以外，均与动态游标相同
adOpenDynamic	2	动态游标，能够查看其他用户添加、更新和删除的记录。允许RecordSet中的所有移动类型
adOpenStatic	3	静态游标，用于查找数据。其他用户的操作不可见
adOpenUnspecified	-1	不指定游标类型

需要注意的是，游标类型直接影响打开数据集的有关操作，决定记录集对象支持和使用的属性和方法。

- LockType：可选参数，打开记录集对象使用的锁定类型，其具体取值及说明如表8-3所示。

表8-3　LockType的取值及说明

常量	值	说明
adLockReadOnly	1	只读记录。不能改变数据，速度最快
adLockPessimistic	2	逐个记录保守式锁定，又称“悲观锁定”。通常在编辑之前，在数据源锁定记录，因此数据提供者要确保成功编辑记录
adLockOptimistic	3	记录开放式锁定，又称“乐观锁定”。仅在调用记录的Update()方法时锁定记录
adLockBatchOptimistic	4	开放式批更新记录，又称“批乐观锁定”。需要批更新模式
adLockUnspecified	-1	不指定锁定类型

- Options：可选参数，提供者计算Sourse参数的方式，是长整型数据，其具体取值及说明如表8-4所示。

表8-4 **Options的取值及说明**

常量	值	说明
adCmdText	1	根据命令或存储过程调用的文本定义计算CommandText
adCmdTable	2	根据表名计算CommandText
adCmdStoredProc	4	根据存储过程名计算CommandText
adCmdUnknown	8	默认值，指明CommandText属性中未知的命令类型
adCmdFile	256	根据长久存储的Recordset的文件名计算CommandText。只和RecordsetOpen或Requery一起使用
adCmdTableDirect	512	根据表名计算CommandText，返回该表的全部字段。使用时只和RecordsetOpen或Requery一起使用；如需使用Seek方法，必须通过adCmdTableDirect打开Recordset。
adCmdUnspecified	-1	不指定命令类型的参数

② Connection对象的Execute()方法，语法规则如下：

```
Dim cn As new ADODB.Connection                          '定义Connection对象变量cn
…                                                       '打开连接等
Dim rs As new ADODB. RecordSet                          '定义RecordSet对象变量rs
'对于返回记录集的命令字符串
Set rs=cn.Execute(CommandText [,RecordsAffected] [,Options])
'对于不返回记录集的命令字符串，执行查询
Cn.Execute CommandText [,RecordsAffected] [,Options]
```

参数说明如下。

- CommandText：字符串，用于返回表名、存储过程、指定文本或要执行的SQL语句等。
- RecordsAffected：可选参数，用于返回执行查询操作的记录数，是长整型数据。
- Options：可选参数，用于指明CommandText参数的处理方式，是长整型数据。

③ Command对象的Execute()方法，语法规则如下：

```
Dim cn As new ADODB.Connection                          '定义Connection对象变量cn
Dim cm As new ADODB. Command                            '定义Command对象变量cm
…                                                       '打开连接等
Dim rs As new ADODB. RecordSet                          '定义RecordSet对象变量rs
'对于返回记录集的命令字符串
Set rs=cm.Execute([RecordsAffected] [,Parameters] [,Options])
'对于不返回记录集的命令字符串，执行查询
Cm.Execute [RecordsAffected] [,Parameters] [,Options]
```

参数说明如下。

- RecordsAffected：可选参数，用于返回执行查询操作的记录数，是长整型数据。
- Parameters：可选参数，是用SQL语句传递的参数值，是变体型数据。
- Options：可选参数，指明CommandText参数的处理方式，是长整型数据。

（3）使用数据集

在连接数据库、获取记录集并定位记录后，可以对记录进行检索、追加、更新和删除等操作。

① 定位记录。ADO提供了不同的定位指针和移动指针的方法，主要包括Move()方法和MoveXXXX()方法两种。

Move()方法的语法规则如下：

```
rs.Move NumRecords[,Start]                          'rs是 RecordSet对象变量
```

参数说明如下。

- NumRecords：用于指定指针从当前记录位置移动到目标位置的记录数，是带符号的长整型数据。
- Start：可选参数，主要用于书签的计算，是字符串型或变体型数据。也可以使用Bookmark Enum值。

MoveXXXX()方法的语法规则如下：

```
rs.{Move First | MoveLast | MoveNext | MovePrevious} 'rs是 RecordSet对象变量
```

参数说明如下。

- Move First：用于将记录指针从当前位置移动到记录集中的第一条记录。
- Move Last：用于将记录指针从当前位置移动到记录集中的最后一条记录。
- Move Next：用于将记录指针从当前位置向后（向记录集底部）移动一条记录。
- Move Previous：用于将记录指针从当前位置向前（向记录集顶部）移动一条记录。

在使用该方法时需要注意，当记录集为空时（即BOF和EOF的值均为True），调用MoveFirst()方法或MoveLast()方法都会产生错误。如果最后一条记录是当前记录，那么调用MoveNext()方法时，ADO会将当前记录位置设置为记录集中的最后一条记录，并将EOF的值设为True；如果第一条记录是当前记录，那么调用MovePrevious()方法时，ADO会将当前记录位置设置为记录集中的第一条记录，并将BOF的值设为True。

② 检索记录。ADO主要使用Find()方法和Seek()方法快速查询和检索记录集中的数据。

Find()方法语法规则如下：

```
rs.Find Criteria[, SkipRows] [, SearchDirection] [, Start\] 'rs是 RecordSet对象变量
```

参数说明如下。

- Criteria：字符串型数据，包括检索需要的字段名、比较操作符和值；只支持单字段检索，不支持多字段检索；比较操作符可以用>、<、=、>=、<=、<>，也可使用关键词LIKE进行模式匹配；Criteria的值可以是字符串、浮点数或者日期。
- SkipRows：可选参数，用于指定从当前行或从Start指定的行偏移位置开始搜索，是长整型数值且默认值为0。在默认情况下，搜索从当前行开始进行。
- SearchDirection：可选参数，用于指定从当前行开始搜索，或者从搜索方向的下一个有效行开始搜索，其具体取值及说明如表8-5所示。

表8-5 SearchDirection的取值及说明

常量	值	说明
adSearchForward	1	在Recordset的结尾处停止不成功的搜索
adSearchBackward	-1	在Recordset的开始处停止不成功的搜索

- Start：可选参数，用于标记搜索的开始位置，是变体型书签。

例如，语句rs.Find "姓名 LIKE '诸葛*'"可用于查找记录集rs中“姓名”字段中有“诸葛”的所有记录，检索成功后指针移动到记录集中第一条包含“诸葛”的记录。

Seek()方法的语法规则如下：

```
rs. Seek KeyValues, SeekOption                    'rs是 RecordSet对象变量
```

参数说明如下。

- KeyValues：变体型数组，其索引属性由一个或多个字段组成，并且该数组包含与每个对应字段做比较的值。
- SeekOption：用于指定在索引的列与相应KeyValue之间进行比较的类型，其具体取值及说明如表8-6所示。

表8-6 SeekOption的取值及说明

常量	值	说明
adSeekFirstEQ	1	查找等于KeyValues的第一个关键字
adSeekLastEQ	2	查找等于KeyValues的最后一个关键字
adSeekAfterEQ	4	查找等于KeyValues的关键字，或仅在已匹配过的位置后进行查找
adSeekAfter	8	仅在已匹配的位置后进行查找
adSeekBeforeEQ	16	查找等于KeyValues的关键字，或仅在已匹配过的位置前进行查找
adSeekAfter	32	仅在已匹配的位置前进行查找

Seek()方法相对于Find()方法而言检索效率更高。需要注意的是，Seek()方法有更严格的使用条件：必须用adCmdTableDirect方式打开记录集；必须提供支持记录集对象的索引，并结合索引属性一起使用。

③ 新增记录。ADO使用AddNew()方法在记录集中添加新记录，其语法规则如下。

```
rs.AddNew [FieldList] [,Values]                    'rs是 RecordSet对象变量
```

参数说明如下。

- FieldList：可选参数，是一个字段名或者一个字段数组名。
- Values：可选参数，是对要添加字段赋的值。

当新增一条非空记录时，需要根据已有数据表中的字段按序填写对应数值。如果FieldList是一个字段名，Values必须是一个数值；如果FieldList是一个字段数组名，Values必须是一个类型与之匹配的数组。在实际使用时需要注意，在使用AddNew()方法新增记录后，应使用Update()方法更新数据库来存储新增记录。

④ 修改记录。修改记录即对记录集中已有记录进行重新赋值。例如，在使用SQL语句查找需要修改的记录后，用AddNew()方法重新赋值。在实际使用时需要注意，在修改记录后，应使用Update()方法更新数据库来存储更新后的数据。

⑤ 删除记录。ADO使用Delete()方法删除记录集中的数据。在ADO中，Delete()方法不仅可以删除当前记录，还可以删除符合条件的记录。其语法规则如下。

```
rs.Delete [AffectRecords]                    'rs是 RecordSet对象变量
```

参数说明如下。

- AffectRecords：可选参数，用来指定记录删除的效果，其具体取值及说明如表8-7所示。

表8-7　AffectRecords的取值及说明

常量	值	说明
adAffectCurrent	1	只删除当前记录
adAffectGroup	2	删除符合Filter属性的一组记录

说明

上述的删除操作可能涉及记录集中字段的引用。此时，可以使用字段编号访问记录集中的字段。字段编号从0开始。如果记录集对象rs的第一个字段名为“班级编号”，那么，引用该字段可使用引用字段名或字段编号两种方法，如表8-8所示。

表8-8　引用记录集字段的方法

引用字段名	引用字段编号
rs("班级编号")	rs(0)
rs.Fields("班级编号")	rs.Fields(0)
rs.Fields.Item("班级编号")	rs.Fields.Item(0)

4．关闭连接或记录集

在应用程序结束执行前，应该关闭ADO对象，释放分配给ADO对象的资源（通常指释放Connection对象和Recordset对象占用的资源）。操作系统可对回收的ADO对象资源进行再分配。

关闭ADO对象可以调用对象的Close()方法，其语法规则如下：

```
Object.Close                          '关闭对象（Object是ADO对象）
```

释放ADO对象占用的资源可以使用Set语句完成，其语法规则如下：

```
Set Object=Nothing                    '回收资源（Object是ADO对象）
```

5．用ADO访问数据库

在使用ADO访问数据库时，首先在VBA中设置对象变量，然后通过对象变量调用访问对象的方法、设置访问对象的属性，从而实现对数据库的访问。

使用ADO访问数据库的一般步骤如下。

① 定义和创建ADO对象变量。

② 设置并打开连接。

③ 设置命令类型，执行命令。

④ 设置查询，打开记录集。

⑤ 对记录集进行检索、新增、修改、删除。

⑥ 关闭对象，回收资源。

ADO的各组件对象之间存在一定的联系，用ADO访问数据库主要有联合使用RecordSet对象和Connection对象及联合使用RecordSet对象和Command对象两种方式。

（1）联合使用RecordSet对象和Connection对象

在ADO中联合使用RecordSet对象和Connection对象，示例代码如下。

```
Dim cm1 As new ADODB.Connection              '定义Connection对象
Dim rs As new ADODB. RecordSet               '定义RecordSet对象
cm1.Provider="Microsoft.ACE.OLEDB. 16.0"     '设置数据提供者
cm1.Open<连接字符串>                          '打开数据库(连接数据源)
rs.Open<查询字符串>                           '打开记录集
Do While Not rs.EOF                          '循环遍历整个记录，直至末尾
…                                            '对字段进行多种操作
rs.MoveNext                                  '记录指针移到下一条记录处
Loop                                         '返回到循环开始处
rs.Close                                     '关闭记录集
cm1.Close                                    '关闭连接对象
Set rs=Nothing                               '释放记录集对象变量所占的内存空间
Set cm1=Nothing                              '释放连接对象变量所占的内存空间
```

如果将Access作为本地数据库使用，设置数据提供者和打开数据库的两条语句可使用“Set cm1=CurrentProject.Connection()”一条语句替代。该语句是Access中的VBA为ADO提供的数据库打开快捷方式。

代码语句说明如下。

① cm1.Provider="Microsoft.ACE.OLEDB. 16.0"语句用来设置数据提供者。

② cm1.Open<连接字符串>语句通过Connection对象的Open()方法连接数据源，其语法规则如下：

```
cm1.Open [ConnectionString] [,UserID] [,PassWord] [,OpenOptinos]
```

参数说明如下。

- ConnectionString：可选参数，用于连接数据库信息。
- UserID：可选参数，用于创建连接的用户名。
- PassWord：可选参数，用于创建连接的用户密码。

③ rs.Open<查询字符串>语句通过RecordSet对象的Open()方法打开记录集，其语法规则如下：

```
rs.Open [Source] [,ActiveConnection] [,CursorType] [,LockType] [,Options]
```

参数说明如下。

- Source：可选参数，用于打开记录集的信息，可以是表名、查询名或SQL语句等。

- ActiveConnection：可选参数，已打开的Connection对象名或包含ConnectionString参数的字符串。
- CursorType：可选参数，用于确定打开记录集对象使用的游标类型。

（2）联合使用RecordSet对象和Command对象

在ADO中联合使用RecordSet对象和Command对象，示例代码如下。

```
Dim cm2 As new ADODB.Command                    '定义Command对象
Dim rs As new ADODB. RecordSet                  '定义RecordSet对象
cm2.ActiveConnection=<连接字符串>                '建立命令对象的活动连接
cm2.CommandType=<命令类型>                       '指定命令对象的命令类型
cm2.CommandText=<命令字符串>                     '建立命令对象的查询字符串
rs.Open cm2, <其他参数>                          '打开记录集
Do While Not rs.EOF                             '循环遍历整个记录，直至末尾
…                                               '对字段进行多种操作
rs.MoveNext                                     '记录指针移到下一条记录处
Loop                                            '返回到循环开始处
rs.Close                                        '关闭记录集
Set rs=Nothing                                  '释放记录集对象变量所占的内存空间
```

在使用记录集时，在定位记录指针后，可以对记录集进行检索、新增、修改、删除等操作。需要注意的是，在使用记录集时对字段的引用从0开始进行编号。

① 定位记录。ADO主要使用Move()方法在记录集中定位和移动指针，其语法规则如下：

```
RecordSet对象名.Move NumRecords[, Start]
```

其中，NumRecords是带符号的长整型数据，用于指定指针从当前记录位置移动的记录数。

② 检索记录。ADO主要使用Find()方法和Seek()方法快速查询和检索记录集中的数据。

- Find()方法的语法规则：RecordSet对象名.Find Criteria[, SkipRows] [, SearchDirection] [, Start\]。其中，Criteria是字符串型数据，包括检索需要的字段名、比较操作符和值。Criteria只支持单字段检索，不支持多字段检索。
- Seek()方法的语法规则：RecordSet对象名.Seek KeyValues, SeekOption。其中，KeyValues是变体型数组，其索引属性由一个或多个字段组成，并且该数组包含与每个对应字段做比较的值；SeekOption是SeekEunm类型的数据，用于指定在索引的字段与相应KeyValue之间进行比较的类型。

Seek()方法相对于Find()方法而言检索效率更高。但需要注意的是，使用Seek()方法必须用adCmdTableDirect方式打开记录集，并结合索引属性一起使用。

③ 新增记录。ADO使用AddNew()方法在记录集中添加新记录，其语法规则如下：

```
RecordSet对象名.AddNew [FieldList] [, Values]
```

参数说明如下。

- FieldList：可选参数，是一个字段名或者一个字段数组名。
- Values：可选参数，是对要添加字段赋的值。

当新增一条非空记录时，需要根据已有数据表中的字段按序填写对应数值。在使用AddNew()方法新增记录后，需要使用Update()方法更新数据库来存储新增记录。

④ 修改记录。修改记录即对记录集中已有记录进行重新赋值。例如，在使用SQL语句查找需要修改的记录后，用AddNew()方法重新赋值。

⑤ 删除记录。ADO使用Delete()方法删除记录集中的数据，其语法规则如下：

```
RecordSet对象名.Delete [AffectRecords]
```

参数说明如下。

- AffectRecords：可选参数，用来指定记录删除的效果。

8.2 VBA数据库编程技术的应用

下面通过几个实例来介绍VBA数据库编程技术的应用。

【例8.1】 请编写子过程，将“教务管理.accdb”文件里“选课及成绩表”中的“成绩”字段值减10。假设该文件存放在D盘下的“教务管理系统”文件夹中。

使用VBA数据库编程技术访问数据库、更新数据库中的数据，需要单击Access“创建”选项卡“宏与代码”组中的“模块”按钮，打开VBA编程环境，在其中编写代码，如图8-6所示。

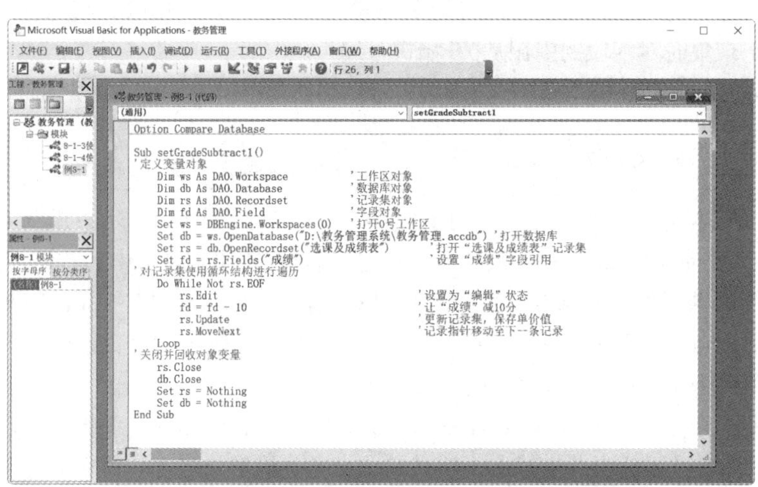

例8.1

图 8-6　打开 Access 中的 VBA 编程环境编写代码

① 使用DAO编写子过程，具体代码如下：

```
Sub SetGradeSubtract1()
                                                                '定义变量对象
      Dim ws As DAO.Workspace                                   '工作区对象
      Dim db As DAO.Database                                    '数据库对象
      Dim rs As DAO.RecordSet                                   '记录集对象
      Dim fd As DAO.Field                                       '字段对象
      Set ws = DBEngine.Workspaces(0)                           '打开0号工作区
Set db = ws.OpenDatabase("D:\教务管理系统\教务管理.accdb")      '打开数据库
Set rs = db.OpenRecordset("选课及成绩表")                       '打开“选课及成绩表”记录集
Set fd = rs.Fields("成绩")                                      '设置“成绩”字段引用
                                                                '对记录集使用循环结构进行遍历
Do While Not rs.EOF
  rs.Edit                                                       '设置为编辑状态
  fd = fd - 10                                                  '将“成绩”字段值减10
  rs.Update                                                     '更新记录集
```

```
    rs.MoveNext                                    '将记录指针移动至下一条记录
  Loop
                                                   '关闭并回收对象变量
  rs.Close
  db.Close
  Set rs = Nothing
  Set db = Nothing
  End Sub
```

② 使用ADO编写子过程，具体代码如下：

```
  Sub SetGradeSubtract2()
                                                   '创建或定义变量对象
        Dim cn As New ADODB.Connection             '连接对象
        Dim rs As ADODB.RecordSet                  '记录集对象
        Dim fd As ADODB.Field                      '字段对象
        Dim strConnect As String                   '连接字符串
        Dim strSQL As String                       '查询字符串
  StrConnect = "D:\教务管理系统\教务管理.accdb "     '设置连接数据库
  cn.Provider = "Microsoft.ACE.OLEDB. 16.0"         '设置OLE DB数据提供者
  cn.Open strConnect                               '打开与数据源的连接
  strSQL = "Select 成绩 from  选课及成绩表"          '设置查询表
  rs. Open strSQL, cn, adOpenDynamic, adLockOptimistic, adCmdText '打开记录集
  Set fd = rs.Fields("成绩")                        '设置“成绩”字段引用
                                                   '对记录集使用循环结构进行遍历
  Do While Not rs.EOF
       fd = fd - 10                                '将“成绩”字段值减10
       rs.Update                                   '更新记录集
       rs.MoveNext                                 '将记录指针移动至下一条记录
  Loop
                                                   '关闭并回收对象变量
  rs.Close
  cn.Close
  Set rs = Nothing
  Set cn = Nothing
  End Sub
```

【例8.2】“教务管理.accdb”文件的“教师信息表”中包括“教师编号”“姓名”“性别”“政治面貌”“职称”“出生日期”“学院编号”7个字段，请通过编程分别实现“教师信息表”主键的设置和取消。具体实现代码如下：

例8.2

```
                          '设置“教师信息表”的主键为“教师编号”字段
  Function AddPrimaryKey()
        Dim strSQL As String
        strSQL = "ALTER TABLE  教师信息表  Add CONSTRAINT
  PRIMARY_KEY" & "PRIMARY KEY(教师编号)"             '用SQL语句设置主键
        CurrentProject.Connection.Execute strSQL
  End Function
                                                   '取消“教师信息表”的主键
  Function DropPrimaryKey()
        Dim strSQL As String
        strSQL = "ALTER TABLE  教师信息表  Drop CONSTRAINT PRIMARY_KEY"
        CurrentProject.Connection.Execute strSQL    '用SQL语句取消主键
  End Function
```

ALTER TABLE语句用于在已有的表中添加、删除或修改字段。

① 使用ALTER TABLE语句在已创建的表中添加、修改或删除字段。

- 添加字段：ALTER TABLE table_name ADD column_name datatype。
- 删除字段：ALTER TABLE table_name DROP column_name。
- 修改字段的数据类型：ALTER TABLE table_name ALTER COLUMN column_name datatype。

② 使用ALTER TABLE语句在已创建的表中添加、删除主键。

- 添加主键：ALTER TABLE table_name ADD CONSTRAINT PRIMARY_KEY primary_key_name(column_name)。
- 删除主键：ALTER TABLE table_name DROP CONSTRAINT PRIMARY_KEY。

【例8.3】“教务管理.accdb”文件中的“教师信息窗体”中有一个组合框控件comboPost，该控件用于选择教师的职称信息。请用SQL语句实现返回所选职称的教师信息，“职称”字段的数据类型为文本型，并根据用户所选的职称信息将“教师信息窗体”的记录源更改为相应教师的有关信息。具体实现代码如下：

```
Sub comboPost_AfterUpdate()
      Dim strSQL As String
      strSQL = "Select * From教师信息表" & "Where职称 = ' " & Me!comboPost & " ' "
      Me.RecordSource = strSQL                    '设置窗体的RecordSource属性
End Sub
```

除了常使用的ADO和DAO编程技术外，绑定表格式窗体、报表、控件与记录集对象也可以操作当前数据库，对数据进行多种形式的处理。此时，需使用窗体和控件的RecordSet属性和RecordSource属性。

① RecordSet属性。RecordSet属性直接反映窗体、报表及控件的记录源，返回或设置指定窗体、报表、列表框控件或组合框控件记录源的ADO（或DAO）记录集对象，如表8-9所示。RecordSet属性的可读/写，根据记录集的类型（ADO或DAO）和包含在由此属性标识的记录集中的数据类型（Access或SQL）来确定。

表8-9　　RecordSet属性

记录集	基于SQL数据	基于Access数据
ADO	可读/写	可读/写
DAO	—	可读/写

需要注意的是，在更改由当前窗体RecordSet属性返回的记录集中的记录时，将同时重置窗体的记录，也将更改RecordSource、RecordSetType和RecordLocks属性；此外，与数据相关的一些属性可能会被替代，例如Filter、FilterOn、OrderBy和OrderByOn属性。

② RecordSource属性。RecordSource属性可指定窗体或报表的数据源。RecordSource属性可读/写，其值可以为表名称、查询名称或SQL语句。由于RecordSource属性的值是字符串型的，因此，在VBA中可以使用字符串表达式来设置此属性。

在创建窗体或报表后，可以更改RecordSource属性来更改其数据源，也可以更改RecordSource属性限制包含在窗体记录源中的记录数。

例8.4

【例8.4】在“教务管理.accdb”文件中已设计好了一个表格式表单窗体“学生信息窗体”，其可以输出“学生信息表”的相关字段信息。请按照以下要求，对其进行补充设计。

① 在修改窗体当前记录时，弹出对话框，提示“当前选择的学生是***”。

② 单击“删除记录”按钮，直接删除窗体中的当前记录。

③ 单击“退出”按钮，关闭窗体。

在“学生信息窗体”中修改当前记录的效果如图8-7所示。

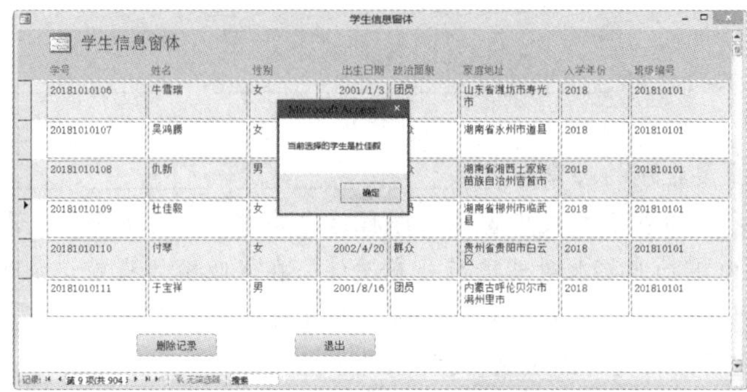

图 8-7　在“学生信息窗体”中修改当前记录的效果

具体实现代码如下：

```
                         '在表格式表单窗体中修改当前记录时触发“Form_Current”事件
Private Sub Form_Current()
    MsgBox "当前选择的学生是" & Me! 姓名                '“姓名”为文本框控件名称
End Sub
                         '单击“删除记录”按钮，直接删除窗体中的当前记录
Private Sub cmdDelete_Click()
    Me.RecordSet.Delete
End Sub
                         '单击“退出”按钮，关闭窗体
Private Sub cmdQuit_Click()
    DoCmd.Close
End Sub
```

本章小结

本章主要介绍了应用VBA编程完善数据库功能的方法和技术。通过学习本章的内容，读者能够掌握创建自定义解决方案的方法，从而更有效地管理数据库。

习题 8

一、单选题

1. 在Access中，DAO的中文含义是（　　）。

   A. 开放数据库互连应用编程接口　　B. 数据访问对象

   C. Active X数据对象　　D. 数据库动态链接库

2. 在Access中，ADO的中文含义是（　　）。

A. 开放数据库互连应用编程接口　　B. 数据访问对象

C. ActiveX数据对象　　D. 数据库动态链接库

3. 下列能够实现从指定记录集中检索特定字段值的方法是（　　）。

A. Nz()　　B. Find()　　C. Lookup()　　D. DLookup()

二、填空题

1. DAO模型中主要包括________、________、________、________、________、________及________7种对象。

2. ADO模型中主要控制的对象有________、________、________、________和________。

3. 对于已经设计好的表格式表单窗体“课程信息窗体”，可以输出“课程信息表”中的相关字段信息，请按照以下功能要求对其进行补充设计：在修改窗体当前记录时，弹出对话框提示“是否需要删除该记录?”，用户单击“是”按钮，则直接删除当前记录；用户单击“否”按钮，则什么都不做。“课程信息窗体”的效果如图8-8所示。

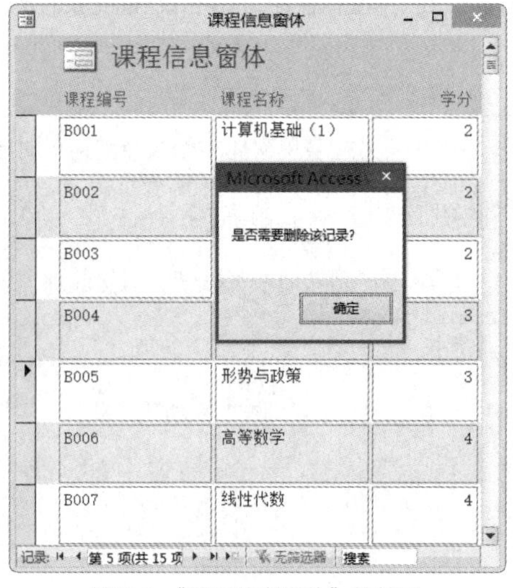

图8-8 “课程信息窗体”的效果

具体实现代码如下：

```
                                    '在表格式表单窗体中修改当前记录时触发
Private Sub
        If MsgBox("是否需要删除该记录?", vbQuestion + vbYesNo, "确认")= ________
Then ________
        End If
End Sub
```

三、问答题

1. VBA提供的数据访问接口有哪几种？

2. ADO的中文全称是什么？它的3个核心对象是什么？

3. 简述VBA使用ADO访问数据库的一般步骤。